성품양육 바이블

성품 양육 바이블

자녀 양육 시리즈 5

**내 아이, 화려한 성공보다
행복한 성공자로 키우기**

이영숙 지음

도서출판 물푸레

contents

chapter 1 나는 지금 어떤 부모인가?

chapter 2 우리는 모범 부부일까?

chapter 3 당신은 어떤 부모인가?

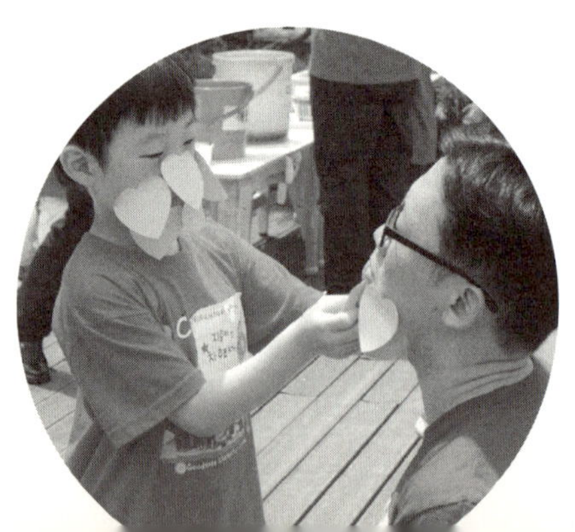

행복하게 성공하는 자녀로 키우고 싶다면
성품양육이 답이다

'당신의 자녀는 행복한가?'

자녀에게 경제적·심리적으로 안정된 가정을 지켜주고 있다고 자신하는 부모는 거침없이 고개를 끄덕일 수 있으리라. 그렇다면 질문을 한 번 바꿔보자.

'당신의 자녀는 행복할 뿐 아니라 장차 성공적인 삶을 살 수 있을 것인가?'

여기에도 자신 있게 대답할 수 있는 사람이 과연 몇이나 될까. 성공적인 미래를 장담하기도 어려운데 행복하기까지 해야 하니, 아마 자녀뿐 아니라 이 질문을 받는 부모도 그렇게 살고 있지 못하다고 느끼는 분이 많을 것으로 여겨진다.

여기서 어디에 초점을 두어 성공 여부를 판단할지도 중요하다. 부모 말 잘 듣고 공부 잘해서 좋은 대학에 입학하고 좋은 직장에 들어가서 높은 위치까지 올라가는 것을 성공으로 여길지, 혹은 친구 및 사회관계를 원만하고 조화롭게 이끌어서 신뢰를 받고 다른 사람들을 이롭게 할 줄 아는 명예롭고 평화로운 삶, 그리고 그러한 삶에 만족하고 즐거워하는 상태를 성공으로 볼 것인지. 이리저리 나 있는 성공으로 가는 길 가운데 어떤 길이 행복으로 향해 있는 것일까?

잠시 얼마 전에 있었던 인사청문회장으로 가보자. 인사청문회 때만 되면 온 나라가 한창 들끓는다. 대통령의 추천을 받은 사람들은 처음에는 당당한 태도로 청문회장에 나와 앉는다. 하지만 몇 마디 오간 뒤에는 고개를 숙이고 '죄송합니다, 기억이 나지 않습니다!'를 연발하니, 참으로 안타까울 따름이다.

왜 이런 일이 벌어질까? 각료를 선출하기 위한 국회의 인사청문회에 나온 이라면 우리나라 최고의 엘리트 교육을 받은 가장 똑똑한 인물, 성공한 인생의 대표격인 사람일 텐데 말이다. 그 사람이 가진 화려한 학벌과 경력이 그를 대표로 선출시켜주는 것은 아님을 말해주는 대목이다. 눈 질끈 감은 한 번의 잘못으로, 도덕적인 책임 회피로, 국민의 민심을 돌려세워 낙마하거나 스스로 물러나고 만다. 그는 성공의 끝자락을 잡고 행복한 미소를 지으려던 순간 실패의 나락으로 끝없이 추락하며 불행의 시간을 맞이했으리라.

그들은 지금껏 남들이 부러워하는 성공적인 삶을 살아왔다고 자부해왔을 터이다. 하지만 한순간의 그릇된 도덕적 판단이 가장 중요한 순간에 그들의 발목을 잡은 것이다. 아니, 이건 한순간의 도덕적 판단의 문제라기보다는 그 사람의 내면 깊숙이 자리한 성품의 문제이다. 이러한 성품이 그 사람의 인생을 좌우한다. 그래서 앤디 스탠리(Andy Stanley)는 《성품은 말보다 더 크게 말한다》에서 "성품이 미치는 범위는 당신의 재능, 교육, 배경, 인맥보다 넓다. 그런 것들로 문이 열릴 수는 있으나 일단 그 문에 들어선 후 어떻게 될지는 성품으로 결정된다"라고 썼다.

무엇으로 성공할 것인가 하는 물음은 한국인들만의 문제도 아니고 하루이틀 사이에 이슈가 된 것도 아니다. 1921년 미국 스탠퍼드대학의 젊은 심리학자 루이스 터먼(Lewis Madison Terman) 박사는 아주 흥미로운 실험을 한다. 캘리포니아에 있는 초·중등학교 학생 25만 명 중에서 IQ 135 이상 되는 영재들만 1,521명을 추려 내 그들의 평생을 추적한 것이다. 터먼은 실험에 앞서 이 아이들이 각계의 최고 엘리트가 되어 성공적인 인생을 누리고 높은 직위를 갖게 되리라는 가설을 세웠다. 그는 평생토록 그들의 성장을 지켜보면서 학업·결혼·직장생활 등을 낱낱이 기록했다. '터먼 연구팀'은 1990년대까지 3대에 걸친 일생을 꿰뚫는 종적연구를 수행했다.

그런데 어떤 결과가 나왔을까?

영재로 판명된 아이들의 성장은 터먼의 가설과는 다른 결과를 보였다. 그들 대부분은 자라서 최고의 엘리트가 되기는커녕 아주 평범한 직업인이 되었다. 판사와 주의회 의원 몇 명이 나왔을 뿐 전국적인 명성을 얻은 사람은 거의 없었다. 터먼은 "성공은 지능이 아니라 성격과 인격, 기회포착능력이 좌우한다"고 자신이 세운 가설을 뒤집어 결론지었다.

많은 사람들이 성공을 지향하면서 인생을 출발한다. 그리고 성공의 조건이 무엇인지 나름 잣대를 찾아 거기에 맞춰 살아간다. 그러다가 타고난 지능, 신체적인 조건, 힘 있는 부모의 재력과 능력 등 이런저런 환경적 요인을 태어나면서부터 갖춘 사람과 자신을 비교하면서 스스로 절망하기도 한다.

성공의 조건이 이런 환경적 조건에 있지 않다는 사실을 터먼 연구팀은 증명한 것이다. 그보다는 스스로 그 환경을 어떻게 해석하고, 어떻게 느끼며, 어떻게 반응하고 행동할 것인지를 매순간 결정하는 '태도'에 성공이 달려 있다고 하겠다. 부자 부모를 두지 못했다고 해서, IQ가 135가 안 된다고 해서 인생이 실패하는 건 아니다. 따라서 부모로서 자녀에게 풍족한 환경과 뛰어난 머리를 물려주지 못했다고 미안해할 필요는 없다. 터먼 연구팀이 결론지은 성공의 조건은 다름아닌 좋은 성품이다. 성품이 인생의 성공을 결정한다는 말이다.

성공적인 삶을 위한 조건을 말해주는 또 다른 실험의 예를 들어보자. 하버드대학교 의과대학팀이 1937년부터 72년 동안 진행해온 연구가 있다. 바로 '잘사는 삶의 공식'을 찾아내기 위한 연구인데, 이를 위해 하버드대학교 2학년 학생 268명이 관찰대상으로 선정되었다. 이들은 모두 야심차고 똑똑하고 적응력이 뛰어난 사람들이었다. 이들 가운데는 훗날 미국 대통령이 된 케네디도 있었다. 그러나 연구결과는 놀랍고도 당황스럽다.

이들 가운데 1/3은 정신질환 치료를 받아야 하는 사람들이 되었고 마약이나 알코올중독에 빠져 사망에 이른 사람도 적지 않다고 한다. 하버드대학 출신이라는 조건, 겉으로는 화려해 보이기만 하는 이런 조건이 그들을 행복하게 완성시켜주지는 못한 것이다. 이 연구는 결국 '삶에서 가장 중요한 것은 인간관계였다'고 결론내리고 있다. 72년 동안의 길고 긴 연구 끝에 정의내린 성공한 인생의 공식이 그냥 인간관계라니 좀 허무하기도 하다.

하버드대학에 관한 이야기를 조금 더 해보자. 현재 하버드대학에서 가장 인기 있는 강좌가 무엇일까? 바로 행복에 관한 강좌이다. 심리학 강좌를 맡은 탈 벤-샤하르가 이번 학기에 개설한 행복에 관한 강좌에 놀랍게도 855명의 학생들이 수강신청을 해 대학에서 가장 높은 수강율을 기록했다. 우리가 꿈에 그리던 대학에 간 사람들도 행복에 대한 갈망은 채워지지 않은 모양이다.

또 하버드대학에도 낙제생은 분명 존재한다. 그들이 낙제하는 이유를 살핀 연구에 따르면 그 가장 큰 이유가 하버드 입학 자체를 목표로 여겼기 때문이었다. 하버드대 입학은 긴 인생에서 중간 경유지에 불과할 뿐인데 대부분 낙제생들은 하버드대 입학 자체를 인생의 최종목적지로 착각했다. 하나의 작은 목표를 이룬 후에는 다시 큰 목표를 정해 더 큰 인생의 여정을 떠나야 하지만, 하버드대 입학에 모든 열정을 쏟아붓고 나니 더 이상 앞으로 나갈 자신감도 없고 미래에 대한 계획도 없어져버린 것이다. 과연 우리는 꿈과 목표를 올바로 세워놓고 살고 있는가?

지금까지 증명된 연구결과를 읊어대며 행복해지려면 공부 따위는 신경쓸 것 없고 인간관계나 열심히 관리하라고 한다면, 따를 사람이 몇이나 될까. 면밀한 연구의 결과 그런 결론이 나왔다고 아무리 말해도 지금까지 수많은 사람들이 돈을 벌기 위해 인간관계를 해치면서 일을 해왔고 앞으로도 그렇게 할 것이다.

부모는 내 자녀는 다르다고 믿는다. 그리고 자녀에게 성공하려면 공부를 해야 한다고 끊임없이 되뇌며 자녀와의 관계를 깨뜨리면서까지 몰아세운다. 그러면서도 미안해하기는커녕 자녀가 언젠가는 부모에게 고마워할 것이라고, 모두 그렇게 하니까 그때까지는 버텨내는 게 당연하다고 합리화한다. 이렇게 부모는 높은 학업성취도가 곧장 인생 성공으로 이어지는 양 자녀를 교육시키고, 자녀는 자신의 삶을 부모의 틀에 맞추거나, 불만스러운 경우 반항하며 그 틀에서 튕겨나가기도 한다. 이는 부모의 잘못뿐만이 아니라 성적 중심의 사회구조와 사람들의 전체적인 의식이 크게 작용한 결과이다. 사람들 사이에서 좋은 관계를 갖기 위해 무엇보다 중요한 것은 성품이다. 좋은 성품을 바탕으로 새로이 관계를 회복하는 것이 어째서 그렇게 중요한지를 이들 연구결과는 잘 말해준다.

자녀가 학업을 통해 지식을 쌓아 남들보다 좀더 많이 알아서 살아가는 데 편할 수는 있다. 하지만 성품 좋은 사람들은 사람들과의 갈등을 해결하는 더 가치있는 능력을 갖는다. 학업이 삶의 위기에서 나를 구해주는 일은 거의 없다. 갈등도 해결해주지 못한다. 인간관계를 성공적으로 만들어나가는 능력은 오로지 그 사람의 성품에서 나온다. 그러므로 관계맺기의 비밀을 아는 것만이 진정한 성공을 가져다줄 수 있다. 내가 먼저 감사하고, 먼저 용서를 구하고, 잘 안 되는 것은 도움을 청하고, 그리고 내 마음을 표현해서 다른 사람들과 잘 소통하는 방법을 아는 것이 바로 그 비밀이다.

그리고 이런 관계맺기의 비법들은 가정에서부터 보고 배움으로써 완숙해진다. 가정에서 인간관계의 소통을 경험해본 이는 사회에서도 사람들과 잘 소통한다. 그런 사람은 어디서든 사람들과 만나는 일에서 관계를 잘 맺는 성품을 발현한다. 곧 잘사는 삶의 공식을 실천하는 것이다. 부모는 성공하는 삶의 비밀이 다른 사람과 좋은 인간관계를 맺는 데 있다는 사실을 알고 일찍부터 자녀에게 좋은 성품을 가르치고 훈련시켜야 한다. 좋은 관계를 맺어갈 수 있는 능력은 좋은 성품에서 나오기 때문이다.

행복하게 성공하는 자녀로 키우기 위해 부모가 알아야 할 비밀이 또 있다. 하버드대학교 의대 교수인 조지 베일런트(George E. Vaillant)는 행복한 삶에 이르는 7가지 비결을 소개한다. 그의 행복론이 우리 가슴에 와닿는 것은 그가 몸으로 마음으로 체득한 진짜 행복론이기 때문이다. 베일런트 교수가 제시하는 7가지 행복한 삶의 비결 가운데 첫 번째는 삶의 고통에 적응하는 자세를 배우는 것이다. 그 자신이 삶의 고통을 심히 겪어본 사람이기에 그의 비결은 신뢰할 만하다.

그의 아버지는 하버드대학의 고고학 교수였다. 영화 〈인디애너 존스〉에 나오는 유능한 고고학자를 기억하는가? 스티븐 스필버그 감독이 이 고고학자의 모델로 삼은 사람이 바로 베일런트 교수의 아버지인 조지 C. 베일런트 교수이다. 하지만 그는 권총자살로 생을 마감했다. 당시 열 살이었던 조지 베일런트에게 그 충격은 쉽게 가시지 않고 평생 상처로 남았을 것이다.

그러나 베일런트 교수는 이러한 고통에 적응하는 자세를 배우는 것이야말로 행복에 이르는 길임을 깨닫고 인생의 갈등과 과오를 부정하지 말고 '승화'와 '유머'로 방어할 것을 권유한다. 그는 나머지 6가지의 비결, 곧 안정된 결혼, 적당한 교육, 금연, 금주, 운동, 적당한 몸무게 등을 제시하며 삶의 오묘함을 경배한다고 말한다. "삶은 극적인 주파수를 발한다. 과학으로 판단하기에는 너무나 인간적이고 숫자로 말하기엔 너무나 아름답다"고 그는 고백한다.

성품을 가르치는 '좋은나무성품학교'에도 '성품 내적 치유'라는 프로그램이 있다. 모질고 다른 사람과 화목하지 못하는 성품으로 발전하게 되는 것은 살아오면서 겪는 여러 가지 충격과 고통들을 제대로 해결하지 못하기 때문이라는 전제에서 출발하여 이런 과거의 상처들을 잘 처리할 수 있도록 도움을 주는 과정이다.

오랫동안 이 프로그램을 운영해오면서 깨닫게 된 것은 삶이란 게 참 오묘하면서도 의외로 간단한 하나의 비결이 있다는 사실이다. 삶에서 연출되는 수많은 상황을 어떻게 받아들이느냐에 따라 그 사람의 삶이 아름답게 빛날 수도 있고 진창 속에 뒹구는 것처럼 엉망진창이 될 수도 있는 것이다.

다시 한 번 물어보자. 당신은 자녀에게 어떤 미래가 찾아오길 바라는가? 부모 말 잘 듣고 학업에 열중하여 다른 것은 아무것도 보지도 듣지도 않은 채 좋은 대학에 가는 것을 원하는가? 친구와의 신뢰나 관계를 깨뜨리더라도 시험에서 우수한 성적을 받기를 원하는가? 그렇게 성장해서 인사청문회의 후보로 올라가길 원하는가? 그래서 '죄송합니다'를 연발하다 고개를 수그린 채 물러나는 자녀를 보고 싶은가? 다른 사람들과 조화되지 못해 모든 관계가 끊어진 채 외딴 섬처럼 고독하게 살아가는 자녀의 모습을 옆에서 지켜보기를 원하는가?

아닐 것이다. 그동안 우리는 오로지 성취만을 강조해온 교육의 한계를 너무나 많이 봐왔다. 이제 성품을 키우는 교육이 절실히 필요하다.

나는 믿는다. 부모는 모두 자녀가 행복한 인생을 누리기를 소망하며 양육한다고. 그런 부모님들이 이 책을 잡을 것이다. 그리고 나는 자신 있게 말할 수 있다, 자녀에게 행복하게 성공하는 인생을 선물하고 싶은 부모는 일찍부터 좋은 성품을 가르치고 훈련해야 하며 이 책이 그 첫걸음이 되기에 충분하다고.

나는 지금까지 우리나라 부모님들과 아이들을 교육한 경험, 그리고 내 안에 쌓인 지식체계와 내가 선진 교육환경에서 느끼고 깨우친 것들을 모두 이 책에 쏟아낼 작정이다. 그래서 이 책을 읽는 모든 부모님, 교육계에 종사하는 분들, 그리고 양육에 관심 있는 일반인들까지 모두 최상의 성품양육 방법에 대해 도움을 얻을 수 있도록 하고자 한다. 지금부터 이 책이 제시하는 이정표를 따라가보자.

조급증을 버리고 직수굿한 마음으로 한 페이지 한 페이지 읽다보면 자녀가 일으키는 문제행동의 뿌리가 보여서 자녀의 마음을 제대로 읽을 수 있을 것이고 그에 따라 자녀교육의 방향이 그려질 것이다. 그것이 하루하루 쌓이면 자녀의 변화가 눈에 보이고, 행복하면서 성품 좋은 리더의 길에 들어선 자녀의 모습과 자녀의 가장 멋진 조력자로서 성장한 당신 자신의 모습을 확인할 수 있을 것이다.

Part 1
성품양육
부모편

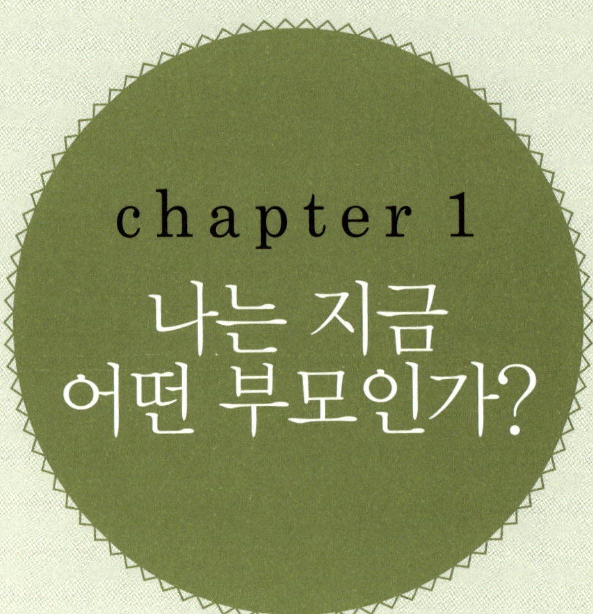

chapter 1
나는 지금
어떤 부모인가?

앞서 나는 부모가 일찍부터 자녀에게 좋은 성품을 가르치고 훈련시켜야 한다고 밝혔다. 그러나 그보다 선행되어야 할 과제가 있다. 아이에게 좋은 성품을 가르치려면 먼저 부모 자신의 모습을 거울에 비춰봐야 한다. 내가 어떤 사람이고 어떤 태도로 아이를 대했는지 제대로 볼 수 있어야 자녀양육법을 다시 생각해볼 수 있기 때문이다. 자녀의 가장 첫 선생님이 누구인가? 두말할 여지도 없이, 열 달 동안 아이를 뱃속에 품고 있는 엄마, 바로 당신이다.

아이는 뱃속에서 당신의 소리를 듣고, 감정을 함께 공유하고, 함께 먹고 자고 느낀다. 아이가 밤낮이 바뀌거나 문제행동을 보일 때 먼저 엄마 자신의 모습을 조용히 바라다봐야 하는 건 그 때문이다. 그렇다고 아이의 모든 문제가 당신 자신이 원인이라는 말은 아니다. 단지 아이의 타고난 기질은 부모에게서 물려받았으므로 부모 자신들 어딘가에 그런 모습이 숨어 있을 수 있다는 말이다. 이제 어째서 좋은 부모가 되어야 하는지, 또 좋은 부모란 어떤 사람을 말하는 것인지 살펴보자.

부부 모두 아이의 임신을 행복하게 받아들였는가?

임신을 계획하면서 좋은 부모가 되기 위한 계획도 함께 준비되어야 한다. 미국 캘리포니아대학 연구팀은 최근 연구를 통해 원치 않는 임신을 한 여성의 경우 출산을 하든 임신 1기에 유산을 하든 정신장애 발병률이 거의 동일한 것으로 나타났다고 밝혔다. 연구팀에 따르면 "임신이 되기 전 정신장애를 앓았던 여성, 자아존중감이 낮았던 여성에게서 특히 유산 후 정신장애 발병 위험이 높다."고 설명한다.

그렇다면 당신은 지금의 아이를 기쁘게 받아들이고 사랑으로 뱃속에서 키워냈는가? 만일 원치 않는 임신이었다면 그로 인한 산모의 정신적인 충격은 어느 정도일까? 원치 않는 임신을 할 경우 당황스러움이 첫 번째 반응이고 주위에서도 환영을 받지 못하는 경우가 많아 이로 인해 스트레스를 받아 우울증으로까지 발전한다. 이런 우울증은 임신기간 뿐 아니라 출산 후에도 산후우울증으로 이어지는 경우가 대부분이다.

이런 산모의 경우 아이를 잘 돌보지 못하고 아이가 울어도 반응을 제때 보이지 못해 양육에서도 큰 문제가 될 수밖에 없다. 이런 환경에서 자란 아이는 커서도 정서장애로 이어질 가능성이 굉장히 높다.

우울증을 앓는 산모에게서 성격이 까다로운 아이가 태어날 확률이 높다.

태아일 때는 우울증을 앓은 산모로 인해 영향상태가 나빠지고 뇌 발달에도 영향을 끼쳐 성격이 까다로운 아이들이 태어날 가능성이 많다. 또한 태어난 뒤에도 사랑을 제때 못 받고 자라기 때문에 성격형성에 영향을 미치기 마련이다. 그러므로 자녀가 성격이 까다롭거나 부모를 힘들게 할 경우 '넌 누구 닮아 이러니?' '혹시 돌연변이 아니니?'라고 아이를 탓하기 전에 당신이 자녀를 임신했을 때 어떤 마음가짐이었는지 먼저 살펴보는 자세가 필요하다.

임신기에 배우자의 격려와 지지가 절대적으로 필요하다.

이는 단지 산모 한 사람의 문제가 아니다. 산모의 정신적인 안정을 위해 주변의 격려와 지지가 필요하다. 이때 심적으로 가장 가까운 배우자의 격려와 지지가 무엇보다 요구된다. 또한 우울감이 심한 산모는 병원의 도움을 받아 안정감을 찾도록 노력하는 것이 좋다.

나는 어떤 부모 밑에서
성장했는가?

 다섯 살짜리 성진이는 나이답지 않게 성격이 산만하고 공격적이다. 엄마는 언뜻언뜻 아빠의 말과 행동을 따라하는 성진이가 아빠를 그대로 빼닮고 있다는 생각만으로도 끔찍하다.

성진이가 이대로 성장한다면 내면의 상처를 간직한 미성숙한 어른이 될 것이다. 그런데 아버지의 알코올중독만이 자녀에게 똑같이 대물림되는 것은 아니다. 대물림 현상은 알코올중독뿐만 아니라 섹스중독, 대인기피증, 도박중독 등 다른 중독증에서도 나타난다. 이러한 중독의 대물림은 모두 제 역할이 제대로 이뤄지지 않은 역기능 가정의 자녀들에게서 나타난다는 사실을 기억하자.

그렇다면 앞서 언급했듯이 자녀에게 악영향을 미치지 않으려면 임신기에만 조심하면 될까? 임신기 환경보다 더 깊은 내면의 세계로 들어가보자.

대부분 사람들이 가장 닮기 싫은 부모의 모습을 그대로 닮아 있는 자신의 모습을 발견하고 소스라치게 놀라며 자기혐오에 빠지곤 한다. 아버지가 어머니를 폭행하는 모습을 보고 자라면서 아버지를 증오하고 어머니를 세상에서 가장 불쌍하게 생각하던 아들이 결혼해 자신이 부인을 때리고 있는 모습을 발견하기도 하고, 의부증으로 인해 아버지를 늘 의심하고 추궁하던 어머니를 둔 딸이 성장해 결혼해서 남편을 의심하여 휴대폰을 시시때때로 열어보며 스케줄을 하나하나 감시하는 자신의 모습을 보며 슬퍼하기도 한다. 부모가 부부문제뿐 아니라 자녀와의 관계에서 보였던 폭력적이거나 무관심한 모습을, 자녀 본인은 결코 그러고 싶지 않았으면서도 그대로 고스란히 반복하는 경향이 있다. 물론 이러한 관계 패턴에는 좀더 복잡한 심리적 요인이 숨어 있다.

고통스런 경험을 반복함으로써 자신이 어린 시절에 풀지 못한 문제를 어른이 되어 다시 풀고자 하는 무의식이 작용하고 있는 것이다. 따라서 부모로부터 거부당한 경험을 극복하지 못한 채 부모가 된다면 그는 다시 자신의 자녀에게 그러한 경험을 물려주게 될 것이다.

부모가 되기를 거부하는 부모들은 자녀에게 원망의 말을 퍼붓거나 자녀를 방임·학대하는 등의 태도를 보인다. 때로는 자녀에 대한 거부감이 간접적인 형태로 자녀에게 영향을 주기도 한다. 자녀의 말과 행동에 아무런 반응도 보이지 않는다거나, 자녀가 심각한 신체상의 상해를 입은 경우에도 무표정한 얼굴로 가만히 있는 것은 자녀에 대한 거부감이 간접적으로 표출된 것이다. 부모로부터 아무런 관심도 받지 못한 이들이 자신을 예수, 부처, 혹은 외계인이라고 주장하는 경우가 있는데, 이런 이상한 주장에는 이런 주장을 통해서라도 부모의 관심을 끌고 싶은 심리가 숨어 있다.

부모가 자녀를 거부하는 것은 자녀를 유기하거나 지나친 체벌을 하거나 하는 경우에만 해당되는 게 아니다. 사소한 경우에도 자녀는 자신이 거부당한다고 느낄 수 있다는 점을 부모는 이해할 필요가 있다. 단적인 예로 아이가 젖을 빨다가 깨물 경우 부모가 놀라 고통을 참지 못하고 순간적으로 뺨을 때리는 경우가 그러하다.

부모가 되기를 거부하는 부모들의 해결책

●부모는 자녀의 심리적 특성을 이해하려는 노력을 해야 한다

심하게 자책만 해서는 안 된다. 그렇게 되면 해결책을 찾기는커녕 자신의 문제 속으로 더 파묻힐 뿐이다. 자책할 필요는 없다. 부모가 자녀의 심리적 특성을 잘 이해하고 대처하려고 노력함으로써 문제는 달라질 수 있으며, 아이의 문제행동이 가족의 진정한 이해와 변화를 경험할 수 있는 좋은 기회가 되기도 하기 때문이다.

●자신의 삶을 이해하고 자녀에게 말하라

자신의 부모로부터 거부당했던 부모는 자신이 다시 자신의 자녀를 거부하지 않도록 자신의 삶에 대해 이해하고 통찰하여 자녀에게는 사랑을 줄 수 있는 자세를 갖는 것이 필요하다.

오늘날 사회에 가득한 성인아이, 높은 이혼율과 알코올중독, 직업적 성취에 대한 열망, 높은 교육비, 대량 실직사태 등은 부모 역할에 대한 부담감과 두려움을 가중시킨다. 부모가 된다는 것은 단순히 자녀를 낳는 행위로 끝나지 않는다. 자녀를 양육하고 영적, 정서적, 물질적으로 지지해주며 일정 시기 동안 자녀의 삶을 책임지는 지속적인 과정이기에, 부모가 되기에 앞서 이에 대한 이해가 이루어져야 한다.

과연 지금 우리는
아이를 잘 키우고 있는가?

부모 된 사람이라면 자기 아이가 잘되기를 바라고 부모 자신이 지금 가진 것보다 많이 소유하고 부모의 현재 모습보다 더 잘나고 부모 앞에 펼쳐진 길보다 넓고 평탄한 길이 열리기를 바라게 마련이다.

하지만 그렇게 되려면 어떻게 자녀를 잘 키워야 할까? '나는 아이를 잘 양육하고 있는가?' 다른 아이들과 비교하면서 '우리 아이는 왜 이렇지? 애는 왜 이래?' 하고 있지는 않은가?

좋은 부모가 되려면 좋은 부모란 어떤 것인지 알아야 한다. 네비게이션이 있으면 모르는 길을 갈 때도 안심이 되는 것처럼 아이 양육에 대한 좋은 지침이 있다면 아이를 키우는 데 좀 더 마음이 놓일 것이다. 그리고 내가 바르게 가고 있는지 확인하기가 수월할 것이다.

지금까지 당신은 부모가 아이를 키우는 데는 왕도가 따로 없고 양육이란 그저 사랑으로 아끼고 감싸며 보호하면서 최선을 다해 키우는 것이라고 생각해왔을지 모른다. 하지만 양육의 사전적 의미가 '길러 자라게 함'이듯이 몸과 마음을 성장시키는 데 그 의의가 있고, 부모의 양육태도가 자녀에게 지대한 영향을 미치고 있다는 사실은 많은 연구의 주제로서 다루어졌다. 많은 전문가들이 밝힌 중요한 사실들을 살펴보고 거기에 내 모습을 비춰보자.

1셰퍼의 애정-거부, 자율-통제라는 양육방식의 두 축을 중심으로 한 양육태도 유형

애정적-자율적 태도

바람직한 양육태도로서 자녀에게 애정을 가지고 자녀 행동의 자율성을 인정하는 태도이다. 이 유형의 부모는 자주적, 민주적, 수용적, 협동적인 태도를 취한다. 이런 태도를 갖는 부모는 자녀에게 관심을 갖고 대화를 나누고 자녀의 의사를 존중함으로써 독단적인 의사결정을 피한다. 이런 부모 슬하에서 성장하는 유아는 능동적이고 외향적이며 독립적이다. 또 자신있게 사회에 적응하고 사교적이고 창의적이며 자신이나 타인에 대해 적대감이 없다. 그러나 가성을 내거나 고집을 보일 때가 있다. 이러한 행동이 나타나는 이유는 부모에게서 안정감을 느끼기 때문이다.

애정적-통제적 태도

애정을 주면서도 유아의 행동을 많이 통제하는 유형으로 의존성 조작, 과보호, 소유적 태도를 보인다. 이런 부모는 유아를 소유물로 생각하여 유아가 독립적인 행동을 하면 좌절감을 느끼며 새로운 탐색을 제한함으로써 새로운 반응 습득의 기회를 제한한다. 따라서 이런 가정에서 자란 유아들은 더 의존적인 행동을 보이고 정서가 불안하며 내성적인 성격을 갖게 된다고 한다.

거부적–자율적 태도

유아를 수용하지 않으면서 유아 마음대로 행동하게 하는 유형으로, 거리감을 두고 무관심하며 소홀하고 냉담한 태도를 보인다. 이런 태도를 지닌 부모 밑에서 성장한 유아는 흔히 반항적이고 공격적인 행동을 보이며 심하면 범죄를 일으킨다고 한다. 그리고 자주성, 자발성, 독창성이 부족하여 주체성이 결여되며 자신감 없는 행동을 보이게 된다.

거부적–통제적 태도

자녀를 따뜻하게 감싸안지 못하여 자녀의 행동을 체벌 또는 심리적 통제로 규제하는 유형이다. 이런 부모 밑에서 자란 유아들은 자아에 대한 분노가 생겨나며 내면화된 갈등과 고통이 많아서 경우에 따라서는 자학적 퇴행성을 보이기도 한다.

2 바움린드의 3가지 양육법

가족독재적인 양육스타일(Authoritarian Parents)

이 스타일의 부모는 무조건적인 복종과 존경을 당연하게 요구하고, 자녀의 감정을 자신의 기분에 따라 조종하고 협박하며 처벌을 가하는 방법을 쓴다. 자녀들은 이런 부모에 대해 거리감을 느끼고 자신을 이해하지 못한다고 여긴다.

이런 스타일의 부모 밑에서 자란 자녀들은 침울하고, 민감하며, 매사에 불만이 많고, 내향적이고, 의심이 많고, 공격적이고, 행동장애 등을 보이는 경우가 많다.

한국의 많은 부모들이 이런 식의 양육스타일을 보고 자랐기 때문에 유교적 사고방식 그대로 이런 육아법을 주로 이용한다.

무리하게 관용적인 양육스타일(Permissive Parents)

이런 부모는 자녀들이 자신을 표현하고 자율적으로 절제하는 것을 중요하게 생각한다. 생각은 좋으나, 많은 경우 이런 부모들은 무관심에 가까운 관용이나 자녀가 어떻게 해도 내버려두는 두 가지 스타일을 보인다.

관용만을 중시하는 부모는 자녀에게 필요한 훈육에 무능력하고, 필요한 관심을 적절한 시기에 주지 못하며, 전체적으로 냉정한 느낌을 주면서 자녀와 생활이 따로 도는 듯한 부모이다.

이런 양육스타일 아래 자란 자녀는 자기통제력이 현저히 약하고, 주변 사람들에게 항상 무리한 요구를 하는 것을 당연시하며, 말을 잘 안 듣거나 순종하지 않고, 대인관계가 원만하지 못하다.

이렇게 관용을 첫째로 생각하며 키우는 부모는 자녀와 감정적인 교류를 하기를 원하며 자녀가 원하면 언제든지 대화할 준비가 되어 있지만, 훈육과 자녀의 감정조절을 적시적기에 해주지 못하기 때문에 자녀들이 충동적이고 성숙치 못하며 감정통제능력이 부족하게 된다. 바움린드는 이런 양육스타일이 '충동적'이며 자녀들이 '충동적이고 공격적'으로 자라게 할 수 있다고 한다.

권위적인 양육스타일(Authoritative Parents)

이 스타일은 부모가 자녀에게 합리적인 요구를 하는, 통제적이지만 유연한 방법이다. 이 스타일은 부모가 세심하게 정한 제한을 자녀들이 따르는 것이 가장 중요한 조건이며, 훈육을 적절히 이용하는 정서적으로 가장 건강한 양육법이다.

이 스타일의 부모들은 관심을 가져주고 감정적인 교류를 활발히 하되 강해야 할 때는 강하면서 합리적이고 효과적인 통제방법을 이용한다.

이 양육법에서 가장 중요한 것은 필요시에 부모가 자녀를 통제할 수 있고, 규율이 서 있으며, 자녀가 노력하면 부응할 수 있는 기대를 하는 것이다. 이런 스타일의 가정에서 자란 자녀들은 많은 경우 노력파이고, 자신감이 있으며, 자립성이 강하고, 팀을 위해 협동할 줄 알며, 사회성이 강하다.

바움린드는 이런 스타일의 양육법이 '에너지가 넘치며 우호적'이라며 자녀들이 '에너지가 넘치고 우호적이며 동시에 자립성을 키울 수 있게 된다'고 했다.

이론적으로나 현실적으로 마지막의 양육법이 가장 바람직하지만 이는 그만큼 부모가 많은 노력과 시간을 들여야 가능하다. 자녀의 바람직한 성장을 위한 노력은 실은 미래를 위한 투자라고 할 수 있다. 자녀가 자립성과 사회성을 키우고 합리적인 사고를 하며 살아갈 수 있도록 이끎으로써 앞으로 성장하면서 부딪히게 될 수많은 난관들을 자신의 힘으로 헤쳐나갈 수 있도록 하는 것이 부모로서 자녀에게 줄 수 있는 가장 큰 도움이다.

자, 당신의 양육스타일은 어떤 것인가? 지금 당신은 자녀를 에너지가 넘치고 우호적이며 동시에 자립성을 키우도록 양육하고 있다고 생각하는가? 이들 양육스타일은 보편적인 것이고, 게다가 100점짜리 모범답안 같은 양육태도란 있을 수 없다. 우리 가족에게 맞는 맞춤양육법을 개발하고 내 아이에 맞도록 적용하면 된다. 그러므로 지금 고개를 끄덕이지 못한다고 부끄러워하거나 부족한 부모라고 자책할 필요는 없다.

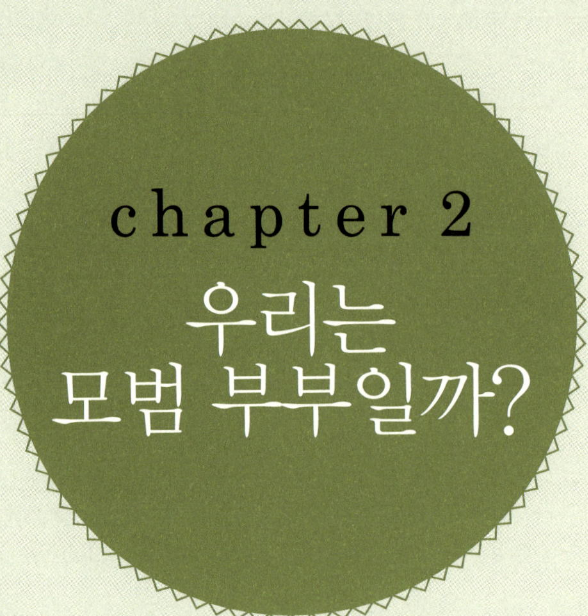
chapter 2
우리는
모범 부부일까?

자녀양육보다 더 중요한 것이 부부문제이다. 자녀는 두 부부 사이에서 태어나고 그 두 사람의 관계가 얼마나 원만하고 좋은가가 자녀의 양육관에도 큰 영향을 미치기 때문이다. 그러나 조금씩 다툰다고 해서 크게 염려할 바는 아니다.

노트르담대학교 E. 마크 커밍스(Mark Cummings) 박사는 연구를 통해 아이 앞에서 부부가 다투더라도 함께 화해하고 욕설을 삼가며 사랑하는 모습을 보이면 더 안정감을 얻게 되고 유대감을 갖게 된다고 밝혔다.

부부 사이가 얼마나 아이에게 큰 영향을 미치는지 보여주는 연구결과는 또 있는데, 배우자 등 파트너에 의해 학대를 받은 여성의 아이들이 5세가 됐을 때 비만이 될 위험이 높은 것으로 나타났다.

미국에서만 매년 약 300~1,000만 명가량의 아이들의 엄마가 배우자 등의 파트너로부터 성적 학대나 신체적·정신적 학대를 당하는 것으로 추정된다. 연구결과에 따르면 어릴 적에 이 같은 배우자 학대를 목격한 아이들은 신경내분비계가 변화되고 사회적·정서적 발달에 손상을 입으며 인지능력 및 감정조절능력이 저하되고 정신건강과 신체건강에 해를 입을 수 있는 것으로 나타났다.

총 1,595명의 아이들을 대상으로 한 이 연구에서 엄마들 중 49.4%가 배우자로부터 어떤 형태로든 학대를 받았다고 답했으며 그 아이들 중 16.5%가 5세 무렵 비만이었는데, 엄마가 배우자로부터 학대당하는 것을 목격한 아이들이 비만 위험성이 높은 것으로 나타났다.

이러한 연관성은 특히 여자아이들보다 남자아이들에게 더 강했으며 엄마가 덜 안전한 환경에서 살아가는 아이들에게 더 강한 것으로 나타났다.

연구팀은 "어릴 적 엄마가 배우자로부터 학대당하는 것을 목격한 것이 아이들의 사회 정서적 요구에 대한 엄마의 반응에 영향을 미쳐 양육방식에 영향을 주기 때문에 아이들이 비만이 되게 할 수 있으며, 또한 아이들의 정서적 스트레스를 유발하고 비만이 되는 방식으로 스트레스를 풀게 해서 비만이 될 위험을 높일 수 있다"고 밝혔다. 또한 "어릴 적 체내 내분비계 손상으로 인해 식습관장애가 발병할 위험과 체내 지방 저장과 배분에도 장애가 생길 위험이 높아질 수 있다"고 밝히고 있다.

성품 좋은 아이의 부모는
대화법도 다르다

행복한 부부가 되기 위해서는 해야 할 말과 피해야 할 말들이 있다. 특히 자녀를 성품 좋은 아이로 키우고자 하는 부부는 말을 가려서 해야 한다. 자녀는 부모의 말과 행동을 그대로 답습하며 부모의 언행 하나하나를 스펀지처럼 그대로 흡수해서 행복과 불행을 느끼기 때문이다. 이런 면에서 자녀들에게 부모는 가장 가까운 선생님이기도 하다. 흔히 어린이집에 오는 유아들의 언어습관을 보면 가정 내 부모들의 언어습관이나 부부 사이의 관계까지 유추해볼 수 있다고 한다.

부부가 대화할 때 가장 기본적으로 지켜야 하고 평생 지켜야 할 것 하나는 상대방을 존중하고 서로가 평생의 반려자라는 점을 잊지 않는 마음가짐이다. 이를 마음에만 염두에 둘 게 아니라 말로써 표현해야 한다. 미국에서 이루어진 한 연구에 따르면 '나' '너' 같은 호칭 대신 '우리'라는 단어를 사용하는 부부가 서로를 긍정적이고 우호적으로 대하며 오래도록 정답게 산다고 한다. 부부나 연인이 말다툼을 하는 중에 '내 생각에는' '왜냐하면' '그 이유는' 등과 같이 생각과 관계있는 단어를 사용하면 스트레스반응이 덜해 갈등이 풀리기 쉽다는 연구결과도 있다.

미국 오하이오대 재니스 글레이서(Janis Glaser) 교수팀은 결혼한 남녀 42쌍에게 두 차례 논쟁을 유도하고 '내 생각에는' '왜냐하면' '그 이유는' 등 인지−추론과 관련된 단어가 얼마나 사용되는지 분석하면서 논쟁 전후의 사이토킨의 수치가 어떻게 변하는지 관찰했다. 사이토킨은 스트레스가 쌓일 때 많아지는 단백질로 면역반응을 촉진하기도 하지만 심장혈관질환이나 당뇨병, 관절염 등의 원인이 되는 물질이다. 연구진은 첫 번째 논쟁에서는 협력적 주제를, 두 번째 논쟁에서는 갈등을 유발할 수 있는 민감한 주제를 던졌다.

예상대로 두 번째 논쟁에서 부부들의 사이토킨 수치가 첫 번째 논쟁에서보다 훨씬 많이 증가했으며 어떤 단어를 쓰느냐에 따라서도 달랐다. 협력적인 대화를 하면서 생각과 관련된 단어를 많이 사용한 부부의 경우는 사이토킨 수치가 전혀 증가하지 않았으며 싸우는 도중이라도 인지−추론과 관련된 단어를 많이 사용한 부부의 사이토킨 수치는 좀 더 느리게 증가했다. 이 같은 연구는 부모간의 성품대화를 통해 스트레스나 부부 싸움이 현저히 줄어들 수 있음을 단편적으로 입증해준다.

부부의 문제는 곧
자녀의 성품으로 이어진다

부부의 문제는 단지 부부에서 끝나지 않는다. 자녀가 없을 때야 두 사람의 문제이고 두 사람이 화해하면 풀어질 수도 있고 다시 사이좋게 지내면 되지만, 자녀가 생기고 나면 문제는 좀더 심각해진다. 왜냐하면 자녀의 기억이 성품이 되기 때문이다.

자라는 자녀들에게 부모의 잦은 부부싸움은 어린 시절의 슬픈 기억으로만 끝나지 않을 때가 많다. 어른이 된 후에도 멀리서 고함지르며 서로 화를 내는 사람들만 봐도 가슴이 답답해진다며 힘들어하는 경우도 있다. 어릴 때 부모의 싸움을 보면서 경험했던 두려움이 커서도 영향을 미치는 것이다.

잦은 부부싸움에서 오는 집안 전체의 위압적인 분위기로 인해 생긴 심리적인 불안감이 자녀의 자신감을 약화시키기도 한다. 특히 자녀 양육문제로 부부싸움을 하는 경우 자녀는 자기 때문에 부모의 관계가 나빠졌다는 죄책감을 가지게 될 수도 있다. 이러한 불안감과 죄책감은 자라는 아이들에게 부정적인 영향을 주게 된다.

또 부부싸움이 잦은 경우 서로 사랑하지 않는 부모 사이에서 자신이 태어났다는 생각을 갖게 할 수도 있다. 이는 사랑받지 못하는 존재라는 생각으로 이어져 자존감을 낮출 수도 있다.

다시 한 번 강조하지만, 자녀가 올바르게 성장하도록 하기 위해 가장 우선돼야 할 것은 바로 부부간의 배려와 사랑임을 잊지 말아야 한다. 자녀들은 부모의 부부 간 사랑을 보면서 스스로를 사랑받는 존재라고 느낀다. 그래서 의식적으로, 무의식적으로 자신을 더 소중하게 여기고 행동하게 된다. 또 존중심과 배려가 있는 사소한 말들이 우리 아이들을 건강하게 자라게 하는 밑거름이 된다는 사실을 잊지 말아야 한다.

성품 좋은 아이로 키우는 부부 대화법

부정적인 꼬리표를 떼고 말하자.

부정적인 꼬리표는 배우자의 자존심을 상하게 한다. '바보같은' '형편없는' '잘하는 게 하나도 없는' '날마다 늦게 오는' 등의 말은 피하고 이제 주어를 '당신은'보다는 '나는'으로 바꾸어 내가 느낀 감정이나 나의 상황을 설명해본다. '나는 당신이 전화도 없이 늦게 오면 ~이 되고(영향) ~한 느낌이 들어(감정).'

과거는 과거, 현재는 현재이다.

배우자가 저지른 과거의 잘못을 비방하고 들추는 데 너무 혈안이 되지 말자. 현재 일어난 일들도 다 감당하기 힘든데 말이다. 우리 부부의 행복을 위해 지금 우리의 문제에 초점을 맞추어 대화한다.

'항상' '전혀' 같은 부정적인 단어는 피한다.

차라리 '대부분' '가끔'이라는 단어를 사용하자. '당신은 항상 그래요'라고 말하기보다는 '당신은 대부분 그런 경향이 있어요'라고 말해본다. '당신은 전혀 내 말을 듣지 않아요'보다는 '당신은 가끔 내 말을 듣지 않을 때가 있어요'라고 말할 때 더욱 행복해진다.

감정, 동기, 태도 등을 추측하거나 상상하지 말고 차라리 그냥 자세히 물어본다.

'왜 그랬을까?'(동기), '어떤 마음이었을까?'(감정), '왜 그렇게 행동했을까?'(태도)를 상상하거나 추측하여 과장된 생각으로 괴로워하지 말고 차라리 그냥 속시원하게 물어보자. 더 건강한 부부가 된다.

눈을 쳐다보면서 말하는 습관을 연습한다. 대화의 기본은 경청이다.

상대방의 시선을 피하지 말자. 부부가 서로 눈을 쳐다보면서 경청하며 이야기를 나누는 기본적인 태도가 부부의 행복을 지켜준다. 경청이란 상대방의 말과 행동에 잘 집중하여 상대방이 얼마나 소중한지 인정해주는 것(좋은나무성품학교의 정의)이다.

비판하거나 평가하는 대화를 피하자. 관찰하면서 말하는 습관이 필요하다.

비판이나 평가 없이 관찰한 바를 객관적으로 말하는 지혜가 필요하다. '당신은 만날 늦게 오는 사람이지요'보다는 '당신은 이번주에 다섯 번이나 10시가 넘어서 들어왔어요'가 좋다.

'다 내 책임인 줄 알아요'라고 말하자.

'당신 때문에' '너 때문에'라는 책임을 전가하는 말보다는 '다 내 책임이에요'라는 책임을 지는 말이 더 견실한 부부생활을 만들어준다. 배우자는 자신의 잘못을 안다. 그러면서 폭넓게 이해해주려는 상대 배우자에게 고마움을 느끼고 더 큰 반성을 하게 된다. 그리고 '이건 내 의견인데' '내 생각은' 하면서 제시형 대화를 시도해보자.

느낌보다는 욕구를 분명하게 말하는 대화를 시도해보자.

'슬프다' '외롭다' '못살겠다'라는 부정적인 표현을 쓰기 전에 '내게 다정하게 말해주세요' '벗어놓은 옷들은 걸어주세요' 등 나의 욕구를 분명하게 말하는 대화를 습관화한다.

인신공격은 NO!! 문제가 되는 행동을 구체적으로 말하자.

'당신은 나쁜 사람이에요'보다는 '내가 아무리 말해도 당신이 들어주지 않으면'이라고 내게 문제가 되는 구체적인 행동을 표현해주자.

풍부한 스킨십으로 대화하자.

부부만의 특권은 사랑을 마음껏 표현할 수 있는 것이다. 부부끼리의 따스한 스킨십을 자연스럽게 보고 자란 아이들이 더 안정감있고 건강하게 자란다는 연구결과도 있다. 그러므로 자녀 앞이라도 포옹해주고 어깨를 감싸주고 볼에 뽀뽀를 해주는 등, 사랑표현을 마음껏 하면서 대화해보자. 피부는 제2의 뇌라고 한다. 부부의 스킨십은 치매를 예방하는 행복한 부부대화법이라고도 하니 일석삼조의 효과를 기대할 수 있다.

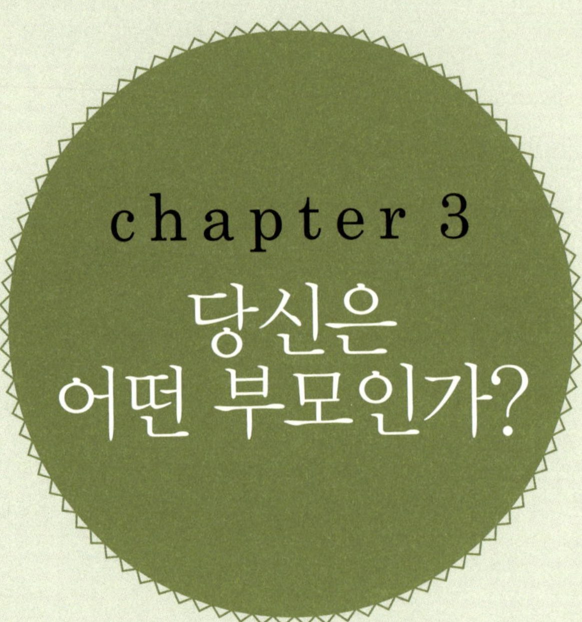
chapter 3
당신은
어떤 부모인가?

아버지가 자녀에게 미치는 영향은 생각하는 것보다 훨씬 크다

마틴 호프먼(Martin L. Hoffman)은 《아동의 도덕적 내면화와 아버지 역할》에서 아버지 역할의 중요성에 대해서 언급하면서 아버지는 자녀에게 동일시하는 대상이 되며 특히 남자아이에게는 도덕적 사회화의 주담당자가 된다고 강조했다.

슈타인(Stein, 1967), 월터스와 파크(Walter & Parke, 1964) 등 사회학습 연구자들에 의하면 아버지는 자녀들에게 '동일시' 혹은 '모방'의 대상이 되며 도덕적 행동의 모델로서, 자녀가 아버지를 모방하거나 아버지가 잘못된 행동에 대해 처벌을 하느냐 마느냐에 따라 자녀의 도덕적 사회화가 이루어진다고 했다. 또한 아버지가 부재하는 자녀가 도덕성에서 낮은 점수를 받았고(호프만, 1971) 공격성이 높은 아이가 된다는 연구결과가 나오기도 했다

게다가 아버지가 알코올중독이면 아들도 알코올중독이 될 가능성이 높다. 유전적인 소인이 알코올중독에 영향을 줄까? 과학적으로는 일단 '그렇다'. 알코올중독을 일으키는 유전자가 있어서 알코올중독자의 자녀 역시 알코올중독자가 되게 한다는 것이다. 이는 특정 유전자 조합이 알코올중독에 적합한 생물학적 메커니즘을

가짐을 의미한다.

사람에 따라 특정 수준의 취한 상태에 이르는 알코올 양이 다르고, 그래서 알코올의 지속적인 사용에 영향을 줄 수 있다. 이와 관련해서 알코올중독자의 아들이 알코올중독자 부모 밑에서 양육되었든 정상적인 양부모 밑에서 양육되었든 알코올중독자가 되는 비율이 일반인보다 4배나 높다는 보고도 있다.

부모가 양육의 중심에
함께 서야 한다

1 아버지가 관심을 갖는 아이가 범죄율도 적고 성적도 좋다.

우리나라의 양육방식을 보면 누가 교육을 시키는 것도 아닌데 참으로 분업이 잘 되어 있다. 자녀의 양육과 교육은 모두 어머니의 몫이고 아버지는 그에 필요한 양육비와 교육비를 맡아왔다. 그런데 이 양육의 분업은 아버지와 자녀의 관계를 더 소원하게 만들었고 가족의 중심이 아닌 주변자로 내몰아버린 꼴이 되었다. 물론 우리나라도 부모들의 소득수준이 높아지고 서구화된 생활방식으로 변화하면서 아버지가 점점 양육의 중심이 되고 있는 것은 부부와 자녀 모두를 위해 좋은 변화라고 생각한다. 그러나 아직 멀었다. 아버지가 보다 더 가까이 자녀의 양육에 참여하고 주관함으로써 양육의 중심에 부부가 함께 서야 한다. 이것이 자녀양육에 바람직하다는 사실은 세계적인 학자들의 연구를 통해서도 분명히 증명되었다.

먼저 옥스퍼드대학교 자녀양육연구센터가 40여 년에 걸쳐 연구한 결과에 따르면 자녀가 7세 때 아버지의 적극적인 양육 참여가 그 자녀의 훗날 학업성적과 강한 관련성이 있다는 것을 알 수 있다.

이는 단순히 성적의 문제만이 아니다. 이 연구보고서에는 아버지와 자녀들 간의 강한 유대관계가 훗날 자녀들의 정신질환 발생 확률을 감소시킨다는 내용도 포함되어 있다. 이와 함께 아버지가 자녀양육에 참여하면 자녀들이 성장했을 때 범죄를 저지를 가능성이나 부랑자가 될 가능성도 낮아진다고 보고서는 밝힌다.

그러나 반드시 부모가 같이 있어야 한다는 것은 아니며 별거 중인 아버지도 자녀들이 책 읽는 것을 들어주거나 숙제를 도와주거나 함으로써 긍정적인 영향을 미칠 수 있다. 의붓아버지들의 경우도 자녀들의 학습효과를 높일 수 있는 것으로 나타났다. 이 같은 사실은 지난 1958년에 태어난 어린이 1만 7천 명의 성장과정을 추적해 연구한 결과 드러났다. 아버지가 자녀양육에 참여한다는 것은 자녀들을 관리하는 일을 어머니와 나눠서 한다거나 자녀교육에 관심을 갖는다거나 자녀들과 함께 외출한다거나 하는 것이다.

이러한 연구결과는 직장과 가정생활 간 균형의 중요성을 알려준다. 가장 큰 변화가 필요한 곳은 아버지의 직장으로, 아버지들에게 자녀들과 더 많은 시간을 보낼 수 있도록 허용하는 직장 분위기가 되어야 한다.

한편 2008년 랭카스터대학의 연구에서도 아버지들의 적극적인 참여가 자녀들의 대학입학시험 성적을 향상시켰으며 자녀들이 더욱 사회성 있고 범죄가능성이 낮은 어른으로 성장하게 하는 데 영향을 미치는 것으로 나타났다.

2 아버지와 대화하는 아이가 행복감이 높다.

아버지와 정기적으로 진지하게 대화하는 청소년은 그렇지 못한 청소년들에 비해 행복감이 높다. 영국의 일간지 《텔레그레프》에 따르면 11세에서 15세 사이 영국 청소년 1,200명을 대상으로 실시한 조사에서 '거의 매일' 아버지와 진지한 대화를 나누는 청소년들은 행복도에서 87%를 기록, 대화가 거의 없는 청소년들의 79%보다 높았다.

조사대상 청소년의 46%는 중요한 문제에 대해 아버지와 '거의 이야기를 나누지 않는다'라고 답했다. 어머니와 거의 대화하지 않는다는 응답자는 28%였다. 조사대상의 13%만이 '거의 매일' 아버지와 마음을 털어놓는 대화를 한다고 밝혔다.

청소년들은 나이가 들면서 중요한 일에 대해 아버지와 더 적게 이야기를 나누는 경향이 있었는데, 11세 청소년의 42%가 1주일에 한 번 이상 아버지와 대화하는 반면 15세는 16%에 불과했다. 이 연구결과는 청소년이 갖는 행복감이 어머니뿐 아니라 아버지와의 관계에 달려 있다는 점에서 중요하다.

이 연구결과는 청소년들의 행복이, 중요한 일에 대해 아버지와 얼마나 자주 대화를 나누는가와 밀접하게 관련이 있다는 점을 보여준다. 그러나 요즘 아이들은 아버지와 소원하거나 따로 사는 경우가 너무 많은 것이 문제이다.

한편 미국의 젊은 아버지들은 생활비를 버는 것뿐 아니라 자녀양육 경험을 소중히 여기고 직장 일과 조화를 이루고자 하는 경향이 있는 것으로 드러났다. 보스턴칼리지 노동가족센터가 새로 아버지가 된 남성 33명을 대상으로 실시한 조사에서 이들은 아버지가 됐다는 이유만으로도 직장에서 책임감이 높아졌다고 대답했다.

보스턴칼리지 연구교수인 브래드 해링턴(Brad Harrington)은 "이 젊은 아버지들은 자녀가 성장해가는 어린 시절의 순간들을 놓치고 싶어 하지 않는다"고 말한다. 해링턴 교수는 젊은 아버지들은 성공과 행복의 의미를 재정의하고 있는데, 경력을 쌓는 것만이 전부가 아니고 양육에 직접 나서는 것도 마찬가지로 중요한 것으로 생각한다고 설명한다.

　　미국 노동력의 50%를 여성이 차지하고 대학 및 대학원 졸업자의 60%가 여성인 상황에서 양육에서의 아버지의 역할도 달라지고 있다. 이 연구결과는 남편이 자녀를 위한 카풀, 요리, 잠재우기와 같은 양육활동에서 아내와 균형을 이뤄야 함을 의미한다.

　　그렇다면 과연 우리나라의 아빠들은 어떨까? 물론 여전히 고전적인 아버지상을 고집하기도 하지만 '프레디'(Friedy, Friend+Daddy)라는 신조어가 나올 정도로 자녀에게 가까이 다가가는 아빠들이 분명 늘고 있다. 권위를 벗어던지고 친구 같은 '아빠'로 변하고 있는 것이다. 나아가 엄마보다 열성적으로 자녀양육에 뛰어드는 아빠도 최근 부쩍 늘고 있는 추세이다. 아빠와 함께 보내는 시간이 주는 장점들로는 아빠가 아이와 함께 몸으로 부딪치며 놀아줄 수 있고, 엄마와는 다른 언어 사용으로 자녀가 다양한 언어를 습득할 수 있는 기회를 줄 수 있으며, 자녀의 자존감을 높여준다는 것이 있다. 부모가 함께 자녀양육에 참여하는 것이 자녀의 행복감을 높이는 것은 당연한 이치이다.

3 21세기 알파남의 새로운 패러다임은 가정적인 아빠다.

　　《뉴욕타임스》는 얼마전 "21세기 알파남의 새로운 패러다임은 대외적인 능력을 갖추고 있으면서도 엄마 역할까지 해줄 수 있는 가정적인 아빠"라며 전설적인 골퍼 잭 니클라우스, 버락 오바마 미국 대통령 등을 돈과 명예는 기본이고 부성애까지 갖춘 '슈퍼대드'(super dad)로 꼽았다. 다섯 아이의 아빠인 니클라우스는 경기 토너먼트 동안에도 비행기를 타고 집에 들러 아들의 축구경기에 참여하고 가급적 2주 연속 경기일정을 잡지 않는다. 오바마 미국 대통령은 취임 후 아프리카 순방 중에 두 딸과 가나의 옛 노예무역 항구를 방문해 역사교육을 한 것이 화제가 되었다.

이런 아버지의 사례가 유명인이나 외국의 사례만 있는 건 아니다. 우리나라에도 국내기업의 회사원인 배성화 씨의 경우가 있다. 그는 큰아이를 낳으면서 아이들이 중학교에 진학할 때까지는 주말에 골프 등 개인적인 시간을 피하고 가족과 시간을 보내겠다고 아내와 약속을 했다고 한다.

이를 위해 배씨는 주말 아침 7시쯤이면 아들 시우(10)를 깨운다. 주중에 아이들 돌보느라 지쳐 곤히 자고 있는 아내와 딸 시연(5)을 위한 아침식사를 아들과 함께 준비하기 위해서다. 식사를 끝낸 후에는 가족 모두 집안정리를 한다. 대청소가 끝나면 다 함께 수영장에 간다. 엄마와 아빠가 워낙 스포츠를 좋아하는 터라 여름에는 수영, 겨울에는 스키를 즐긴다. 일곱 살부터 시작한 시우의 스키 실력은 이미 최상급 수준. 한 달에 한 번 정도는 강원도로 가족여행을 간다. 산도 있고 바다도 있어 아이들이 자연과 교감하기 좋다고 판단해서다. 시우의 그림에는 항상 아빠와 함께 수영이나 스키를 하는 모습이 그려져 있다. 아빠는 깨어 있는 시간에 만날 수 없는 사람, 주말에는 잠만 자는 사람쯤으로 생각하는 여느 아이들에 비해 아빠에 대한 시우의 생각은 사뭇 다르다

어느 정도 사회적인 능력을 갖추고 자녀들에게 엄마 못지않은 관심과 애정을 가진 배성화 씨 같은 아버지들이 늘고 있다. 곽금주 서울대 심리학과 교수는 "이전에는 가부장적인 사회 분위기 탓에 아이와 놀아주고 눈높이를 맞추는 아버지의 모습을 찾기 어려웠지만 요즘은 아버지의 양육방식이 아이의 지능이나 정서에 긍정적인 영향을 끼친다는 사실이 알려지면서 젊은 부모들을 중심으로 변화가 일어나는

추세"라고 말한다.

실제 생후 9개월에 아빠가 많이 놀아준 경험이 있는 아이들은 40개월 전후에 또래의 다른 아이들보다 지능지수가 높고 인지능력도 우월하다는 결과가 나와 있다. 이는 영유아기에 아빠의 사랑을 받으며 상호작용을 많이 한 아이들이 인지·언어·사회성·정서 발달에 유익한 영향을 받는다는 것을 의미한다.

4 아빠와 엄마, 아이 두뇌발달에 다른 영향을 미친다.

남자의 뇌와 여자의 뇌는 다르다. 아빠가 놀아주는 것과 엄마가 놀아주는 방법은 다를 수밖에 없다. 이로 인해 아이의 두뇌발달에 미치는 영향도 다르다. 일반적으로 아빠는 엄마보다 활동적인 놀이 경험이 풍부하다. 아빠는 놀이친구로서 육체적인 방법을 통해, 엄마는 언어를 통해 아이의 두뇌발달을 돕는다.

아이들도 엄마보다 아빠와 더 놀고 싶어 한다. 한 연구에 따르면, 30개월 된 아이들에게 놀이상대를 고르라고 했을 때 3분의 2 이상이 아빠를 골랐다고 한다.

각종 연구결과, 아빠와의 놀이나 상호작용은 아이들에게 논리적이고 이성적인 좌뇌를 발달시키며 영유아기 때 아빠가 없었던 아이들은 수리능력이 떨어지고 성취동기도 낮았다

그러므로 4세 이후 아빠가 얼마나 아이에게 관심을 가지고 육아에 참여하느냐에 따라 아이의 발달이 크게 달라진다. 3~4세는 지적 호기심이 왕성한 시기다. 아빠는 아이의 호기심과 다양한 욕구를 채워줄 수 있기 때문에 아빠가 잘 놀아주면 아이의 창의성도 풍부해진다.

5 양육에 대한 부모의 생각이 동일한가?

아이 양육에서 매번 의견충돌이 있어 부부가 다투게 되는가? 남편이 아내보고 아이 일이라면 너무 무조건 감싸려고 하는 것 아니냐면서 좀 엄하게 키우라며 야단치거나, 혹은 아이의 사소한 행동 하나를 가지고 "애가 왜 저렇게 버릇없어!" "당신이 도대체 집에서 하는 일이 뭐 있어? 애 하나 제대로 못 키워!"라고 화부터 내면서 양육 책임을 아내에게 돌려 심각한 갈등을 빚는가? 매번 이런 식으로 아이문제만 나오면 말다툼을 해서 도무지 남편과 말이 안 통한다는 부부의 고민 상담이 셀 수도 없이 많다. 아이는 점점 부모 눈치만 보는 것 같은데 양육에 대한 생각의 차이 때문에 점점 부부관계는 멀어져만 가니, 이는 반드시 해결해야 할 문제다.

부부가 서로 다르면 어떤가?

아이들이 다 다르듯이 어른들도 다 다르다. 그래서 남편도 나와 다르고, 그런 남편과 나 사이에 양육에 대한 갈등은 필연적으로 발생하기 마련이다. 더욱이 살아온 배경과 가치관이 다른 두 개인이 모여 공동체를 이뤄나가기에 자연스레 다툼이 있을 수 있고 그건 어느 누구의 삶도 예외가 아니다.

부모들은 누구나 자기 나름의 교육방식과 철학을 가지고 아이를 대한다. 실제 부모의 양육방법에는 자신이 성장한 배경이나 과거 경험, 부모 자신의 성격 또는 가치관, 부모 자신의 연령, 특정상황(사회적 변화, 가족이 스트레스를 받는 상황 등이 포함된다), 자녀의 연령과 성 등 여러 요인들이 영향을 미친다.

부부의 생각이 서로 같으면 양육뿐 아니라 어떤 결정을 할 때도 말이 잘 통하고 그래서 갈등이 적을 수 있다. 그러나 생각이 같다보면 다양한 의견이 나오기 어렵고 잘못 생각하고 결정할 때 발생할 수 있는 문제를 찾기 어려운데다 새로운 시각을 찾아 달리 생각해볼 기회를 갖는 게 쉽지 않다.

그냥 갈등이 없는 것이 중요한 게 아니다. 서로 다른 생각을 가진 부부가 서로 생각이 같은 부부보다 더 창의적이고 바람직한 양육결과를 가져올 수 있기에 이러한 '다름'을 활용할 수 있어야 한다. 서로가 달라서 말이 잘 통하지 않아 고통스럽고, 서로의 생각을 이해하기 위해 더 많이 대화하려 노력해야 하며, 하나의 결정을 내리는 데도 더 시간이 걸려 쉽게 결정에 도달하지 못할 수 있지만, 상황을 다양한 측면에서 고려하여 신중하게 결정할 수 있는 장점도 있다.

아이를 어떤 방식으로 키워야 좋은가?

어느 부모나 자신의 아이를 지극히 사랑하고 아이를 위해서라면 기꺼이 희생한다. 그러나 사랑이라는 이름으로 사사건건 통제하거나, 아이의 요구를 무조건 들어주거나, 무엇이든 허용하거나, 아이 의사를 무시하고 자기 마음대로 결정해버리거나, 아이에게 너무 많은 기대를 하는 부모는 아니었는지 먼저 점검하고, 과연 어떤 양육방식이 아이를 더 자신감 있고 행복한 아이로 성장하게 할 수 있을지 생각해봐야 한다.

부부 간의 양육방식의 차이가 크면 클수록 아이는 이러지도 저러지도 못하는 불안감만 높아지게 되고, 이런 혼란상태가 지속되면 강박적이고 신경질적인 증상을 보일 수 있다. 따라서 성공적으로 양육하려면 아이를 부모의 소유물이 아닌 자신의 삶을 가진 하나의 인격체로 보고 다정하고 서로 북돋아주며 관심 어린 분위기를 조성하면서 부부가 상의한 원칙에 따라 일관된 태도를 보여야 한다.

부부 간의 자녀양육 갈등을 해결하라.

첫째, 서로의 본질적인 사고방식 차이를 인정하고 아이에 대한 서로의 방식이 못마땅하더라도 의견을 조율해서 어떻게든 하나의 방식을 정하도록 한다. 아이를 어떤 원칙 아래 키울 것인지에 대해 기본적인 합의가 있어야 하고 부모의 감정이나 형편에 따라 들쑥날쑥하기보다 그 원칙을 일관성 있게 지켜나가는 게 중요하다. 이는 무엇이 옳고 그르냐에 따른 양자택일의 문제가 아니다. 부부가 서로 옳다고 생각한 합의된 훈육방식을 일관되게 적용해나가야 한다. 이때 각자의 생각을 존중하고 상대방을 인정해주면서 아이를 어떤 사람으로 어떻게 키울 것인지에 대한 방향을 정하고 아이에 대한 사랑을 다른 방법으로 표현하고 다른 방식으로 아이를 훈육할지라도 인정해준다. 이럴 때 아이는 엄마아빠 각자에게서 많은 것을 배울 수 있다.

둘째, 의견이 다른 부모의 모습을 통해 사람마다 여러 가지 다른 사고방식이 있을 수 있으며 갈등을 해결하는 과정을 자연스럽게 깨닫도록 한다. 부모가 갈등이 생길 때마다 아이 앞에서 싸울 필요는 없지만 부모 스스로가 통제할 수 있을 정도의 내용이라면 아이들 보는 데서 의견을 다투는 게 반드시 나쁘지는 않다. 서로의 말을 잘 듣고, 자기 입장을 정확하게 전달하며, 잘못을 인정하고 사과하며 서로의 입장을 받아들이고 합의하는 과정을 보여주어 아이가 부모의 의견대립을 통해 ‘다름’을 인정하는 것을 배우게 한다.

아무리 화가 나도 아이 앞에서 서로에 대해 비난하거나 흉을 보지 않도록 한다. 마음속에 못마땅하게 생각하고 있던 서로의 어떤 부분이 아이들의 행동에서 보일 때 흉을 보게 되는데, 아이 앞에서 서로 비난하여 아이에게 부모의 상을 왜곡시키거나 부모가 서로의 말꼬리를 잡는 모습을 보이면 부모역할에 부정적인 영향을 줄 뿐 아니라 아이에게도 불안감을 안겨주게 된다. 어떤 식으로 다투든 싸움의 횟수가 많으면 아이에게 부정적인 영향을 주겠지만, 서로 미워 싸우는 게 아니라 서로의 차이를 극복하기 위해서 또는 문제를 해결하기 위해 더 많이 얘기하는 걸 보여주면 아이도 갈등이 생겼을 때 상대방과 상황에 따라 해결하는 방법을 배우게 된다.

셋째, 부부 중 한 사람이 아이와 연합하여 편가리기 식의 행동을 보일 수 있는데, 상대를 부모의 자리에서 내쫓지 말고 부모로서 나름대로 각자의 역할을 잘할 수 있도록 함께 있는 시간을 마련해주거나 가까워질 수 있도록 도와준다. 아이와의 관계보다는 부부관계가 더욱 친밀해져 부부가 연합할 수 있도록 노력하자. 가령, 아내가 남편을 무시하고 아이 편만 들면 남편은 소외감을 갖게 되며 아이와의 관계가 멀어질 수밖에 없다. 또 남편이 잘하지 못한다고 아내가 다 떠맡아버리면 남편은 아이에 대한 사랑을 적절한 방법으로 표현할 기회를 갖지 못하므로, 남편에게 잘하는 방법을 알려준다. 아이에게 현실적으로 도움이 되고 싶은 부모의 마음이 전해지게끔 역할할 수 있게 한다.

넷째, 자신의 양육에 대한 신념과 판단이 아이에게 미칠 영향에 대해 깊이 생각해보고 잘못된 방법을 고치려는 의지를 갖는다. "내가 만약 이렇게 행동하면 과연 우리 아이는 무엇을 배우고 얻게 될까?"라는 의문을 갖고 준비를 한다면 무엇이 더 효과적이고 바람직한지를 판단할 수 있다. 어떤 것이 잘못되었는지를 이해하고 더 바람직한 방향으로 수정하고 보완해나가는 자세가 필요하다.

알파맘 vs 베타맘

┃ 단순히 직장을 다니고 안 다니는 문제가 아니다.

미국의 여성학자 린다 허쉬만은 2005년 시사 월간지 《아메리칸 프로스펙트》에 기고한 글에서 "엘리트 여성들이 자발적으로 일터에서 물러나 전업주부가 되는 것은 자신은 물론 사회를 위해 나쁜 일"이라며 "이들의 행위는 많은 여성에게 모방 효과를 낳으며 일을 그만두지 않는 여성에게는 (가정에 대한) 죄책감을 불어넣게 된다"고 주장했다.

이 기고문은 직장여성과 전업주부 사이의 엄청난 논쟁을 불러일으켰고 이른바 '엄마전쟁'(Mommy war)을 촉발시켰다. 전업주부들은 주로 아이가 엄마를 절실히 필요로 할 때 곁에 있어주지 못하는 것은 좋지 않다는 입장이다. 가정을 포기하면서까지 이뤄야 할 중요한 가치는 없다는 것이다.

사실 아이문제는 일하는 엄마에게는 아킬레스건과 같다. 여성의 자아실현도 좋지만 그것이 자녀의 불행으로 이어진다면 다 무슨 소용이냐는 것이다. 그러나 허쉬만은 "통계적으로 봤을 때 직장여성을 어머니로 둔 자녀와 전업주부를 어머니로 둔 자녀의 행복지수는 차이가 없다"고 주장한다. '일하는 엄마' 지지자들은 전업주부의 자녀가 오히려 독립심이 적은 아이로 자랄 우려가 있다고 지적한다.

로스앤젤레스 캘리포니아대 사회학 교수인 새런 헤이스(Sharon Hayes)의 분석에 따르면 1970, 80년대 '제1의 엄마전쟁'이 직장에 다니는 엄마와 전업주부 엄마 간의 경쟁의식에서 비롯됐다면 최근 불붙은 엄마전쟁은 직장 유무에 상관없이 개인적인 스타일과 관련이 깊다. 다시 말해 예전에는 직장 다니는 엄마를 베타맘이라고 하고 전업주부를 알파맘이라고 불렀지만 지금은 자녀를 키우는 양육관과 교육관에서 차이를 보이는 것이다.

2 자녀양육에 어떤 것이 좋은가?

'알파맘(Alpha mom) 베타맘(Beta mom) 논쟁'이라 불리는 이 사안은 일하는 엄마와 집에 머무는 엄마 가운데 누가 더 아이 교육에 좋은지를 묻고 있다.

알파맘은 아이의 매니저 vs 베타맘은 자유주의

알파맘은 주로 중산층 이상의 고학력 전업주부로 아이를 일류로 키우기 위해 매니저를 자처한다. 반면 베타맘은 직장에 다니는 여성인 경우가 많으며 아이에게 가능한 한 많은 자유시간을 주는 것이 올바른 교육이라고 생각한다.

알파맘의 특징

알파맘은 자녀교육과 가정생활에 기업경영적 요소를 가미해 최대한 효율성을 추구하는 것이 특징이다. 주먹구구식으로 자녀양육에 전력을 다했던 과거 '슈퍼맘'(Super Mom)에서 한 단계 진화한 것이다. 인터넷 조사기관 컴스코어에 따르면, 알파맘은 하루 평균 인터넷 사용 시간이 일반인보다 1시간 정도 많은 것으로 나타났다. 알파맘들의 가장 큰 관심사는 교육과 가사 관련 정보 공유이다. 2005년에는 24시간 케이블채널 '알파맘 TV'까지 탄생했다. 방송은 개국 2년 만에 100만 명 이상의 열성 시청자를 확보했다. 최근 미국 비디오 게임기 시장을 석권하고 있는 닌텐도의 위(Wii) 역시 알파맘의 위력이 발휘된 사례이다. 닌텐도는 아예 주요 소비층인 청소년에 앞서 알파맘을 대상으로 먼저 시장 테스트를 실시했다. 알파맘이 자녀 게임기 사용에 절대적인 영향을 미친다는 것을 간파했기 때문이다.

베타맘의 특징

베타맘은 극성스럽게 자녀양육과 교육에 앞장서는 알파맘을 비판하며 자녀에게 스스로의 통제력을 키워주는 여유롭고 자유로운 교육방법의 중요성을 강조하는 부모를 의미하는 말로 자리잡고 있다.

베타맘은 자녀의 선택을 존중해주고 성장발달하는 과정을 지켜봐주는 역할을 함으로써 자녀가 가지고 있는 잠재력이 최대한 계발된다고 믿는다. 베타맘은 자녀가 행복한 생활을 하는 것이 중요하다고 강조하고 자녀들과 재미있는 시간도 함께하고 많은 대화를 한다. 문제는 인간도 무리를 지어 사는 동물들과 비슷하게 사회적 동물이기 때문에 베타맘의 역할은 인간이 가질 수 있는 자연적인 습성이 아니라는 것이다.

알파맘에게서 자라는 알파걸의 미래는?

귀추가 주목되는 것은 알파맘에게서 자란 알파걸(Alpha girl)들의 미래다. 알파걸은 모든 방면에서 또래의 남학생보다 앞서는 여학생을 지칭하는 말로, 하버드대학의 아동심리학자 댄 킨들론(Dan Kindlon)이 동명의 연구서를 내면서 알려진 신조어다. 알파걸은 태어나면서부터 차별을 경험하지 않은 덕에 남성과 동등한, 아니 때로는 남성보다 우월한 능력을 보인다.

알파맘은 분명 자신의 딸을 알파걸로 키울 것이다. 그러나 알파걸 역시 나이가 들고 결혼을 해 일과 가정이라는 벽에 부딪히게 되면 결국 알파맘의 삶을 선택할지 모른다. 자신의 어머니가 그러했던 것처럼. 그러다 어느 날 문득 궁금해질 것이다. 숱하게 다녔던 각종 학원과 과외활동, 명문대 졸업장, 좋은 직장이 다 무슨 소용이었을까.

집에서 가사를 돌보고 아이를 키우는 것도 지식과 교양이 필요한 일이기 때문에 고등교육이 전혀 쓸모없다고 말할 수는 없다. 그러나 여성의 교육이 결국은 훌륭한 자녀를 키우고 안정적인 가정생활을 재생산하기 위해 쓰일 뿐이라면 이는 좀 슬픈 현실이다.

자녀의 미래가 모두 엄마의 책임인가?

알파맘, 베타맘 논쟁이 불편한 까닭은 '아이가 잘되고 못되고는 전적으로 엄마의 책임'이라는 전제가 깔려 있기 때문이다. 육아는 단지 사적인 가정생활의 일부가 아니라 미래의 노동력을 산출하는 공적인 일이기도 하다. 낮은 출산율을 걱정하고 출산과 육아를 기피하는 '요즘 젊은 여자들'을 탓하기 이전에 우리 사회는 여성들의 고민에 얼마나 귀기울였을까.

당신은 어떤 유형의 어머니인가?

혹시 당신의 모습은 아닐지. 독일의 심리학자 루이쉬첸 휘퍼가 특징별로 분류해본 '지양해야 할' 어머니 스타일과 각각에 맞는 자녀관계 극복법을 참고해서 현명한 어머니로 거듭나자.

권력형

"머리부터 발끝까지, 내 말대로 하렴. 다 널 위해 그러는 거야."

권력형 어머니는 모든 것을 자신이 결정하려 하고 모든 일을 자신의 뜻대로 이루려고 하는 유형이다. 폭력을 동원하고 사생활을 간섭하며 칭찬에 인색한 특징을 가지고 있으며 이들의 자녀에게서는 자신감 상실, 주장 능력의 저하 등의 부작용이 발생한다. 어머니에게는 상을 주거나 벌할 수 있는 권력이 주어지고 이런 어머니의 권력행사는 어느 정도 정당성이 존재한다. 하지만 자녀의 입장과 그들이 생각해서 선택할 수 있는 기회는 엄연히 존중되어야 한다. 아이가 원하는 것을 끊임없이 들어준다거나 어머니의 입장에서 아이에게 유익하고 올바른 일이라고 판단해버리는 것은 진정한 사랑이 아님을 알아야 한다.

희생형

"사랑한다. 사랑한다. 사랑한다. 난 너만 있으면 돼."

희생형 어머니는 끊임없이 죄책감을 만들어내는 전문가다. 죄책감은 자녀로 하여금 어머니가 기대하는 귀찮고 번거로운 일들을 하도록 몰아대는 것과도 같다. '네가 말하는 것은 사실이 아니지만 너를 위해서 내 생각을 희생하고 네가 옳다고 하마' 혹은 '네 말은 거짓이지만 난 너를 믿어'라는 식이다. 때로는 자녀를 위한다는 미명 아래 불확실하지만 무모한 희생을 하기도 하는데 이는 또 다른 이름의 권력이자 위협으로 다가갈 수 있다. 자녀의 입장에서는 무거운 책임감을 느끼게 되면서 어머니를 위해 무언가를 해야만 한다는 부담을 느끼게 되기 때문이다.

자기도취형

"엄마의 자부심, 넌 나의 자랑이야."

이 유형의 어머니들은 딸이나 아들에 대한 자기만의 내적 이미지를 갖고 있다. 문제는 자녀의 본성과는 상관없이 그것의 실현에만 중점을 두는 것이다. 말 그대로 과도한 자기중심적 사고로 다른 사람을 존중하거나 사랑하는 능력이 부족한 사람이다. 권력형과는 또 다른 방식으로 아이들에게 소외감을 느끼게 한다. 심할 경우 자녀는 부모의 욕구를 채울 수 있는 도구처럼 느껴지기도 한다. 자녀를 위하는 것 같지만 사실 이 같은 행위는 위장된 행복일 수 있다. 이 유형이 갖는 긍정적인 면(자녀에 대한 관심과 지원)은 적

절한 수준으로 유지하면서 자녀가 원하는 것이 무엇인지 들어보고 느낄 수 있는 여유가 필요하다.

애정결핍형

"서투른 애정표현, 엄만 날 원치 않았어요."

말과 행동을 통해 사랑을 표현하지 않는 부모에게서 자라난 아이들은 정신적으로 큰 상처를 받는다. 자녀를 건강하게 양육하고 좋은 학교에 다니게 해주는 것만으로 부모의 의무를 다하는 것은 아니다. 어머니의 사랑은 세계에 대한 믿음을 갖게 해주고 아이의 행동에 자유로움과 즐거움을 부여한다. 또한 창조적인 능력의 기반이 된다. 사랑을 표현하는 방식은 사람마다 다르겠지만 상대가 느낄 수 있도록 하는 것이 기본이다. 아이가 올바른 행동을 했을 때는 적절한 칭찬을 해주고 잘못을 했을 때는 바로잡아주면서 교감을 나누는 것은 부모와 자녀 사이에 꼭 필요한 행위다. 상대적인 무관심, 편애, 감정의 억제나 스킨십의 부재는 자녀와의 관계에서 반드시 개선되어야 할 것들이다.

그럼 현명한 어머니형은 어떠해야 할까?

진짜 현명한 어머니는 자녀를 있는 모습 그대로 존중할 줄 안다. '네가 내 자녀인 것만으로도 나는 감사한다'는 마음으로 자녀 존재 그 자체에 감격하고 감사한다. 그리고 일찍부터 더 좋은 생각을 가질 수 있도록 가르치며 더 행복한 기억을 가질 수 있는 경험을 제공한다. 또한 올바른 행동을 구체적으로 가르치고 훈련시키는 성품양육에 관심을 두고 자녀를 가르치기 전에 내가 먼저 좋은 성품으로 변화되는 모습을 모범적으로 보여준다.

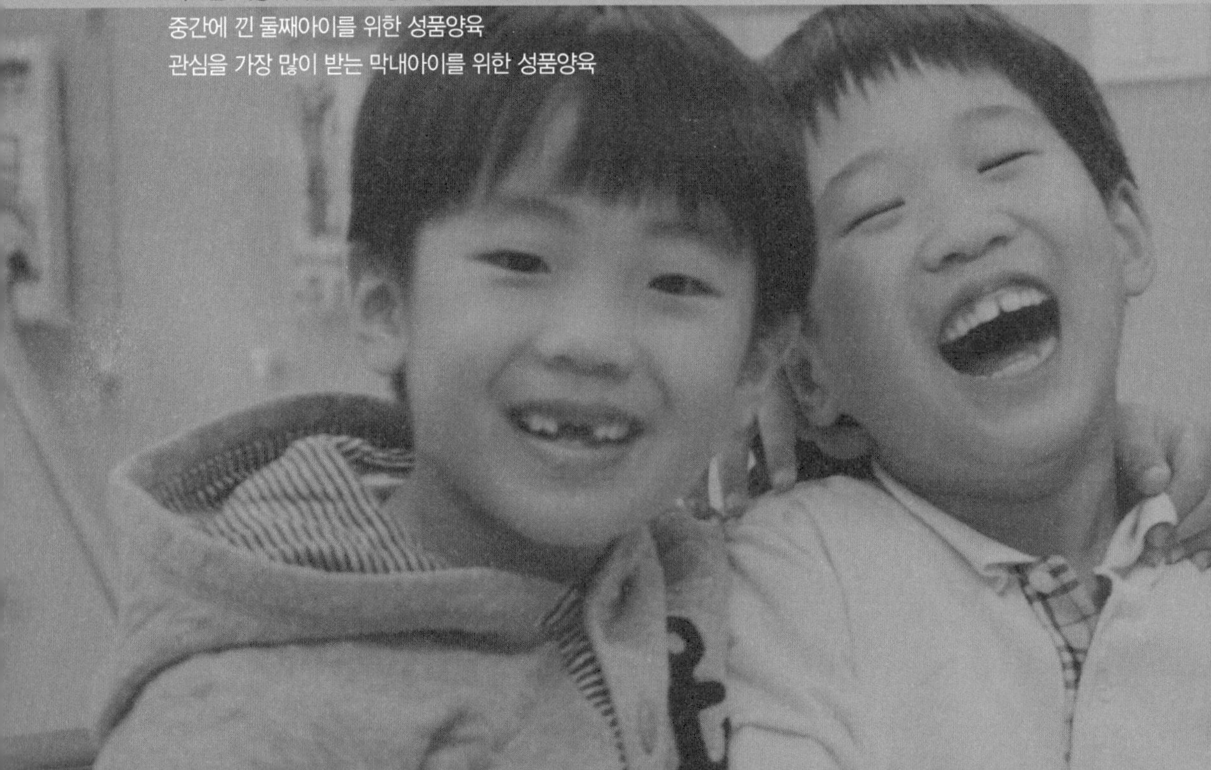

Part 2
성품양육
성장편

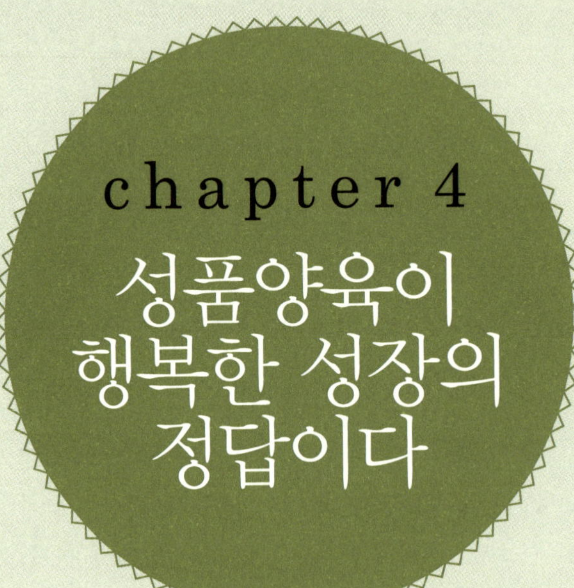

chapter 4
성품양육이
행복한 성장의
정답이다

성품양육을 말하면서 참으로 길고 오래 돌아왔다. 앞의 글이 이 본론을 위한 서론으로 느껴졌거나 앞의 글을 건너뛰고 이 장부터 읽는다면 이 책은 당신에게 큰 도움이 되기 어려울 수도 있다. 왜냐하면 자녀를 좋은 성품으로 변화시키기 위해서는 먼저 부모 자신의 모습을 봐야 하기 때문이다. 따라서 부모 자신이 어떤 환경에서 자라왔는지 아픈 상처까지도 함께 되돌아보는 시간을 가져야 하며, 지금 자녀에게 우리 부부가 어떤 모습으로 비춰지고 있을지 살펴서 문제가 있다면 대화법이나 환경을 함께 바꾸어야 한다. 이제 부부가 자녀양육에 분업이 아닌 진정한 파트너로서 함께 참여해야 한다는 사실을 깨달아야 한다.

이를 이해하고 겸허히 받아들이는 순간 사랑스런 자녀를 눈높이에 맞춰놓고 마주 대할 기회를 갖게 된다. 성품양육이라는 여행길의 티켓을 손에 쥔 것이다. 이제 그 티켓을 가지고 아이와 함께 즐거운 성품 여행을 떠나보자.

성품의 정의

기본적인 질문부터 해보자. 성품이란 과연 무엇인가? 성품이란 그 사람이 가지고 있는 생각, 감정, 행동의 모든 것이 총체적으로 합쳐져 밖으로 표현되는 것이라 말할 수 있다.

성품이란 단순히 한 사람이 가진 여러 개 중 하나가 아니라 하나하나가 다 모여서 이루어진 거대한 집합체이다.

성품은 생각이다

성품의 요소 중 하나는 바로 생각이다. 한 사람이 소유하고 있는 생각의 패턴이 바로 그 사람의 성품인 것이다. 그런데 그 생각의 패턴은 그 사람이 경험한 관계에서부터 시작된다. 자녀에게 최초의 사고를 경험하게 해주는 사람은 바로 부모이다. 부모가 제공한 최초의 경험들이 기억이 되어 생각으로 자리잡는다. "다섯 살이었던 것 같아요, 밖에서 매미를 잡아왔는데 아빠가 보자마자 그런 걸 왜 집에 가지고 들어오느냐고 소리를 지르셨어요. 갖다버리라고 야단치는 아빠의 말을 듣고 무서워서 얼른 창문 열고 버렸지요. 사실 난 처음 잡아본 매미가 참 신기해서 자랑스럽게 가지고 들어온 것인데 말이지요. 그 이후부터는 새로운 것, 신기한 것을 봐도 무심코 지나가려고 노력하게 되었답니다."

이 이야기를 통해 알 수 있듯이 기억은 바로 그 사람의 생각이 된다. 새로운 것에 도전하기를 꺼려하는 자신의 모습 뒤에는 어릴 적 부모에게 혼난 기억이 잠재되어 있었던 것이다.

그런데 많은 경우 기억나는 내면의 상처들은 5~13세 전후의 것들이다. 대인관

66

계에 영향을 끼치는 기억들은 최소한 다섯 살은 되어야 남기 때문이다. 이러한 기억들이 현재 나의 모습이 되어 대인관계의 틀을 만들어간다. 부모와 재미있게 이야기하고 놀아본 경험이 있는 부모는 내 아이와도 재미있게 놀아주고 몸으로 함께 해줄 수 있다. 그러나 부모에게 응석을 부리지 못하고 감정을 이해받지 못한 부모는 내 아이와도 어떻게 놀아주어야 할지 어디로 데리고 가야 좋아할지 모른다. 그래서 가장 안전한 지대인 자신 안에 꽁꽁 숨어서 꼼짝 않는 부모가 되어버린다.

기억이 나지 않은 5세 이전의 기억들을 어떻게 될까? 그것은 현재 자신이 다른 사람들과 함께 있을 때 어떤 느낌이 드는지, 어떻게 행동하는 경향이 있는지 살펴보면 알 수 있다. 자녀를 반기고 기대감을 가지고서 양육한 부모 밑에서 건강한 애착관계를 형성하며 자란 사람들은 자신을 좋아하고 다른 사람들과의 관계를 편안해하며 사람들과의 만남을 기대하고 좋아한다. 그러나 왠지 다른 사람과 함께하는 것이 힘들고 혼자 있는 것이 편한 사람들은 부모로부터 거부나 무시를 당했거나 좋은 애착관계를 형성하지 못하고 자랐을 확률이 높다. 늘 외로워하면서도 사람에게 가까이 가는 것이 힘들고 좋은 사람 주변을 맴돌지만 쉽게 다가가지 못하는 성향을 가진 사람이라면, 어려서 부모와 충분히 정서적인 교류를 나누지 못했고 부모가 너무 엄했거나 자신에 대한 부모의 기대치가 자신과 다르다는 것을 두려워하면서 자랐을 가능성이 크다.

이렇듯 부모와의 경험은 자신도 모르는 사이 나를 형성하는 의식적 · 무의식적인 기억이 되어 나의 현재를 형성한다. 그러므로 부모는 자녀들에게 좋은 성품을 형성하게 해주려는 노력을 하기 전에 부모 자신의 과거 기억들을 성찰해보는 노력들이 필요하다. 그 이유는 부모의 기억들이 행동이 되어 자녀들에게 구체적인 영향을 끼치기 때문이다. 부모의 기억이 행동을 만들고 행동이 버릇을 만들고 버릇이 습관이 되어 바로 부모의 성품이 되었듯이 자녀의 성품은 바로 부모들로부터 모델링되어 형성되기 때문이다.

1 기억은 과거의 경험이다.

몇 해 전 두 자녀를 키우고 있는 한 엄마를 상담한 적이 있다. 이 부부는 맞벌이로 두 사람이 모두 학교교사였다. 엄마는 두 아들을 연년생으로 낳아 휴직을 하고 육아를 하느라 지치고 힘들어하는데, 아빠는 자녀를 전혀 돌보지 않는다는 것이었다. 날마다 학교에서 아이들을 가르칠 수업준비로 바쁘다는 핑계였다. 10년 이상 한 과목을 가르친 그동안의 경험으로 보아 이제는 좀 수월하게 준비해도 되는 수업을 이유로 내세워 자녀양육을 외면한다고 했다. 이 엄마는 이런 남편을 보면서 속상했지만 어쩔 수 없다고 포기를 하고서 혼자 최선을 다해 자녀들을 양육했고, 이제는 많이 커서 아들들이 혼자 뛰어놀 수 있는 나이가 되었다.

이제 엄마는 아빠가 밖에서 아들들과 몸으로 함께 놀아주고 운동도 함께 하면서 좋은 대화로 자녀들에게 건강한 남성관도 심어주고 엄마가 채워줄 수 없는 부분을 채워주며 친밀한 관계를 맺었으면 하는 소망이 있다. 하지만 아빠는 좋은 아빠가 되겠다면서 여전히 날마다 앉아서 공부만 한다. 좋은 아빠가 되는 방법을 배우기 위해 '아버지학교'를 다니고 교회나 단체에서 하는 좋은 강의는 모두 참석하느라 날마다 바빠서 여전히 아내와 아이들 얼굴 볼 시간이 부족하다.

이 아빠의 경우는 상담 결과 자신의 아버지와 좋은 관계를 형성한 기억이 없었다. 그의 아버지는 늘 아들의 행동을 트집잡아 야단치기 일쑤였고 무서운 언사로 협박하는 것이 일상이었다. 이렇게 자란 그는 자신이 부모가 된 후에 자신도 모르

68

는 사이에 부모로부터 들었던 말을 자녀들에게 하기 시작했고, 그런 자신을 발견하고서 자녀들과 어떻게 관계를 맺어야 할지 몰라 전전긍긍하며 늘 공부했지만 자녀를 대하는 데 자신이 없고 자꾸 피하게 되었다는 것이다. 아들을 대하면 대할수록 상처를 주게 될까봐 두렵고 자신의 아버지상을 자녀에게 대물림할까봐 무서웠던 것이다.

위 사례를 보면서 좋은 부모가 되기 위해서는 반드시 자신의 성격을 형성한 기억을 찾아가는 과거로의 여행이 반드시 필요함을 알 수 있다. 그러려면 먼저 생후 0세부터 3세까지의 기억을 더듬어보는 것이 좋다. 그 다음 3세~6세, 그 이후 13세까지의 아동기 기억들을 차례로 성찰해본다.

살아 있는 모든 유기체는 어떤 자극을 받으면 반드시 반응을 하게 마련이다. 강렬한 자극이든 미세한 세포 단위의 자극이든 반복되면 우리 몸 어딘가에 저장된다. 심지어 엄마 뱃속 태아시절의 자극도 훗날 기억으로 남는다. 한마디로 모든 사람들은 온갖 자극에 반응하는 고성능 세포로 이루어진 몸과 모든 경험들을 기억으로 저장하는 고성능 뇌를 갖고 태어난다고 볼 수 있다.

이러한 과거의 기억들은 후일 그가 어떠한 사람이 될 것인지를 결정하는 중요한 원인이 된다. 과거에 경험한 모든 자극들이 기억으로 남아 평생에 영향을 주고 있다는 것을 알게 된다면 모든 부모들이 자녀들에게 무심코 주는 자극들을 신중하게 생각할 것이다. 사실 우리 자신이 자녀들에게 자극을 주는 행동들도 따지고 보면 우리의 부모들이 우리에게 했던 자극 행동을 물려받은 것이다.

잊지 말자. 나쁜 경험은 그 기억이 우리 몸 어딘가에 저장되었다가 나쁜 행동으로 나타난다는 점을 말이다. 반면에 좋은 경험도 반드시 저장되었다가 좋은 행동으로 나타나게 된다. 그리고 이런 행동들이 반복되면 버릇이 되고 이런 버릇이 습관이 되고 그 습관이 모여 바로 나의 성품이 된다. 이렇게 형성된 성품들은 바로 한 사람의 운명을 만들어 성공과 실패를 좌우하는 원동력이 된다.

2 '아차!' 하는 순간 대물림되는 부모의 행동

자녀를 야단치는 순간 '내가 하는 이 말을 어디서 많이 들어본 것인데'라는 생각이 들 때가 있지는 않은가? 또 '내가 지금 하고 있는 이 행동은 어디서 많이 본 것 같은데'라는 생각이 들 때도 있는가? 가만히 들여다보고 돌이켜 생각해보면 바로 나의 부모가 내게 했던 말과 행동을 지금 내가 반복하고 있다는 것을 알고서 소스라치게 놀라게 될 것이다. 내 부모가 나를 키울 때 보였던 양육패턴들을 싫든 좋든 내가 대물림해서 내 자녀를 키우고 있으니 말이다.

부모님들에게 질문지를 나누어주고 글을 써보게 한 후 토론하는 프로그램이 있다. 아래의 사항들을 함께 써보자.

1. 내 부모가 내게 훈계했던 경험을 기억해서 써보자.
2. 지금 내가 자녀에게 훈계하는 방법들을 써보자.

두 가지 답을 비교해보자. 어떠한가? 지금까지 본 많은 부모들이 자신의 부모들이 자신을 키웠던 것과 똑같은 양육방식으로 자녀들을 키우고 있었다. 당신은 그렇지 않은가?

매를 맞고 자란 사람들은 매를 때리는 부모가 되어 있었고 소리지르고 화를 잘 내는 부모 밑에서 자란 사람들은 자신도 모르게 자녀들에게 고함치고 화를 내고 있었다고 고백했다.

실제로 1985년 미국 버클리대학교의 메리 메인(Marry Main) 박사가 이러한 사실을 증명했다. 애착관계를 연구했던 그녀는 부모의 자녀 양육패턴이 그 자식에게도 반복된다는 사실을 실증적 연구를 통해 밝혀냈다. 그녀는 부모가 된 성인들을 대상으로 부모와의 관계가 어떠했는지를 심층 인터뷰를 통해 조사했고 그 결과 부모 자신이 부모와 어떤 관계를 형성했고 어떤 경험들을 주고받았는지가 현재 자기 자녀의 양육태도에 그대로 영향을 주고 있음이 드러난 것이다.

아이들에게는 0~3세가 굉장히 중요하다. 왜냐하면 이 특별한 시기에 부모와 상호작용한 경험이 기억으로 저장되어 이를 바탕으로 대인관계의 패턴들이 만들어지기 때문이다. 생후 12개월 무렵부터 시작되는 애착패턴은 3세 전후로 교정되어 이후 다른 사람들을 대할 때마다 작동되어 행동으로 나타난다. 연구에 의하면 90%의 사람들이 이렇게 고정된 애착패턴을 가지고 평생을 살아가게 된다고 한다.

애착이란 사랑하는 대상과 관계를 맺고 유지하려는 본성을 말한다. 영국의 정신분석학자인 존 보울비(John Bowlby)가 '애착'이라는 단어를 처음으로 사용했다. 다른 포유류나 조류들은 태어나면서 본능적으로 어미에 대한 애착을 갖게 되고 동시에 낯모르는 동물들에 대해서는 두려움을 느끼게 된다는 것이다.

3 엄마와의 기억이 자녀의 성품이 된다.

인간은 특별히 이 시기에 엄마와 아기 사이의 강한 애착을 형성하게 된다. 이때 엄마가 아기를 따뜻한 위로로 대해주고 아기의 요구를 민첩하게 들어주고 아이의 욕구를 제대로 해석해주면 아기는 '안전한 상태'를 유지하면서 편안한 심리로 회복한다. 이때 엄마가 아이의 욕구를 무시하거나 제대로 해석하지 못하고 반응해주지 못하면 아기는 심리적으로 매우 불안하게 된다. 이러한 경험들이 아이들의 성격이 되어 성장하게 된다.

사실 이러한 애착의 경험들이 자녀의 타고난 기질적 요소보다 아이의 성품을 형성하는 데 더 중요한 영향을 미친다. 아기가 엄마를 찾고 울 때마다 늘 따뜻하게 대하면서 자신의 욕구를 해결해준 엄마와의 애착 경험은 세상을 따뜻하게 보고 참고 기다리면 적절할 때 도움의 손길이 반드시 온다는 신뢰감을 갖고 세상을 긍정적으로 바라보는 성품을 형성하게 한다. 그러나 반대로 아무리 울어도 반응이 없는 애착 경험을 가진 아이는 세상을 비정하게 보고 늘 불안해하며 대인관계의 어려움을 호소하는 부정적인 성품으로 자라나게 된다.

4 기억은 몸의 경험이다.

우리가 알아두어야 할 것은 우리가 온갖 자극에 반응하는 세포로 이루어진 몸과 모든 경험을 기억하여 저장하는 놀라운 능력의 뇌를 가지고 있다는 사실이다. 그래서 '몸으로 경험하고 뇌로 기억한다'는 말이 있다. 몸으로 경험된 모든 것들은 시간이 지나면 소멸하는 것이 아니라 우리의 뇌에 기억되어 마음에 남게 된다. 그래서 다른 사람들과의 관계맺기가 어려운 사람들은 대체적으로 마음이 아픈 사람들이 많다.

　부정적인 행동으로 다른 사람들과의 관계를 악화시키는 모습들을 살펴보면 그 사람 자체가 나쁜 것이 아니라 과거의 나쁜 경험들이 아픈 기억들이 되어 나타나는 부적응 행동들이라고 이해할 수 있다. 결국 자녀의 몸이 경험한 모든 자극들이 기억으로 남아 아이의 평생에 영향을 끼치는 산물이 된다는 것이다. 자녀가 나쁜 경험을 하게 되면 그 기억은 뇌의 어딘가에 저장되어 있다가 훗날 특정한 반응으로 표현된다고 볼 수 있다.

　이 성품은 그 사람의 운명이라 할 만큼 한 개인에게 치명적인 영향력을 발휘한다. 한마디로 좋은 성품이란 축적된 좋은 기억들로 만들어진다고 해도 과언이 아니다. 그래서 부모들의 가장 큰 사명은 어린 자녀들에게 행복한 기억을 갖게 하는 좋은 경험들을 많이 제공하는 것이라고 말하고 싶다. 어린 시절 부모로부터 받은 좋은 기억들이 바로 자녀의 좋은 성품이 되기 때문이다.

　자녀에게 좋은 성품을 갖게 하기 위한 성품교육을 하고 싶다면 그 교육이 무엇보다도 행복하면서 재미있게 가르쳐야 효과적인 이유는 바로 이 때문이다. 행복하고 재미있는 경험들이 좋은 기억으로 남아 좋은 행동의 패턴으로 나타나게 될 것이므로.

　많은 부모들이 요청하는 자녀교육 상담의 내용을 살펴보면 자신도 모르게 자녀

과거의 기억들이 현재의 생각이 되어 행동들을 만들고 이런 행동들이 모여서 버릇으로 형성된다. 이 버릇들이 계속되면 그 사람의 습관이 되고 이 습관들이 모여 그 사람의 성품이 된다!

에게 손찌검을 하고 소리를 질러 전혀 양육에 도움이 안 되는 훈육을 하고 있는 자신을 한탄하며 고치고 싶지만 그러기가 너무 어렵다는 것이 많다. 늘 자녀에게 미안해하면서도 똑같은 행동을 반복하는 자신을 고칠 수 없어 안타까워하는 절절한 마음이 깊이 전해진다. 이것은 바로 우리 안에 내재된 기억 시스템이 그 원인이다. 내 머리로는 기억하지 못하지만 몸은 기억하는 시스템이 내 안에서 작동하고 있기 때문이다.

이렇게 뇌의 어딘가에 저장되어 있지만 의식적으로 기억해낼 수 없는 기억을 '암시기억'이라고 한다. 뇌생리학자들은 이런 기억들을 '몸의 기억' 혹은 '감정기억'이라고도 부른다. 우리가 어떤 행동을 의식적으로 아무리 고치려고 해도 잘 안 되는 것은 나도 모르게 우리 몸 안에 그러한 행동을 유발하는 암시기억 시스템이 항시 작동 중이기 때문이라는 사실을 기억해야 한다.

몸의 기억이 모여 그 사람의 성품으로 나타난다. 어릴 때 아빠한테서 배운 자전거 타는 법을 오랜 시간이 지나도 우리 몸이 기억하는 것처럼, 좋은 성품을 가르치려면 어릴 때부터 가르치고 훈련한 생각, 감정, 행동들이 우리 몸에 기억되어 표현되도록 해야 한다.

5 과거의 기억들이 현재의 생각이 되어 표현된다.

그렇다. 성품은 바로 그 사람의 생각에서부터 출발한다. 그러므로 좋은 생각을 갖게 하는 것이 좋은 성품을 갖게 하는 첫걸음이다. 좋은 생각을 하게 하려면 기존의 생각 패턴들을 바꿀 수 있도록 좋은 생각들의 기준을 세워주어야 한다.

각 사람마다 갖고 있는 기존의 생각들을 바꾸기 위해서는 새로운 정보가 우리의 뇌 속에 들어가야 하고 그 새로운 정보들이 더 유익하고 행복한 경험이 된다는 것을 알게 되어야 한다. 매번 징징거리고 떼를 쓰며 말하는 아이를 예로 들어보자.

징징거리는 아이의 기억 속에는 자신의 엄마는 이렇게 말해야만 말을 들어주었던 경험이 있는 것이다. 그래서 아이의 생각에는 '징징거리고 말하는 것이 자신의 욕구를 달성할 수 있는 좋은 방법'이라는 생각이 형성되어버린 것이다. 이런 생각의 패턴을 바꾸어서 긍정적인 태도로 말하도록 가르치려면 우선 징징거리는 것보다 더 좋은 방법이 있다는 걸 알게 하고 아이가 이해할 수 있는 개념으로 가르쳐서 생각을 바꾸도록 도와주어야 한다.

즉 '긍정적인 태도란 어떤 상황에서도 가장 희망적인 말, 행동을 선택하는 마음가짐'이라는 정의를 가르친 후 어떤 것이 가장 희망적인 말이고 행동인지를 구체적으로 경험시키는 것이다. 아이가 징징거리는 것보다 더 강력하면서 다른 사람에게 영향력을 주는 좋은 방법이 있다는 걸 알게 되면 자신의 생각을 수정할 수 있게 된다. 이렇게 좋은 성품을 갖게 하기 위해서는 '생각'부터 바꾸어가는 게 중요하다.

성품은 감정이다

감정의 정의

감정이란 '느낌'이다. 느낀다고 말할 수 있는 모든 것이라고 정의할 수 있다. 슬픔, 분노, 공포, 쾌감, 공포, 즐거움, 부끄러움, 혐오감 등. 그런데 이러한 감정은 자연스럽게 생기는 것이 아니라 사실 생각에서 기인한다. 뇌가 물질의 집합이라면 감정은 그 작용이다. 그래서 감정은 '어떤 자극에 대한 몸의 반응'이라고도 말할 수 있다.

우리가 누군가를 보거나 무엇인가를 경험하게 되면 감정이 생겨난다. 어떤 사건을 만날 때 그 자극에 대해 몸에서 일어나는 반응은 사람마다 다르다. 그렇게 나타나는 반응이 바로 그 사람의 성격이다.

똑같은 상황에서도 어떤 사람은 감정을 폭발시켜 절망감에 빠지고, 또 어떤 사람은 긍정적인 마음으로 그 상황을 받아들여 감정을 절제하며 평강을 유지한다. 사실 태어나면서부터 사람들 각자가 감정을 표현하고 받아들이는 방식이 다를 수 있다. 그래서 타고난 성격이라고들 말하기도 한다.

76

그러나 감정을 표현하고 처리하는 타고난 성격이 어떠하든 교육과 훈련을 통해 감정을 잘 조절하고 표현하는 더 좋은 방향으로 나아갈 수 있다. 이것이 바로 성품교육이다. 더 자세히 말하자면 성품교육에서 말하는 감정 영역은 사물과 상황에 대한 느낌(feeling)의 영역을 넘어서 감성(sensibility)의 영역으로 전환하는 과정이라고 말해도 과언이 아니다.

감정과 감성의 차이

더 자세히 설명해보자. 어떤 상황이 발생하면 거기서 어떤 느낌이 전해진다. 이는 자연스러운 감정(emotion)으로 어떤 상태에서 일어나는 개인적인 마음의 상태로 일시적이고 즉흥적으로 작용한다. 감정이 즉흥적이고 순간적으로 일어나는 작용이라면 감성은 이 속에 이성의 영역이 첨가되어 정화되고 순화되어 지속되는 정서적 작용이다.

대니얼 골먼(Daniel Goleman)은《감성지능: EQ가 IQ보다 중요한 이유는 무엇인가》(*Emotion Intelligence*)에서 감성지능이 뛰어날수록 효율적이고 생산적으로 살고 성공할 가능성이 높아진다고 역설했다. 그 후 많은 학자들의 감성지능에 대한 관심이 끝없이 이어졌고 지금도 많은 학자들과 연구들은 IQ보다 EQ가 성공의 요인이라고 밝히고 있다.

IQ와 EQ의 차이

그러면 IQ는 무엇이고 EQ는 무엇일까? 간단하게 말해서 IQ는 개인의 지적, 분석적, 논리적, 합리적 능력을 측정하는 기준이다. 즉 새로운 내용을 배우고, 과제와 연습에 집중하여 객관적인 정보를 기억하고 회상해내며, 추론과정을 활용하고, 숫자에 빠르며, 추상적이고 분석적으로 사고하고, 기존의 지식을 적용해서 문제를 해결하는 능력이다. 이 IQ는 비교적 고정적이라는 특징이 있다. 17세에 최고수준에 달해서 성인기 내내 동일한 수준에 머물다가 노년기에 서서히 떨어진다.

그러면 EQ는 무엇일까?

'감성지능'은 환경의 요구와 압력에 대처하는 능력에 영향을 주는 비인지적(감성적, 사회적)기능과 능력과 기술의 모음'(Jason R. Baron, 1997)이라고 할 수 있다. 감성지능이란 용어를 처음 만든 피터 샐로비(Peter Salovey)와 잭 메이어(Jack Mayer)는 감성지능에 대해 '감성을 지각하고 생각을 뒷받침하기 위해 감성에 접근하여 감성을 일으키고, 감정의 실체와 의미를 이해하며, 정서적이고 지적인 성장을 촉진하는 방식으로 감성을 성찰하고 조성하는 능력'이라고 정의를 내렸다.

더 쉽게 감성지능을 이해하려면 토머스 스탠리(Thomas Stanley)의 《백만장자 마인드》(*The Millionaire Mind*)를 보면 알 수 있다. 미국 각지의 백만장자 733명을 조사해서 얻은 정보에 의하면 백만장자들이 갖고 있는 공통된 성공요인이 다섯 가지 있다고 이 책은 밝힌다.

1. 누구에게나 솔직하게 대하기

2. 자기관리에 힘쓰기

3. 사람들과 잘 어울리기

4. 적극적으로 지원해주는 배우자 만나기

5. 남보다 열심히 일하기

위의 내용은 모두가 감성지능을 반영하는 요인들과 동일하다.

또 EQ의 특징 중 하나는 IQ처럼 고정적이지 않다는 점이다. 캐나다와 미국에서 4,000명을 대상으로 한 연구의 결과는 EQ가 10대 후반 평균 95.3에서 시작되어 40대까지 평균 102.7로 서서히 상승하다가 50세가 지나면 서서히 줄어들면서 평균 101.5 수준에 머문다고 결론지었다. 결코 급격히 떨어지지 않고 남녀 모두 동일한 양상을 보인다고 하니 고무적인 결과라 하겠다.

나이가 들수록 현실에 적응하는 능력이 발전하고 사람들과의 관계도 원만해지는 경향은 살아가면서 감성과 이성의 균형을 이루어가는 지혜를 배우기 때문이 아닐까. 이와 같이 IQ와 EQ를 살펴본 것은 우리가 논의하는 성품을 좀더 쉽게 이해할 수 있도록 돕기 위함이다. 성품 속에는 이런 감성요인이 포함되어 있다.

성격과 기질, 성품의 차이

성품과 성격을 많이 혼동하는데, 분명 성품과 성격은 차이가 있다. 그리고 기질도 비슷한 의미로 쓰이고 있으나 모두 차별화된 의미를 갖는다. 성격이란 특징적이고 지속적이며 안정적인 방식으로 생각하고 느끼고 믿게 되는 개인의 고유한 특질이다. 또한 내성적, 외향적, 다혈질, 담즙질, 우울질, 점액질 등과 같은 타고난 기질들은 우리가 삶을 살아가는 전반적인 전략으로, 우리의 생각, 감정, 행동 속에 표현되고 드러난다. 사람들마다 타고난 성격은 IQ처럼 고정되어 있는 것으로 보인다. 그러나 타고난 성격이나 기질 위에 더 좋은 가치와 경험들을 교육시키면 성격이 품위 있게 바뀔 수 있다. 그것이 바로 성품이다.

성격 좋은 아이로 키우고 싶다.

성격을 좌우하는 변연계의 발달을 지도하는 담임선생님은 부모다. 아이의 볼에 얼굴을 부비고, 놀아주고, 엄하게 꾸짖는 것 등이 아이의 변연계에 특정 시냅스를 흥분시키기도 하고 안정화시키기도 한다. 아기는 부모들이 한 가지 유형의 정서반응을 제시하면 그대로 따라한다. 이것이 아기의 변연계에 특정한 신경회로를 활성화시키고 그 신경망은 평생에 걸쳐 유지되기도 한다. 자신이 싫어했던 부모의 행동이나 모습을 부모가 된 자신에게서 발견하는 것도 이런 이유에서다.

아이가 건강한 성격을 형성할 수 있는 환경이나 양육방식은 특정 성장단계마다 성취해야 하는 결정적인 시기(critical period)에 맞추는 것이 중요하다. 그렇다고 전화를 받느라 잠시동안 아이를 울게 내버려뒀다고 해서 아이가 커서 폭주족이 되는 것은 아니다. 아이가 조화로운 성격으로 건강하게 자랄 수 있게 하는 요인은 아이에 대한 애정과 믿음에 기초한 상호작용이다. 아이 방을 장난감이나 비싼 교육완구로 가득 채우느라 허리가 휘지 않아도 좋다. 한 아이의 성격을 형성하는 감정, 생활습관, 사회성 등은 아기에게 눈을 맞추고 아기가 이에 미소로 화답하는 최초의 대화에서부터 시작된다.

혹시 아이의 기질과 성격은 유전이라며 아이의 인생을 운에 맡기고 있진 않은가? 어떤 기질도 아이에게는 긍정적인 성격의 요소이며 잠재된 가능성이다. 그 가능성에 불을 붙여주는 것이 환경이다. 아이의 기질이 어떤지를 파악하고 기질의 긍정적인 면을 살려주자. 아이의 기질은 인생이란 그림의 밑그림에 해당하고 성격은 그 밑그림을 수정하고 색칠하는 과정이다. 기질은 이미 결정된 운명이 아니라 누구에게나 열려 있는 가능성의 시작이다.

타고난 성격과 기질도 바꿀 수 있다.

생후 1~2년 된 아기들 중 15퍼센트는 새로운 사람을 만났을 때 낯을 심하게 가리면서 내성적인 반응을 보인다고 한다. 반대로 새로운 상황에도 공포를 느끼거나 피하지 않고 오히려 그 상황에 호기심을 보이는 외향적인 기질의 아기들도 15퍼센트가 된다. 내성적·외향적 기질을 포함하여 모든 기질은 뇌와 뗄 수 없는 관계에 있다. 인체에는 약 10만 개의 유전자가 있고 그중 약 5만~7만 개의 유전자가 뇌기능과 연관된다. 하버드대학의 제롬 케이건(Jerome Kagan) 교수는 기질 중에서도 '내성적'(inhibited) 기질이 뇌에서 어떻게 생겨나고 작용하는지를 신경학적으로 밝혀냈다.

내성적 기질을 가진 15퍼센트의 아기가 일반적으로 느끼는 공포는 뇌에서도 감정을 관장하는 변연계 중 편도체에 그 원인이 있다. 편도체는 우리가 위험상황에 직면했을 때 자신을 보호할 수 있는 육체반응을 유발하여 그 상황에서 물러서도록 해준다. 내성적인 기질의 아기는 다른 아기들에 비해 반응성이 뛰어난 편도체를 가지고 있기 때문에 공포 반응을 심하게 나타낸다. 그에 반해 외향적인 아이들의 편도체는 예민하지 않아 호기심과 에너지를 주체하지 못하고 종종 몸을 다치는 상황까지도 발생한다.

공포심이 많은 내성적인 기질이나 자주 다치는 외향적 기질을 가진 아이들의 편도체를 쉽게 바꿀 수 있는 것은 아니다. 성격이나 기질 모두 타고난 부분이 크기 때문에 바꾸는 데 시간과 노력이 필요하다. 만약 부모가 조급하게 아이의 기질을 바꾸려고 할 경우 아이는 자신의 기질적인 특성만이 아니라 자신 전체를 부정적으로 볼 가능성이 크다. 이런 경우 아이는 수줍음뿐 아니라 자신감 결여라는 문제까지 갖게 된다.

성품은 성격과 기질의 상위개념이다.

그렇다면 정말 성품이란 무엇인가? 각 사람마다 상황과 환경에 반응하여 감정이 일어난다. 그 감정을 그대로 느껴지는 대로 반응하지 않고 '스톱!' 하여 멈추고 생각하여 반응하게 하는 것이 바로 성품이다.

그러므로 성품 안에는 21세기 지도자의 자질이라 할 만한 EQ의 요인들이 포함된다. 성품 안에 EQ의 요인들이 포함되어 있는 것이다. 성품교육에서 가르치는 '멈추어 생각해보고 선택하기'(STOP-THINK-CHOOSE)는 이성으로 균형잡힌 감성교육이라고 할 수 있다.

'멈추어 생각해보고 선택하기'로 성품양육을 시작하라.

강민이에게는 동생 지민이가 있다. 지민이가 변기를 엎어서 온몸에 소변 범벅이 되었다. 화가 난 엄마가 지민이를 조심성없다고 야단치자 강민이가 나서서 말했다.

"엄마, 지민이가 변기에 쉬를 안 하고 응가를 했으면 어땠을까?"

화가 난 엄마의 얼굴이 더 벌게졌다.

"으……생각만 해도 싫으네."

"그렇지요, 응가 안하고 쉬한 게 얼마나 다행이야?"

엄마는 잠시 아무 말도 할 수 없었다. 그러자 강민이가 이어서 말했다.

"그러니까 참아야죠, 응가 안하고 쉬한 게 다행이다 생각하면서 치우는 게 긍정적인 태도죠."

엄마는 강민이의 말이 맞다고 인정하고서 엄마가 화가 나서 그랬다고 말해주었다.

이것은 좋은나무성품학교 전주 예랑 유치원 학생인 강민이네 집에서 있었던 실제 사례이다. 강민이는 어떠한 상황에서도 가장 희망적인 생각, 말, 행동을 선택하는 긍정적인 태도를 배운 것이다.

강민이의 말처럼 '화가 나도 멈추는 것'이 바로 좋은 성품을 훈련하는 첫걸음이다. 어떤 사건이 일어났을 때 우리 몸은 있는 그대로 반응한다. 강민이의 어머니도 '화'라는 감정이 일어 바로 있는 그대로 반응했다. '변기에 응가 안하고 쉬만 한 게 얼마나 다행인가?' 하고 생각해보는 것, 이것이 바로 좋은 성품을 훈련하는 '생각해보기'(Thinking)이다. 그리고 그 상황에서 어떤 말과 행동을 해야 하는지 잘 선택해야 하는 것이다. 이때의 '선택'(Chooseing)의 기준은 가장 희망적인 생각, 말, 행동이어야 한다. 이를 통해 긍정적인 좋은 성품을 가꾸어갈 수 있다. 이렇게 환경에 그대로 반응하던 차원을 넘어 '스톱!' 하고서 이성적이고 긍정적으로 갈등과 위기를 해결해나가도록 돕는 것이 바로 성품양육이다.

성품은 행동이다

행동이란 살아 있는 유기체의 모든 움직임을 말한다. 우리는 사람들의 행동을 보고 그 사람이 어떠한 사람인지 평가하는 경향이 있다. 그런데 그 행동 뒤에는 그 사람의 생각과 감정이 숨어 있다는 사실을 놓치곤 한다.

1 한 사람의 생각과 감정은 행동으로 표현된다.

그래서 우리는 그 사람의 행동을 보면서 그 내면의 심리상태를 알 수 있고 그 사람의 생각을 이해할 수 있다. 행동 뒤에는 그 사람의 마음이 숨겨져 있고 그 사람의 생각들이 담겨 있는 법이다.

다시 말하면 생각이 행동으로 표현된다. 그 행동을 반복하면 버릇이 된다. 버릇이 반복되면 습관이 된다. 그 습관들이 바로 그 사람의 성품이 되고 성품은 그 사람의 운명이 된다. 아리스토텔레스는 이것을 "현재의 우리는 우리가 반복적으로 하는 행동의 결과이다"(『니코마코스 윤리학』)라고 말했다.

2 자녀의 작은 걸림돌을 치워주어야 한다.

그러기에 산을 옮기려면 작은 돌부터 치워야 한다는 말이 있듯이, 성품이라는 고지를 향해 나아가려면 지금 먼저 내 자녀에게서 보이는 작은 걸림돌들을 치워주는 일부터 할 것을 제안한다. 성품 좋은 자녀로 키우기 위해서 오늘 보이는 내 자녀의 문제행동을 바르게 잡아주는 일이 부모의 중요한 역할이다.

사실 뒤집어보면 사람들에게 보이는 문제행동들은 바로 그 사람의 성품에 부족한 점이 있기 때문이다. 각 성품들의 특징을 살펴보고 그 성품이 부족할 때 나타나는 행동의 유형을 알아본 후에 구체적으로 그러한 행동을 바로잡는 방법들을 모색해보도록 하자. 부정적인 행동들을 좋은 성품으로 고쳐나가는 전략들은 다음의 '성품양육 실천편'에서 자세히 다루도록 하겠다.

성품은 사람의
생각, 감정, 행동의 총체적 표현이다

지금까지 말한 바와 같이 성품은 한 가지로 이루어지지도 않았고 바로 드러나는 것도 아니다. 행동이 반복되면 버릇이 되고 버릇이 반복되며 습관이 되고 그것이 굳어져 성품이 된다. 성품이 한 사람의 운명을 좌우한다고 했으니, 바꿔 말하면 사람의 운명도 성품이 바뀌면 함께 바뀔 수 있겠다. 결과적으로 자녀의 성격이나 기질을 바꾸는 데 그치지 않고 자녀의 인생 자체를 좌우한다는 점에서 이 일은 부모들의 중요한 과제이다.

그런데 오늘날 많은 부모들이 혼란 속에서 자녀들을 어떻게 제대로 가르쳐야 하는지 갈등하고 있다. 부모가 자녀의 나쁜 행동이 더 굳어지지 않도록 그 전략을 미리 알고 대처할 수 있다면 이 세상은 행복한 가정으로 넘쳐나고 성품 좋은 지도자들이 이 나라를 바르게 세워나갈 수 있지 않을까.

  '좋은 성품으로 문제행동을 고치는 전략'은 알기 쉽게 성품을 가르치고 구체적으로 자녀의 나쁜 행동들을 고쳐나가는 모든 노하우를 부모들에게 알려줄 것이다.

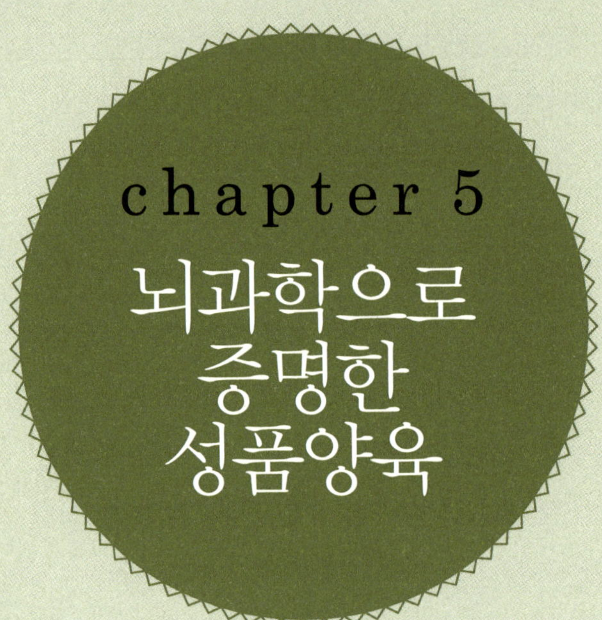
chapter 5
뇌과학으로
증명한
성품양육

성품이 생각, 감정, 행동으로 이루어져 있다면 그것을 관리하는 몸의 기관은 뇌이므로 그것을 집중적으로 연구해보면 성품을 더 효율적으로 개발할 수 있지 않을까.

가장 먼저 살펴볼 것은 좌뇌와 우뇌를 고루 활용한 대표적인 사례이다. 가장 첫 번째로 학자들이 꼽는 사람은 아인슈타인이다. 어느 여름날 오후 아인슈타인은 언덕에 누워 눈을 반쯤 감고 눈꺼풀 사이로 태양을 바라보고 있었다. 그때 문득 '빛을 내려 보내는 것은 무엇일까' 하는 생각이 들었다. 잠시 후 아인슈타인은 자신이 광선을 타고 내려오는 모습을 상상했고 문득 질문에 대한 답이 섬광처럼 떠올랐다. 상대성이론이 탄생하는 순간이었다. 모든 이론이 그렇듯이 상대성이론도 직관적 통찰과 논리적 사고가 절묘하게 어우러진 결과였다. 아인슈타인은 물리학 교수인 동시에 바이올린 연주자였다.

뇌 무게는 3세까지 크게 늘어난다. 부모들은 이 사실을 두고 이렇게 결론짓는다. '3세 전까지 학습에 도움이 되는 걸 많이 해줘야 한다.' 이는 과학적인 사실과는 다르다. 뇌의 양적 발달과 질적 발달은 엄연히 다르기 때문이다. 뇌의 양적 성장은 15세쯤에 멈추지만 그렇다고 해서 뇌의 질적 발달이 멈추는 것은 아니다.

미국의 신경과학자 존 브루어(John Brewer)는 《생후 3년간의 신화》(*The myth of the first three years*)에서 뇌 발달 연구결과를 왜곡하거나 과장하여 상업적으로 남용하는 조기 영재교육을 비판하면서 부모나 교사들이 냉철한 판단을 해야 한다고 주장했다.

냉철한 판단을 위해서는 뇌에 대한 기본적인 공부가 필요하다. 부모들도 기본서 몇 권을 읽는 노력을 기울이면 자녀의 학습(인지)능력과 뇌의 관계에 대해 깊이 있는 지식을 얻을 수 있다. 뇌는 인지능력뿐만 아니라 자녀의 정서·운동능력과도 직접 관련돼 있기 때문에 육아와 양육의 기본요소라 할 수 있다.

뇌에 대해 깊이 있게 이해한 부모들은 보통 아이에게 무엇이 결여돼 있는지를 보는 대신 무엇이 있는지를 보게 된다. 뇌의 기능이 인지 또는 학습능력에 국한돼 있지 않다는 점을 알기 때문이다. 이런 점에서 미국 심리학자 하워드 가드너(Howard Gardner)가 제시한 다중지능이론은 학습능력에만 매달리는 한국 학부모들에게 시사하는 바가 크다. 그는 인지능력을 중심으로 평가하는 지능지수(IQ)와는 전혀 다른 관점으로 아이의 재능을 판단해야 한다고 주장했다. 즉, 공간지능, 논리수학지능, 대인관계지능, 언어지능, 신체운동지능, 음악지능, 자기성찰지능, 자연탐구지능 등 지능을 여러 분야로 잘게 쪼개 분석할 필요가 있다는 말이다.

신생아의 뇌도
성품양육이 가능하다

신생아의 뇌는 24시간 내내 활동을 멈추지 않는다는 연구결과가 나왔다고 영국 일간지 《텔레그래프》는 전했다. 이는 아기가 자는 동안에도 교육을 할 수 있다는 뜻으로 해석된다.

미국 플로리다대학 연구진이 생후 1~2일 된 신생아 26명을 대상으로 실험한 결과, 스펀지처럼 주변 정보를 흡수하는 신생아의 능력이 자는 동안에도 멈추지 않은 것으로 나타났다.

연구진은 자고 있는 신생아에게 어떤 선율을 들려준 뒤 아기의 눈꺼풀에 부드러운 바람을 한번 가했다. 약 20분이 지난 뒤 실험대상 26명 가운데 24명이 바람이 불 것이라고 기대하고 눈을 꼭 감았다. 아기의 뇌파 역시 변화를 보였다.

심리학자 데이너 버드(Dana Byrd)는 "자고 있는 성인에게서는 볼 수 없는 기본적인 학습형태를 잠자는 신생아에게서 발견했다"며 "깨어 있는 유아에게서 이런 학습형태를 발견한 연구는 있었지만 자는 아기에게서 이를 발견한 것은 이번이 처음"이라고 말했다. 미국 국립과학원 회보에 발표된 이 연구결과는 아기에게 난독증이나 자폐증 등 발달장애가 있는지를 확인하는 데도 사용될 수 있다고 그는 덧붙였다.

그리고 이는 부모가 바라는 아이의 성품에 대해 반복해서 들려주고 그러한 환경을 만들어준다면 신생아는 태어난 순간부터 그 환경에 적응하여 부모의 양육관대로 자라날 확률이 높음을 보여준 연구이기도 하다.

아이의 성품이 변화되기를 원한다면 전두엽을 제대로 자극하라

심리학자 제롬 케이건은 낯선 사람들이나 새로운 상황에 대해서 공포를 느끼는 억제된 기질의 아이들이 억제되지 않은 아이들에 비해 편도체의 기능이 활발하고 주장했다. "편도체는 위험에서 자신을 보호하기 위해 필요한 육체반응을 유발하여 불편하다고 여겨지는 모든 상황에서 물러서도록 만든다." 편도체는 사고를 담당하는 대뇌피질과 달리 발생학적으로 오래된 부분이다. 이는 위험상황으로부터 생명을 지키는 것이 중요했던 원시시대로부터 생명유지라는 필수적 기능을 담당해왔다. 부끄러움을 느끼는 것, 낯선 상황에서 긴장을 하고 불안을 느끼는 것은 인간의 자연스러운 모습이다. 8~9월에 수태된 아이들에게 수줍음이 많이 나타나는 이유는 산모의 몸에서 분비되는 멜라토닌 호르몬과 관련이 있다. 멜라토닌이 태아에게 전달되어 태아를 민감하게 만든다는 말이다.

좌뇌와 우뇌의 활성화에 따라 억제된 기질과 억제되지 않은 기질이 다르게 나타나기도 한다. 공포, 우울, 불안 등의 감정을 담당하는 오른쪽 뇌가 활성화된 아이일수록 억제된 기질을 나타내며, 즐거움, 흥미, 사랑 등을 담당하는 왼쪽 뇌가 활성화된 아이들은 덜 억제된 기질을 보인다. 억제된 기질을 지녔지만 활발하고 적극적인

성격을 갖게 되는 경우를 흔히 볼 수 있다. 기질이 주로 유전적인 요인에 의해 결정

된다면 성격을 이루는 데 깊이 관여하는 전두엽은 삶의 경험에 따라 변화하기 때문

이다.

나쁜 머리는 없다

아이를 똑똑하고 머리 좋은 아이로 키우는 것은 모든 부모의 소망이다. 그렇다면 '머리가 좋다'는 것은 과연 어떤 의미일까? 머리가 좋다고 하면 대부분 '지능' 또는 '지능지수'(Intelligence Quotient, IQ)를 떠올릴 것이다. 1912년 독일 정신학자 빌리암 슈테른(William Stern)이 제안한 IQ는 주로 언어나 수리와 관련한 두뇌영역의 기능을 수치로 측정한다. 한정된 두뇌영역과 관련될 뿐이지만 '한 가지를 잘하면 다른 것도 잘한다'는 일반지능의 논리에 따라 IQ 개념은 지금까지 존속하고 있다. 이를 반박하는 주장이 가드너의 다중지능이론이다. 앞서 말한 것처럼, 가드너는 지능을 독립적인 단위로 보고 8개의 독립된 지능을 제시했다.

지능에 대해서는 많은 논란이 있어왔지만 뇌 속에서 기질과 성격이 형성되는 과정을 살펴보면 좋은 머리, 나쁜 머리가 따로 없다고 할 수 있다. 시기에 맞춰 구석구석 잘 배선되고 균형 있게 촘촘히 연결된 '건강한 뇌'가 있을 뿐. 한 번 본 책을 줄줄 외운다고 해서 머리 좋은 아이가 아니다. 주변상황에 잘 반응하고, 위험한 것과 안전한 것을 분별하고, 또래 아이들과 잘 교류하고, 자기가 관심 있는 것에 집중하는 아이가 건강하고 똑똑한 아이다. 아이의 운동, 행동, 감정, 이성, 기억은 뇌에서 서로 상호작용하며 최선의 선택과 가치를 만들어간다. 그렇기에 이성적인 판단이나 행동도 풍부한 감정이 있을 때 가능하다. 나와 주변을 두루 살필 수 있는 감정이 바탕이 되어야 상황에 맞게 생각하고 적절한 행동을 계획하며 선택할 수 있다.

아이는 자신의 잠재된 기질, 성격, 재능을 최대한 발휘하고 문제를 해결해나갈 때 더욱 더 건강해지고 똑똑해진다. 아이가 자신의 재능을 끄집어내어 마음껏 펼치기 위해서는 가치 있는 목표와 동기를 부여해주는 것이 필요하다. 자신을 비롯해 주변사람까지도 기쁘게 하는 가치 있는 목표를 이룰 때, 아이는 이미 자신의 뇌를 잘 쓸 줄 아는 자신감 있고 똑똑한 어른이 되어 있을 것이다.

부모의 노력에 따라 성품은
뇌과학적으로 반드시 변화한다

기질은 유전에 의해 정해지고 그 기질은 성품에 핵심적인 역할을 한다. 기질은 성품이라는 산에서 공이 어느 면을 따라 굴러가야 할지를 미리 정해주지만 유전이나 기질이 성격을 결정하는 유일한 요소는 아니다.

아이의 성품은 유전적인 기질과 환경이 서로 영향을 미치며 형성된다. 쌍둥이를 대상으로 한 연구에 따르면 유전은 감성, 사회성, 공격성, 신중성, 보수성 등과 같은 성품 특징의 50% 정도만을 결정한다고 한다. 나머지 성격은 삶의 경험, 즉 아이를 둘러싼 환경에 의해 결정된다.

성격이 기질보다 변화할 가능성이 높은 이유는 뇌에서 찾아볼 수 있다. 성품은 기질을 관장하는 곳과는 다른 뇌 부위에서 조절되는데, 기질은 주로 하부 변연계, 특히 편도체에 의해 정해지고, 풍부하면서도 미묘한 정서적 생활을 포함하는 성격은 고위 변연계와 시간을 두고 좀 더 느리게 발달하는 전두엽에 의해 정해진다.

전두엽은 다른 뇌의 부분과 마찬가지로 가소성이 뛰어나다. 그렇기 때문에 성품은 아이의 정서적 · 사회적 경험과 환경에 따라 얼마든지 달라질 수 있다

바로 지금 내 아이의 뇌를
자극해야 하는 이유

인간 지능이 유전에 의한 선천적인 것인지 교육과 환경에 의한 후천적인 것인지 하는 것은 닭이 먼저인지 달걀이 먼저인지를 놓고 다투는 싸움과도 같다.

피츠버그대학교 의학부의 버나드 데블린(Bernard Devlin) 교수는 지능와 유전의 관계를 재조사했다. 지금까지 지능이 유전이라는 것은 일란성 쌍둥이 형제를 대상으로 한 연구로 뒷받침되었다. 일란성 쌍둥이는 유전자가 같은 형제이다. 이 가운데 한 명이 태어나자마자 다른 가정에 양자로 가서 성장한 경우를 조사했다. 그런데 성장한 환경이 달라도 지능지수는 비슷했다. 하지만 이란성 쌍둥이 경우는 같은 환경에서도 지능지수가 달랐다. 그 결과 사람들은 지능이 유전되는 것이라고 믿게 되었다. 그런데 데블린 교수 팀은 지금까지의 연구결과들을 재검토하여 일란성 쌍둥이의 지능은 어머니의 태내 환경을 공유한 결과임을 밝혀냈다.

또 다른 연구결과로는 미네소타대학교의 소아심리학과 찰스 넬슨(Charles A.Nelson) 교수가 갓 태어난 신생아의 뇌에도 기억이 있다는 사실을 발견한 것이다. 이 연구팀은 신생아의 뇌파를 조사했는데 어머니의 목소리를 들려주었을 때 다른 사람들의 목소리를 들었을 때와는 다른 뇌파를 나타낸다는 사실을 알게 되었다. 하지만 태내에서의 경험들이 그 이후에 이어지는 자극들에 의해 점차 희미해진다는 것도 함께 발견했다. 그래서 인간은 태내에서의 경험들을 기억하지 못하는 것이다.

중요한 점은 태내에서의 경험이 기억되지 않더라도 그 이후의 삶에 영향을 미친다는 것이다. 앞서 언급한 대로 일란성 쌍둥이의 지능이 같은 것은 어머니의 태내 환경을 공유한 경험에 근거하고 그리고 이는 태아에게도 성품교육이 필요함을 증명한 것이기도 하다.

인간의 뇌 전체에는 신경세포가 1,000억 개 정도 있다고 한다. 이들 뉴런은 처음 세상에 나왔을 때부터 이어져 있다가 생후 늘어나는데 생후 8개월 정도에 최고점에 달한다. 뇌는 지속적으로 성장하여 어른이 되면 태어났을 때와 비교해볼 때 4배의 성장을 이룬다. 그런데 뇌의 시냅스는 형성과 소멸들을 반복한다. 생후 3년까지는 뇌의 형성이 폭발적으로 이루어진다고 본다. 그래서 많은 학자들은 생후 3년까지 뇌의 일주회로가 완성된다고 말한다.

이 시기는 1초에 33개의 시냅스가 만들어질 만큼 엄청난 형성의 시기이다. 그래서 생후 3년 이전에 이루어진 교육들이 아이의 재능을 형성한다고도 말한다. 생후 10년 동안 이런 형성과 소멸의 순환이 거의 비슷한 비율로 이루어지다가 사춘기에 들어서면서 소멸이 더 많아진다. 이 말은 뇌는 성장하면서 외부의 자극으로 항상 새롭게 다시 만들어짐을 의미한다. 그래서 앞에서 밝힌 대로 태내의 기억들이 그 이후에 받는 자극들로 해서 사라지고 새로운 다른 기억들로 채워지는 것이다.

교육을 말할 때 생후 10년간의 교육이 그 사람의 일생을 좌우한다고들 한다. 이 시기가 바로 뇌의 형성과 소멸이 가장 왕성한 시기이기 때문이다. 뇌에 대한 이러한 새로운 발견들은 인간이라는 개체가 얼마나 환경과 밀접하게 관련되는지를 깨닫게 해준다.

또 도널드 헤브(Donald O. Hebb) 박사가 밝혀낸 흥미로운 연구결과는 커다란 시사점을 던져준다. 그는 가정에서 애완용으로 기르는 쥐의 뇌세포가 연구실에 있는 쥐보다 훨씬 발달한다는 결론을 내렸다. 이 연구는 뒤에 여러 연구자들에 의해 재차 증명되기도 했다. 여러 가지 자극을 통해 풍성하고 즐거운 환경 속에서 성장하는 쥐의 뇌가 불모의 환경에 갇혀서 자라는 쥐의 뇌보다 더 발달하는 것이다.

이런 여러 가지 증명된 사실들로 인하여 이제 우리는 조심스러운 결론 하나를 이끌어낼 수 있다. 인간의 성품도 지능과 마찬가지로 인생 초반에 유전적인 요소에 의해 틀이 잡히지만 마지막 설계는 환경과 교육, 훈련을 통해 완성된다.

그래서 성품교육을 어떻게 시작해야 하는지 묻는 사람들에게 이렇게 말해주고 싶다. 몸으로 경험한 것들을 뇌가 기억한다는 사실을 가장 먼저 기억해야 한다. 뇌의 특징에 따라 어린이들에게 새로운 지식으로 재미있게 경험시켜야 한다. 또 좋은 성품이 되기 위해서는 나쁜 기억은 소멸시키고 좋은 추억이 기억으로 남을 수 있도록 좋은 경험들을 많이 제공해주어야 한다. 그리고 10세 이전부터 일찍 가르치고 훈련해야 효과적이라는 점도 기억해야 한다.

아이의 잠자는 뇌를 깨우는 부모의 실천 전략

아이가 자신을 중요한 존재로 생각할 수 있도록 도와주라.

부모의 역할은 아이의 두뇌회로를 완벽하게 만들어주는 것이 아니라 건강하고 분별력 있으며 타인을 배려하는 사람으로 성장하도록 도와주는 것이다. 자신을 중요한 존재로 생각하게 하고 호기심이 왕성해지도록 도와주면 아이의 두뇌발달은 저절로 이뤄진다.

자신감과 자율성이 아이를 움직이게 한다.

무력감은 아이가 스스로 하려는 마음을 사라지게 한다. 주변환경을 변화시키고 영향력을 행사할 수 있다는 자신감은 아이를 기분좋게 하고 무언가를 계속 하고 싶은 마음을 불러일으킨다. 그런 기쁨과 자신감이 아이를 움직이게 하고 성장시킨다.

아이는 사회적인 환경 속에서 세상을 배우며 성장한다.

인간은 사회적 동물이다. 아이들은 사회적인 환경 속에서 자신을 사랑해주고, 자신의 작은 성취에 기뻐하며, 자신이 넘어지면 일으켜 세워주고, 자신을 이해해주는 사람들로부터 세상 사는 법을 배우며 성장한다.

아이는 간단한 놀이만으로도 모든 것을 배울 수 있다.

아기는 학습 프로그램이 갖춰진 뇌를 가지고 태어난다. 부모들은 복잡한 완구나 학습도구로 아이의 뇌를 자극해야 한다고 생각하지만 아이들은 간단한 놀이(까꿍놀이, 물건 찾기 등)만으로도 자신과 다른 사람과의 관계에 대해 거의 모든 것을 배울 수 있다.

몸을 움직이고 또래 아이들과 함께 놀게 하라.

몸을 움직이면 운동 부위의 세포가 증식하고 기억에 관여하는 부위인 해마의 세포도 늘어나서 기억력이 좋아진다. 또한 또래집단과 함께 어울리는 사회적 환경 속에서 아이의 뇌세포는 더욱 증가한다.

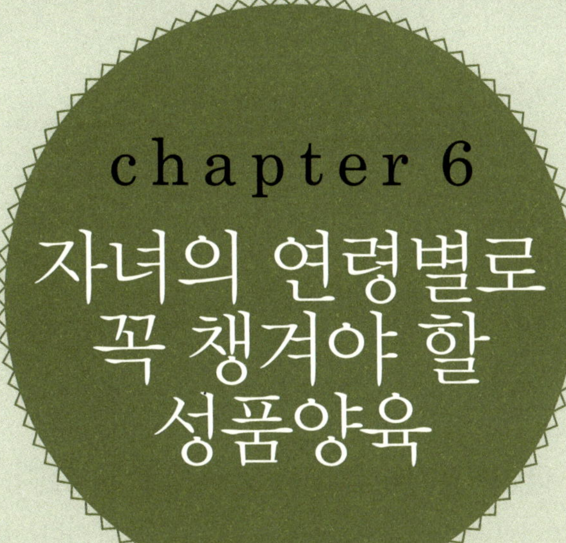

chapter 6
자녀의 연령별로
꼭 챙겨야 할
성품양육

유아기 자녀를 양육하는 부모의 태도

1 이 시기의 자녀에게는 부모의 태도가 각인된다.

각인의 시기인 유아기에 최대의 예우를 갖춰 아이들을 섬겨야 한다. 유아기의 자녀에게 세상에 태어나줘서 우리 가족이 된 것을 부모가 얼마나 행복해하고 감사하며, 아이의 기지개 펴는 행동부터 첫걸음마를 떼는 행동까지 얼마나 귀하게 여기고 있는지 알려주고 대접해야 한다는 점을 절대 잊지 말자.

2 이 시기의 자녀는 모두 왕자와 공주다!

아이에게 '너는 큰일을 이룰 소중한 존재다'라는 메시지를 우리 태도에 담아 유아기의 자녀를 보살피면 부모의 말과 양육태도가 그대로 아이에게 각인되어 남게 될 것이다. 자녀들의 연령에 따라 부모는 적절한 말 한마디로 그들의 성장을 지원해야 한다. 경우에 맞는 적절한 부모의 말 한마디는 자녀가 이 세상을 살아가는 힘이 되어 지대한 영향력을 미칠 것이다.

3 유아기 자녀와 부모가 함께하는 성품 대화법

유아기는 인생에서 가장 중요한 뼈대를 이루는 시기이다. 이 시기에 들려주는 부모의 말 한마디는 그대로 각인되어 자녀의 평생의 삶에 영향을 끼친다. 특히 출생 후 5세까지의 경험들이 한 인간을 결정하는 결정적인 요소가 되는 유아기 자녀와의 대화를 위한 방법을 소개한다.

첫째, 말하기 전에 스킨십을 많이 해주자.

유아기 자녀들에게 말할 때 부모는 더 섬세하게 애정을 표현해야 한다. 껴안아주고, 볼을 비벼주고, 어루만져주고, 흔들어주면서 다정한 표정으로 대화하는 것을 통해 자녀는 안정감과 행복감을 느낀다. 이런 충만한 사랑을 느껴본 아이가 성품 좋은 아이로, 우수한 사람으로 자라난다.

이 시기에 자녀의 감정에 충분히 공감해주고 그 공감을 표현해주는 부모의 말 한마디는 자녀를 공감인지능력이 높은 사람, 즉 감수성 높은 사람으로 성장하게 한다.

둘째, 유아기 자녀에게 자존감을 세워주는 말을 들려주자.

유아기 교육의 핵심은 자존감을 세워주는 것이다. 부모가 들려주는, 자존감을 세워주는 말 한마디가 자녀의 미래를 행복하게 준비하게 해준다.

• 엄마는 너 때문에 행복해.

• 아빠는 네가 있어서 살맛이 난다.

• 너는 우리집의 보배야.

셋째, 성품을 칭찬하고 훈련시키는 말을 들려주자.

　잘못된 칭찬은 오히려 걸림돌이 된다. 세 살 버릇 여든까지 간다는 이 시기에 성품을 형성시키는 말들을 들려주어야 한다.

- 네가 엄마 말에 따라주어서 고맙구나.

- 아빠가 너를 부르는 단 한 마디에 달려오는, 잘 경청하는 네 성품이 놀랍구나.

- 자기 일을 끝까지 완수하는, 책임감 있는 네 성품이 정말 훌륭하구나.

- 네가 짜증내지 않고 긍정적인 태도로 말하니까 정말 기분이 좋아.

넷째, 엉뚱한 질문을 할 때는 이렇게 말하자.

- 어떻게 그런 창의적인 생각을 했니? 넌 참 독창적인 아이야. 앞으로 큰일을 할 사람임에 틀림없어.

- 글쎄, 네 질문이 너무 어렵네. 우리 한번 함께 그 대답을 찾아보자.

다섯째, 동생을 보고 힘들어하는 큰아이에게는 들려주는 말.

　유아기 때 동생을 본 첫아이의 마음은 씨앗에게 남편을 빼앗긴 조강지처의 마음과 같다는 말이 있다. 아이가 부모의 사랑을 빼앗긴 것 같은 배신감, 억울함, 피해의식으로 무척 힘들어하는 시기에 이렇게 격려해주자.

- 동생에게 멋진 형(언니)이 되어주어서 정말 고맙구나. 네 도움이 없으면 엄만 정말 힘들 거야.

- 동생을 보더니 더 멋지고 의젓해졌구나.

- 널 정말 사랑한다. 너는 내 인생의 선물이야.

아동기 자녀를 양육하는 부모의 태도

1 아동기는 아이의 자존감을 부모가 발전시켜주어야 하는 시기이다.

"아빠, 그 차 비싸요?"

꼬마 아들이 열심히 세차하는 아빠에게 다가가 묻는다.

"그럼, 비싸지. 그래서 이런 비싼 차는 깨끗하게 세차해주고 잘 보살펴야 나중에 비싼 값에 되팔 수 있단다."

"아빠, 그럼 나는 싼가 보죠?"

아이들은 가정에서 가장 귀중한 교훈을 익힌다. 특히 부모가 들려주는 말이나 보여주는 행동 하나하나가 자녀의 자존감을 키워준다. 아이는 부모의 말과 행동을 통해 자신이 얼마나 귀중한 사람인지 인식하게 된다. 이런 자존감은 자연스럽게 자신에 대한 자아인식, 자신감, 소속감 등으로 발전하여 세상을 이끄는 지도자로 성장하게 만들어준다.

2 아동기는 성실성을 배워야 하는 시기이다.

부모가 자녀를 양육할 때, 그리고 대화를 나눌 때 잊지 말아야 할 것은 무엇보다도 아동기는 발달단계에 비춰볼 때 '성실성'을 배워야 하는 시기라는 점이다. 이를 위해 규칙 지키기, 약속 지키기, 해야 할 학습을 성실히 수행하기, 자신의 일을 책임감 있게 완수하기 등 성실하고 책임감 있는 성품을 훈련시키는 일들을 이 시기 자녀들에게 주의를 기울여 이야기해주고 함께 발전시킬 방법을 계획해야 한다.

3 아동기 자녀와 부모가 함께하는 성품 대화법

첫째, 부모의 말투를 바꾸자.

자녀가 아동기에 접어들어 부모의 말을 이해하고 대화가 가능해지면 부모의 기대가 커지면서 자녀를 어른 취급하게 되는 경우가 많다. 그러나 아직 자녀는 정서적으로나 심리학적으로 어린 아동에 불과하다는 것을 이해해야 한다. 그러므로 자녀에게 강요하지 말고 부모가 먼저 친절하고 따뜻하게 또 진실하고 자상하고 관대하게 말하고 행동하자.

둘째, 잔소리는 No! 칭찬과 격려를 많이 해주자.

화초들은 햇빛이 비치는 쪽으로 향한다. 자녀들에게는 칭찬과 격려가 햇빛 같다. "우리 아들, 꼼꼼하기도 하지!" "우리 딸, 오늘 보니 더 예뻐졌는걸!" 그러면 더 꼼꼼한 아들, 더 예쁜 딸로 자랄 것이다.

셋째, 강요보다 동기유발을 할 수 있도록 대화한다.

"해라" "하지 마" "했니?" 이런 말보다 "이렇게 한 것이 너의 최선을 다한 것이니?" "네가 정말 디자이너가 되고 싶으면 지금 무엇을 배워야겠다는 생각이 들지?" "네가 다음 시험을 잘 보고 싶으면 이제부터 어떻게 하면 된다고 생각하니?"라고 말을 바꾸어보자.

넷째, 부부의 화목이 우선이다.

앞에서도 계속 강조하는 부분이 부부의 원만한 관계 유지이다. 성품 좋은 자녀로 키우고 싶다면 가장 먼저 부부가 서로 존경하는 모습을 보여야 한다. 모 심은 데 모 난다는 말이 있듯이 부부가 서로 존경하면 자녀 역시 부모를 존경하게 되는 것은 당연한 이치이다. 부부가 서로 무시하면 자녀도 부모를 무시하게 된다. 화목한 부부, 편하게 대화하는 부부의 모습이 아이들로 하여금 부모와 대화를 나누고 화목하도록 이끌어준다.

다섯째, 일관성 있게 말하자.

한 번 안 된다고 한 것은 끝까지 안 된다고 해야 한다. 아이가 떼를 쓰거나, 반항하거나, 혹은 집을 나간다고 소리를 지르더라도 안 되는 것을 되게 해서는 안 된다. "네가 아무 이유 없이 학교에 안 가고 무단결석을 하는 것은 옳은 행동이 아니야. 엄마와 아빠는 네가 책임감 있게 학교생활을 하기를 원해"라고 명쾌하게 알려주자.

여섯째, 성취보다 성품을 칭찬한다.

자녀의 성실성을 칭찬해주자. 이 시기의 자녀가 배워야 할 가장 큰 과업은 성실성이다. 성적이 우수할 때 칭찬해주기보다는 점수가 안 나왔을 때 격려해준다. "아빠는 네가 공부하느라고 얼마나 고생했는지 안단다. 네가 최선을 다했으면 그것으로 만족하렴. 성실하게 네 일을 열심히 한 것만으로도 아빠는 기뻐."

아동기에 부모님으로부터 이런 말을 듣고 자란 자녀는 자신의 귀중한 가치를 깨닫고 이 세상을 향해 자신의 숨은 재능을 아낌없이 뿜어내는 값진 보배로 자라날 것이다. 자녀를 결코 싸구려 취급하지 말자!

청소년기 자녀를 양육하는 부모의 태도

1 자아정체성을 찾으려고 노력 중인 예민한 청소년기

상반신은 사람이고 하반신은 짐승인 그리스 신화의 목신처럼 혼란스러움을 간직한 채 묘하게 서 있는 모습이 바로 청소년시기라고 생각된다.

청소년기 자녀들은 어린 아이 같다고 생각하고서 보면 어른 같고 어른이라고 생각하고서 대하다보면 역시 아이 같아서 부모들을 당황하게 만든다. 모호한 자기정체성을 찾기 위해 몸부림치는 이들은 나는 누구인지, 무엇을 위해 살아야 하는지에 골몰하면서 자기자신에 대해 민감한 시기를 지나고 있다.

2 부모와 갈등이 가장 많고 열등감으로 힘든 시간이다.

분출하는 성장호르몬의 영향으로 화를 폭발시키기도 하면서 질풍노도의 시기를 지나고 있는 이들은 수사관처럼 부모의 잘못을 캐내어 폭로하고 부모가 역할을 제대로 하지 못하는 데 대해 인정사정없이 비판하기도 한다. 특별히 자신에 대해 예민하게 성찰하는 시기이기 때문에 열등감을 강하게 드러내기도 하고 열등감을 감추려는 제스처로 건방진 태도로써 부모의 신경을 긁어대고 기성세대를 비판하며 정의를 외쳐대기도 한다.

이 시기의 자녀와 화목한 시간을 갖고 좋은 관계를 유지한다는 것은 마치 곡예단에서 줄타기를 지켜보듯 아슬아슬하고 힘겹다. 부모들이 부모 역할을 하는 데서 이제 한시름 놓았다고 안도의 한숨을 내쉬는 순간 또 한 번 절망스런 순간이 찾아오는 것이다.

그러나 곰곰이 잘 생각해보면 이 시기가 인생의 중간지점에서 누릴 수 있는, 부모로서 맞이하는 또 한 번의 축복받은 시간임을 알 수 있다. 이 시기로 해서 부모 자신을 다시 한 번 성찰할 수 있는 귀한 기회를 얻을 수도 있다.

3 청소년기 자녀와 부모가 함께하는 성품 대화법

첫째, 청소년 자녀들이 지나치게 버릇없이 말하고 행동할 때. 잠깐 스톱! 속으로 절제를 외치고 화내지 않으면서 침착하게 말해야 한다는 점을 잊지 말자.

"네가 속상한 것은 이해가 가는데 엄마는 네가 화내지 말고 예의 있는 모습으로 말했으면 좋겠구나."

"네가 선택한 행동이 가장 좋은 것이었는지 한번 생각해볼래?"

"엄마는 네가 그렇게 말하고 행동하는 것을 보니 너무 섭섭한 마음이 드는구나. 마치 사랑하는 아들한테 무시당하고 있다는 생각이 들어 슬프단다."

이때의 키포인트! 자녀와 잘잘못을 따지면서 싸워서는 안 된다. 부모의 마음과 느낌, 욕구를 비판 없이 정확하게 전달하려고 노력하는 것이 중요하다.

둘째, 건방진 태도를 도저히 눈뜨고 볼 수 없을 때. 잠깐 스톱! 섣불리 자녀를 책망하여 관계를 망치지 말고 크게 한 번 숨을 내쉬고 마음을 다스린 후 자녀의 내면 세계를 이해하려는 마음가짐으로 대화를 시작한다.

"엄마를 그렇게 비판하지만 말고 네가 좀 도와주었으면 좋겠구나. 이제는 네가 많이 컸으니까 엄마가 네 도움을 받고 싶구나."

"와아, 아빠는 그렇게 생각해보지 못했는데 넌 참 특별해. 아무튼 넌 큰일을 해낼 거야."

청소년기 자녀는 건방진 태도로 자신의 열등감에 방어막을 친다는 점을 잊지 말고 책망보다는 칭찬과 격려로 건방진 태도를 다스려주자.

셋째, 청소년 자녀의 짜증과 무기력, 무관심으로 낙심될 때. 같이 짜증내지 말고 오히려 적극적으로 자존감을 세워주는 말들을 들려주자. 세상을 향한 열등감과 두려움을 그들은 그렇게 표현하는 법이다.

"너는 우리 모두에게 참 귀한 사람이란다. 우리가 너를 얼마나 사랑하는지 아니?"

"너는 뭐든지 할 수 있어. 네가 마음만 먹으면 된단다."

"너는 우리 집 보물 1호인 걸 알고 있지?"

"차근차근 해봐. 너는 잘할 수 있어."

자존감을 세워주는 것이 세상을 향해 자신감을 갖게 하는 힘이 된다.

넷째, 청소년 자녀가 자주 분노를 폭발시킬 때. 분노 자체는 나쁜 것이 아니라고 말해주자. 다만 잘못 분노하는 것이 문제이다. 분노의 감정을 잘 다스리지 못하고 파괴적이고 공격적으로 폭발시킬 때 문제가 되는 것이다. 자녀가 분노를 드러낼 때 부모가 예민해지면 안 된다. 부모가 유머를 갖고 여유있게 행동하면 자녀가 감정을 더 잘 다스리게 할 수 있다. 분노가 폭발할 것 같은 예감이 들면 어떻게 해야 할지 미리 의논하자. 밖으로 나가 산책을 하거나 운동을 하거나 각자 방으로 들어가 안정을 취한 후에 다시 이야기를 하자고 제안한다. 분노를 다스리는 각자의 비법을 전수해주자.

"네 의사를 표현하는 것도 좋지만 행동이 너무 지나치지 않았으면 좋겠구나."

"조금전에 네가 한 행동을 어떻게 생각하니?"

"분노를 자연스럽게 풀 수 있도록 노력해볼래?"

"아빠는 네가 다른 것보다 네 마음을 잘 다스리는 사람이 되면 좋겠구나."

"네가 아까 화가 많이 날 것 같으니까 밖으로 나갔다가 오더구나. 참 잘했다. 지혜로운 행동이었다고 생각해."

마지막으로 청소년기 자녀를 둔 부모들은 이제 돌보는 부모의 자리에서 동행하는 부모의 자리로 바꾸어 앉을 준비를 해야 할 때임을 말해두고 싶다.

아이에게 약이 되는 칭찬법, 독이 되는 칭찬법

칭찬은 고래를 춤추게 한다고 했던가. 칭찬이 아이에게 자신감을 심어주고 긍정적인 사고를 길러주는 것은 확실하다. 높은 목표에 도전할 수 있는 용기는 바로 이런 자신감에서 나온다. 칭찬을 받은 아이는 자신이 사랑받고 있으며 자신의 행동에 부모가 관심을 갖고 있음을 확인하게 된다.

꾸짖는 말에는 부정적인 의미가 담겨 있지만 칭찬은 바람직한 생각이나 행동이 어떤 것인지 알게 해준다. 그러므로 잘못된 것, 나쁜 것이 아니라 잘한 것, 좋은 것을 먼저 돌아볼 수 있기 때문에 칭찬받고 자란 아이의 사고방식은 긍정적인 쪽으로 맞춰진다.

바람직한 행동에 대해 칭찬을 하면 아이가 그러한 행동을 더 많이 하려고 노력한다는 점을 칭찬의 장점으로 꼽을 수 있다. 또 자신의 행동에 대해 책임감을 갖게 된다. 해서 자연히 좋지 않은 행동은 점점 더 줄어든다.

아이에게 약이 되는 칭찬법

▶**사소한 일도 칭찬한다.** 칭찬은 반드시 뭔가 근사하고 큰일을 해냈을 때 하는 것은 아니다. 밥 잘 먹고, 친구와 잘 어울려 놀고, 깨끗이 세수하고, 장난감을 스스로 치우고 하는 등 아주 사소하고 당연해 보이는 일에도 칭찬하는 습관을 들인다. 아이의 행동을 긍정적으로 바라봐주는 데서 칭찬하는 마음이 우러난다.

▶**구체적으로 칭찬한다.** 막연히 "착하구나" "예쁘구나"라고 하면 아이는 무엇을 칭찬하고 있는지 모를 수도 있다. 왜 칭찬을 받았는지 정확히 알아야 그 일에 대해 기뻐하고 그 행동을 계속하려는 노력도 하게 된다.

"인사를 참 잘하는구나" "네가 오늘 장난감을 정리한 걸 보니까 엄마가 정말로 기쁘구나"라고 말해주는 것이 훨씬 바람직하다.

▶**행동과정을 칭찬한다.** 아이가 엄마와의 약속을 잘 지켰을 때 결과만을 칭찬할 것이 아니라 아이가 약속을 지키기 위해 노력한 사실을 부각시킨다. 이는 실제로 아이를 키울 때 잘 지켜지지 않는 부분인데, 그렇게 함으로써 아이가 계속 잘할 수 있도록 동기를 부여해줄 수 있다. 과정에 대해 칭찬하는 것이다.

▶**평가는 하지 않는다.** '참 잘했다' 식으로 옳고 그름을 염두에 둔 칭찬은 그다지 바람직하지 않다. 이런 말을 자주하면 아이는 자신의 행동에 대한 부모의 판단기준을 의식해 눈치를 살피게 된다. 장난감을 잘 치운 아이에게는 "착하다"라는 말보다는 "정말 깨끗해졌는데?"라고 관찰한 바를 말해준다.

▶**약점을 장점으로 본다.** 아이의 행동을 '버릇없다, 바로잡아줘야 한다'는 방향으로만 바라보지 말자. '우리 아이는 산만한 아이'라고 단정지어버리지 말자. 아이의 약점이 장점이 될 수 있다. 주의가 산만한 아이들이 초능력적인 에너지를 발휘해 몰입할 수 있는 것이다. 흥미있어 하는 것을 찾아서 몰입하는 교육을 해보자. 평범한 사람에게는 약점으로 보이는 것도 특별한 사람들에게는 장점이 될 수 있음을 명심하자.

아이에게 독이 되는 칭찬법

▶**과잉칭찬은 오히려 위험하다.** 칭찬하는 것이 좋다고는 해도 무턱대고 남발하면 역효과가 나기 마련. 칭찬받기 위해서 행동하는 아이들은 기대한 만큼 칭찬을 받지 못하면 좌절감에 빠지게 된다는 점을 명심하자. 과잉칭찬을 받은 사람은 자기중심적이 된다. 바람직한 행동에 대한 칭찬과 무엇이든 잘했다며 응석을 받아주는 것은 다르다. 부모에게 언제나 잘한다는 말만 들은 아이는 남들도 항상 자신을 주목해주기를 바란다. 이런 아이들은 주변사람들의 감정을 배려할 줄 모른다. 칭찬에만 익숙한 아이는 자신의 의견이 받아들여지지 않을 수 있다는 것을 인정하지 못하고 공격적인 반응을 보이기도 한다.

▶**일관성 없는 칭찬은 아이를 혼란스럽게 한다.** 식탁 차리는 일을 거드는 아이에게 어제는 "엄마를 도와줘서 고맙다"고 하고 오늘은 "귀찮게 하지 말고 얌전히 좀 있어"라고 말한다면? 칭찬을 받을 거라고 생각했던 아이의 실망은 클 것이다. 일관되지 못한 부모의 태도는 아이가 자신의 행동이나 판단에 자신감을 갖지 못하게 만든다. 상황을 잘 설명하는 부모가 되자. "네가 엄마를 도와주는 마음은 참 고마운데 오늘은 손님이 오신다는구나. 오늘은 두고 다른 날 도와줬으면 싶어"라고 말해준다.

▶**칭찬과 야단을 동시에 한다.**
예를 들어 "이건 잘했어, 그런데 말이야" 하는 식으로 야단을 치기 위해 말머리를 칭찬으로 꺼낼 경우 아이는 칭찬을 받는 것인지 야단을 맞는 것인지 헷갈린다. 이런 일이 자주 일어나면 칭찬 뒤에는 으레 꾸중이 나오는 것으로 인식해버려 칭찬의 의미가 사라진다.

▶건성으로 하는 칭찬 : 아이의 기를 살린다고 무턱대고 칭찬하지는 말자.
아이가 스스로 생각해도 성에 차지 않는 일들이 있다. 본인은 너무 그림을 못 그렸다고 생각하는데 "참 잘 그렸구나" 하고 칭찬하는 것은 오히려 아이에게 열등감을 조장할 우려가 있다. 이런 경우는 "열심히 그렸구나. 엄마는 네가 뭐든지 열심히 하는 모습이 참 좋다"고 말해주는 것이 좋다. 진심을 담지 않고 건성으로 칭찬한다면 아이도 별로 기뻐하지 않는다.

▶최고라는 말도 가려서 써야 한다. 아이에게 격려를 할 때는 '훌륭하다' '대단하다' '최고야'와 같은 가치판단의 어휘를 사용하지 않는다. 이러한 말은 아이가 자신을 믿는 데 도움이 되기보다는 부모의 가치나 의견을 제시하는 결과를 낳기 때문이다. 대신 아이의 의견을 수용하고 신뢰하며 아이의 장점을 인정하는 말을 한다.
예를 들어 아이의 의견을 수용할 때는 "너는 그것에 대해 어떻게 생각하니?" "네 생각에 그렇게 하는 것이 낫다고 생각하면 그렇게 해라", 신뢰를 나타낼 때는 "네가 잘하리라 믿는다" "넌 그걸 해낼 거야", 아이의 공헌을 인정할 때는 "고맙다, 많은 도움이 되었어!" "엄마를 위해 ~을 해주겠니?", 아이의 노력과 개선을 인정할 때는 "네가 달라졌구나" "어휴, 많이 좋아졌구나" 등의 표현을 사용한다.

chapter 7

출생순위별로 달라지는 성품양육

자녀를 두 명 이상 키우는 부모들이라면 첫째와 막내의 성격이 다르다는 점에 대부분 공감할 것이다. 자녀의 성품 때문에 나를 찾아오는 대부분 부모들이 "우리 아이가 첫째여서 그런지요……" "외동이라서……" 하는 식으로 출생순위를 밝히며 성품을 특성화하는 경향이 있다.

출생순서에 따른 성품의 차이는 부모의 영향과 남아선호사상, 문화적 차이, 그에 따른 환경 등 여러 가지 요소들이 복합적으로 중첩되어 형성된다.

이번 장에서는 외동아이, 맏이, 둘째, 그리고 셋째 및 막내의 특징을 알아보고, 아이들에게 맞는 맞춤 성품양육은 어떠한 것이 있는지 알아보자. 그러면서 당신은 자녀를 살펴볼 기회를 갖게 될 것이고 성품 좋은 아이로 키우는 또 한 가지 방법을 찾게 될 것이다.

외로운 외동아이를 위한 성품양육

외동이를 둔 부모들은 자녀가 형제자매가 있는 아이들에 비해 정서적·성격적으로 문제가 있지는 않을까 하는 걱정과, 외동이를 어떻게 양육해야 하는가에 대한 고민을 늘 갖고 있다.

외동이는 형제가 있는 아동에 비해 평균적으로 자존감과 성취동기 및 지적 능력이 상대적으로 높고 오히려 더 순종적인 경향이 있으며 또래와 원만한 관계를 형성할 가능성이 높다. 케빈 리먼(Kevin Leman)은 《출생순위에 관하여–나는 왜 이렇게 생겨먹었을까》(*The Birth Order Book-Why You Are the Way You Are, 1987*)에서 외동아이는 맏이와 막내의 성품 특성을 동시에 갖고 있다고 주장했다. 즉 부모의 기대를 모두 만족시키려는 노력에 기인한 성취지향가적 성향과, 사랑을 나눠 갖는다고 느끼는 동생이 없기 때문에 일반적으로 여유로운 성품 특성이 공존한다는 것이다.

외동이를 둔 부모는 자신의 시간, 에너지, 그리고 경제력을 외동이에 집중한다. 아무래도 외동이들은 형제가 많은 아이들에 비해서 부모의 관심과 보호를 더 많이 받는 경향이 있다. 적절한 부모의 관심은 아이의 자존감을 높이고 성취동기를 고취

시키는 계기가 된다. 따라서 외둥이들이 학업성취도나 동기수준이 높아질 수 있다. 또한 부모의 사랑과 관심을 나눠 갖는 형제가 없기 때문에 정서적으로 안정감을 느낄 수 있다.

다만 외둥이는 형제가 없기 때문에 또래관계 형성을 통해 배울 수 있는 것을 놓칠 수도 있다. 외둥이들은 형제가 많은 가정에서 획득할 수 있는 사회적 상황 판단 능력이나 독립성이 부족해지지 않도록 주의해야 한다.

1 배려하는 성품을 제1원칙으로 키우자.

배려란 '나와 다른 사람, 그리고 환경에 대하여 사랑과 관심을 갖고 잘 보살펴주

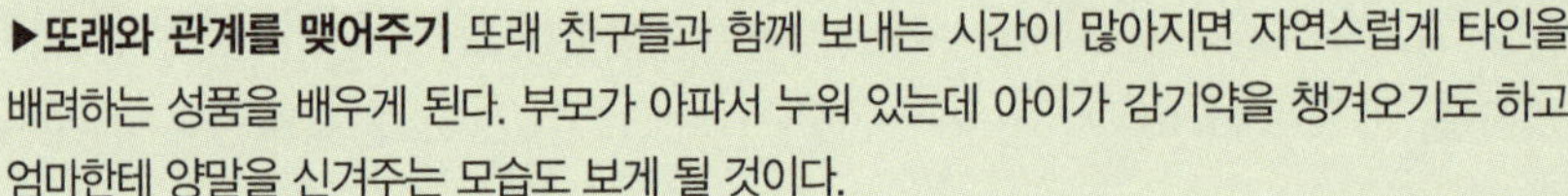

부모가 가정에서 실천할 수 있는 배려의 성품양육법

▶**또래와 관계를 맺어주기** 또래 친구들과 함께 보내는 시간이 많아지면 자연스럽게 타인을 배려하는 성품을 배우게 된다. 부모가 아파서 누워 있는데 아이가 감기약을 챙겨오기도 하고 엄마한테 양말을 신겨주는 모습도 보게 될 것이다.

▶**같은 동네에 사는 친구들을 만들어주기** 외동아이 부모의 가장 큰 고민은 자녀의 사회성을 키우는 것이다. 함께 어울릴 시간이 많아야 배려하는 성품을 배우게 될 확률이 높다. 서로의 집에서나 혹은 여행을 가서 같은 방에서 자게도 하고, 함께 그림을 그리거나 글을 쓰면서 생각을 나누며 다른 사람의 생각을 듣게 하면 경청하는 성품도 함께 배울 수 있다.

▶**또래 친구의 가족과 함께 농촌체험을 다녀오기** 집과 다른 환경에서 불편함을 느끼다보면 처음에는 낯설고 힘들어할 수도 있다. 그러나 다른 사람이 자신의 장난감을 만지지도 못하게 할 정도로 낯가림이 심한 아이도 환경이 바뀌면 친구들에게 장난감을 빌려줄 정도로 친화력이 좋아진다.

는 것(좋은나무성품학교의 정의)이다. 혼자 자라는 외동아이에게는 가장 갖기 힘든 성품이면서 꼭 필요한 성품이다.

외동아이에게 가장 어려운 것은 또래와 함께 지내면서 물건을 나누거나 부모의 사랑을 나누는 것이다. 그러나 이것은 타고난 환경조건이므로 쉽게 해결될 수 있는 문제가 아니다. 어린이집이나 유치원에 보내도 부모들은 큰 고민에 휩싸인다. "우리 아이가 형제가 없어서 싸우는 일이 좀처럼 없었는데 어린이집에 가서 또래와 어울리면서 자꾸 싸우고 와요"라고 고민을 털어놓는 경우가 많다. 처음부터 너무 많은 것을 바라지 말자. 외동아이는 친구들과 어울리는 데 보통 6개월 정도의 시간이 걸린다. 천천히 함께 어울리면서 사회성을 배우도록 인내하며 기다려야 한다.

2 절제하는 성품을 일깨워주자.

맞벌이 부모들에게 외동아이가 있는 경우 경제적으로 비교적 여유가 있다보니

부모가 가정에서 실천할 수 있는 절제의 성품양육법

▶**선물은 확실한 이유가 있을 때 합의 하에 주기** 외동아이가 응석을 부리며 제멋대로 행동하지 않도록 적절한 독립성과 자율성을 보장해주어야 한다. 물질적인 보상은 자제하고 경제관을 심어주면서 칭찬이나 스킨십으로 애정을 표현하는 것이 필요하다.

▶**일관성 있게 균형잡힌 훈육하기** 외동아이의 경우 부모가 넓은 아량으로만 대하기 쉽다. 아이의 잘못이나 실수를 눈감아주면서 감정적으로 대하다보니 어느 때는 벽에 낙서를 해도 괜찮다고 했다가 또 어느 때는 안 된다고 혼내는 등 아이를 혼란스럽게 할 수 있다. 아이의 행동에서 허용할 수 있는 선을 확실히 하고 되고 안 되는 부분을 늘 일관성 있게 지켜가며 양육해야 한다.

아이에게 잘해주지 못하는 부분을 물질로 보상해주려는 경우가 많다. 또한 아이가 혼자인 게 안쓰러워 아이의 요구를 무조건 수용하다보니 아이가 제멋대로 되어가거나 선물이나 물질에 대해 고마움을 모르는 경우가 생겨 부모의 고민이 늘어나게 된다.

외동아이 키우기 10계명

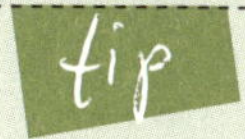

부모가 친구 노릇까지 하는 것은 금물

여러 자녀를 키우는 부모는 '자녀교육 노하우'가 생긴다. 특별히 어디서 배우지 않더라도 자녀를 키우면서 시행착오를 거쳐 지혜를 터득한다. 그러나 요즘 대부분의 부모는 외동아이를 키우기 때문에 이런 지혜가 쌓일 틈이 없다. 송동호 세브란스병원 어린이병원 소아정신과장이 추천하는 외동아이를 잘 키우기 위한 조언을 소개한다.

1 외로울 것이라는 걱정 버리기

친형제자매가 없어도 이웃사촌이 훌륭한 벗이 될 수 있다. 아이의 외로움을 덜어주려면 부모가 밝은 태도를 갖는 것이 중요하다.

2 혼자 놀 수 있게 내버려두기

부모가 함께 놀아준다고 모두 좋은 것은 아니다. 혼자 놀면서 시간을 잘 보낼 수 있게 가르치는 것도 중요하다. 독립성을 기르는 데도 도움이 된다.

3 과도한 기대로 부담주지 않기

아이가 하나뿐이기 때문에 부모들은 아이에게 많은 것을 해주면서 동시에 요구사항이나 원하는 것이 많아질 수 있다. 그러나 지나친 기대는 금물이다. 부모는 '도와주는 사람'이 되어야지 '해주는 사람'이 되어서는 안 된다.

4 좌절을 훈련시키기

무조건적인 사랑을 베푸는 것은 옳지 않다. 자신밖에 모르거나 참을성이 부족한 아이로 자라기 쉽다. 때로는 의도적으로라도 좌절을 경험하고 극복하도록 해야 한다.

5 아이 중심으로 생활하지 않기

자녀가 원하는 것을 다 들어주면서 키우다보면 아이는 경쟁과 타협을 경험할 기회를 놓치게 된다. 세상이 자기중심으로 돌아가지 않는다는 것을 분명히 가르쳐야 한다.

6 아이 친구와의 갈등에 대범해지기

친구와 싸우고 오면 큰일이라도 난 것처럼 부모가 흥분해서는 안 된다. 또래 아이들과 갈등을 일으킨 뒤에는 타협해야 한다는 점을 똑똑히 가르쳐야 원만한 대인관계를 배울 수 있다.

7 아이의 친구들을 관찰하기

다른 아이들은 어떻게 자라고 있는지, 무슨 생각을 하고 있는지를 알아야 내 아이의 생각도 알 수 있다.

8 앞서야 한다는 집착 버리기

'귀한 내 아이가 친구에게 밀려서는 안 된다'는 생각을 버려야 한다. 자기중심적인 아이들은 경쟁과정에서 성숙하게 된다.

9 다른 아이와 비교하지 않기

형, 누나 등 가족 내에 비교대상이 없기 때문에 우수한 또래 친구와 비교될 가능성이 높다. 그러면 아이는 무의식적으로 깊은 열등감에 사로잡히게 된다.

10 부모의 위상을 명확히 가르쳐주기

형제자매가 없다고 엄마가 언니나 누나, 아빠가 오빠나 형 노릇을 하는 경우가 있다. 이런 관계설정은 아이의 버릇만 나쁘게 할 뿐이다. 부모 편에서 요구할 것은 분명하게 요구해야 한다.

인정받기 원하는
첫째아이를 위한 성품양육

케빈 리먼은 《출생순위에 관하여-나는 왜 이렇게 생겨먹었을까》에서 맏이의 성품을 비판적인 성취지향가, 진지하고 신중한 완벽주의자라고 밝혔다. 그의 이론에 따르면 일반적으로 맏이에게는 부모의 높은 기대가 집중되므로 다른 사람에게 인정받는 것에 에너지를 쏟을 확률이 높다. 그러나 의지가 강하여 스스로 최고가 되려는 '성취가 유형'의 맏이가 있는 반면, 다른 사람의 명령이나 생각에 동의함으로써 기쁘게 따르는 태도로 인정을 받으려는 '순응적 유형'의 맏이도 존재한다고 한다.

맏이들은 이름 대신 언제나 '형(오빠)' '누나(언니)'라는 호칭으로 불린다. 이는 역할분담을 강하게 인식시키기 때문에 은연중에 주도적인 성품을 강화시킨다. 직업 분야에서도 맏이는 대체적으로 리더의 위치에 있다. 영국 수상 처칠이나 조지 워싱턴처럼 정치지도자 중에는 장남이 많고 세계 기업 중역의 43%가 첫째였다고 한다. 또한 남다른 성취동기로 인해 언론인이나 기자와 같은 직업에 도전하기도 한다.

장남장녀들의 파워나 권력을 추구하는 성품 특성은 맏이들의 관계맺기 방식에서도 쉽게 드러난다. 인정받기를 원하는 맏이들은 일적인 요소의 연장선상에서 사람들과 가까워지는 경향이 있다. 리더의 자리에 있는 것이 익숙하기 때문에 배우자 선택에서도 장남은 막내딸을 선호한다. H. 노먼 라이트(Norman Wright) 박사는 《평생의 반려자 이해하기》(*Understanding the Man in Your Life*, 1987)에서 이러한 맏이의 배우자 선택방식에 대해 이야기하고 있는데, 첫째아들인 경우 가장 좋은 배우자감으로 오빠가 있는 막내딸이 좋다고 한다. 둘은 리더십 문제를 일으키지 않는 상대로, 성취자와 추종자의 절묘한 조화라고 볼 수 있다. 또 동성 형제를 두고 있는 사람들이 배우자에 대한 이해도가 높다고 한다.

맏이들은 다른 사람을 쉽게 믿지 않는다

형제자매 중 첫째는 동생보다 보호본능이 강해서 타인을 잘 믿지 않고 협동심이 부족하다는 연구결과가 있다. 프랑스 몬트필리어 진화과학연구소의 알렉산드르 코르티올 박사 팀은 태어난 순서가 개인의 성품에 영향을 미쳐 타인에 대한 신뢰나 협동 정도가 달라지는지 알아보기 위해 학생 510명을 대상으로 금융게임을 시켰다.

참가자들은 2명씩 짝을 이뤄 서로가 누구인지 모른 채 게임머니를 갖고 금융게임을 하고 난 뒤에 남은 돈을 현금으로 환전했다. A는 개인투자자, B는 금융기관의 역할을 맡았다. 연구진은 A에게 게임머니 30 단위를 주고 투자자 역할을 하도록 했다. A는 게임머니를 투자하면 3배로 수익을 낼 수 있음을 알고 자신이 원하는 양만큼 B에게 투자를 하도록 했으며 B는 A로부터 받은 게임머니를 불려서 돌려주도록 했다.

A에게는 B를 믿고 돈을 많이 줄수록 신뢰도가 높게 평가되는 방식으로, 타인을 어느 정도 믿는지 신뢰도를 평가했다. 또한 B에게는 A에게 돈을 많이 돌려줄수록 협동심이 높게 평가되는 방식으로 협동심을 평가했다.

게임 결과 장녀나 장남은 A 역할을 하든 B 역할을 하든 동생이나 외동보다 돈을 더 적게 투자하고 덜 돌려줬다. 첫째가 A 역할을 할 때는 동생이나 외동보다 B에게 돈을 25% 덜 투자했으며 B 역할을 할 때는 22~29% 덜 돌려줬다.

즉 장녀나 장남의 경우 다른 사람을 쉽게 신뢰하기보다는 독립적인 성취 자세를 고수하기 때문에 다른 사람과의 협응력이 다소 부족할 수 있다는 결론이 나오기도 한다.

그러나 장남은 앞선 모델이 없으므로 실수를 반복하기 쉽다. 실수가 되풀이될수록 맏이는 긴장을 늦추지 않는 완벽주의의 면모를 보이는 경우가 많다. 맏이로서 잘해야 한다는 의무감과 그 기대에 부응하지 못할 때 느끼는 자책감 사이에서 심각한 고민에 빠지기도 한다. 맏이로서 동생들에게 모범을 보여야 하고, 책임감도 강해야 하며, 늘 양보해야 한다는 중압감이 무의식적으로 내면에 큰 비중을 차지하고 있다.

이런 첫째 자녀들에게 꼭 가르쳐야 하는 필수적인 성품으로는 성취가 아닌 존재 자체로 기뻐할 수 있는 기쁨의 성품, 다른 사람들을 잘 관찰하여 보살펴주는 배려의 성품, 욕심을 내서 자신의 이익을 추구하려는 욕구를 적절히 조절할 수 있는 절제의 성품, 동생에 의한 피해감과 억울함, 그리고 사랑을 빼앗겼다고 느끼는 피해의식 대신 감사할 수 있는 감사의 성품이 있다.

부모가 가정에서 실천할 수 있는 첫째 자녀를 위한 성품양육법

▶명확하고 구체적으로 말해주기 첫째 자녀와 얘기할 때는 직접적이고 구체적으로 이야기해 주어야 한다. 첫째 자녀는 매우 분석적이고 논리적인 경향이 있기 때문에 논리적으로 요청하고 귀납법적 논법으로 말하는 것이 좋다. 첫째 자녀는 생략되고 함축된 메시지를 읽는 걸 어려워하는 경향이 있다는 것을 명심하라.

"네가 엄마 심부름을 가끔 잘해주면 참 좋겠다"라고 말하는 것보다는 "동생 기저귀를 이렇게 가지고 와서 이렇게 펼쳐서 동생에게 입혀주고 사용한 기저귀는 이렇게 말아서 쓰레기통에 이렇게 집어넣도록 해라"라고 말해주는 것이 더 현명하다. 부모의 기대를 분명하고 성취가능한 것으로 전달하고 그의 노력을 구체적으로 칭찬해주자.

▶'비교' 대신 '성장'을 인정해주기 "동생은 잘하는데, 넌 왜 그래?"라고 비교하지 말고 "어제보다 빨라졌네" "지난주보다 방 정리를 잘했네. 엄마도 기분 좋다"라며 아이 나름의 성장을 인정해주자. 맏이는 인정받고 싶은 욕구 때문에 동생들과의 관계에서 기쁨의 성품을 잃기 쉽다. 부모로서 맏이가 느끼는 긴장감을 이해해주고 성취가 아닌 성장에 대해 격려하면서 한결같이 응원하고 지지해주는 태도가 필요하다.

▶형의 서열을 지켜주고 중립적인 태도 보이기 형과 동생의 관계에서 역할이 분명히 다르므로 어느 정도 서열을 정해주는 것이 필요하다. 형은 형으로서 대접받고 동생은 형을 따르는 것에 대하여 부모가 나서서 정리를 해줘야 한다. 대신 형은 동생을 보살피는 의무가 따른다는 것도 함께 가르쳐야 한다.

▶동생이 생긴 후에도 평소와 같이 대하기 물론 두 아이를 함께 똑같이 돌보는 것은 어려운 일이다. 큰아이는 동생이 태어나는 것에 대해 자신이 받던 사랑을 송두리째 가져가는 새로운 대상이 생긴 것으로 느낀다. 그래서 부모 앞에서 안 하던 행동들을 자주 하게 된다. 관심을 받기 위해 가리던 오줌을 싸거나 동생을 괴롭히기도 한다. 이때 지쳐 있는 엄마는 큰아이를 무시하거나 혼을 내기 쉽다. 그러나 큰아이가 동생에게 질투와 시기를 하느냐 하지 않느냐는 전적으로 부모의 양육태도에 달려 있다. 큰아이에게 사랑한다고 말해주고 스킨십을 자주 해

주며 가끔은 동생과 떨어져 부모 사랑을 집중적으로 받아보는 특별한 시간도 만들어주는 배려를 잊지 말자.

▶부모와 즐거운 경험을 할 수 있는 시간을 많이 갖기 사랑을 받다가 빼앗긴 경험을 한 맏이는 평생을 노심초사하며 자신의 위치를 지키기 위해 부단히 노력한다. 이러한 조건적인 특성 때문에 맏이 중에는 규칙을 잘 지키는 보수주의 성향의 사람들이 많다. 이때 아빠까지 아이에게 관심을 주지 않는다면 맏이는 신경질적으로 되거나 장래에 대해 비관적인 성품을 갖게 될 수 있다.

▶긍정적인 피드백을 많이 하기 첫째에게는 뭔가를 성취하지 않아도 자신이 여전히 소중하다는 피드백을 많이 해주어야 한다. 인정받기 위해 부단히 성취하려는 노력을 다하는 첫째에게는 가만히 있어도 소중하다는 인식을 심어주어야 하는 것이다. 자신이 그다지 생산적이지 못할 때도 사랑받고 인정받고 용납받을 수 있는 귀중한 존재임을 부모가 지속적으로 얘기해주어야 맏이는 잘 성장해나갈 수 있다는 점을 명심하라.

▶지적하기보다는 노력을 인정하고 먼저 칭찬한 뒤 교정하기 첫째에게는 잘못된 점을 지적하기보다는 노력한 것을 먼저 인정해주고서 교정해야 한다. 칭찬하기를 먼저 하고 긍정적인 말로 시작해야 효과적인 교정을 할 수 있다. 만일 실수를 지적하는 것부터 시작하면 맏이와의 관계는 깨져버리고 만다. 교정하기 전에 "네가 얼마나 수고했는지 알고 있어" "네가 뭘 하려고 애썼는지 이해해"라는 말부터 시작해야 한다. 만일 부모가 거칠고 못마땅한 어조로 이야기한다면 맏이는 그러한 어조 때문에 다른 말은 듣지도 않고 방어적으로 되어버릴 것이다.

▶감정을 나누고 표현하는 훈련을 하게 하라. 첫째아이는 자신의 감정을 표현하는 것을 힘들어하기 때문에 자신의 무력감, 두려움, 혼란, 갈등을 표현하도록 격려해주고 이해받는 느낌을 주는 것이 중요하다. 부모가 자신을 판단하거나 비난하는 기미가 비치면 첫째아이는 금방 의기소침해진다. 부모가 이해해주고 격려해줌으로써 첫째아이의 감정을 풍부하게 해줄 수 있다.

중간에 낀
둘째아이를 위한 성품양육

둘째 자녀의 성격은 부모와 자신보다 앞선 형제의 영향을 가장 크게 받는다. 둘째 자녀는 첫째 자녀에 대해 어떻게 반응하느냐에 따라 적대자나 비위를 맞추는 자, 지배자나 조작자, 희생자나 순교자 혹은 무사태평자나 과도한 활동가로 나뉜다고 케빈 리먼은 말한다. 만약 둘째가 첫째를 이길 수 있다고 생각하면 치열한 싸움이 일어나고 절대로 이길 수 없다고 생각하면 낙심하여 경쟁을 포기하거나 반항적이고 자포자기적 성향을 갖기도 한다. 둘째는 일반적으로 첫째나 막내보다 두려움이나 걱정이 적다고 이 연구는 보고한다.

또 둘째들은 자신들이 첫째나 막내보다 많은 관심을 받고 있지 못하다고 느끼기 때문에 남들을 믿고 속마음을 털어놓는 경향이 적다고 말한다. 둘째들은 부모로부터 관심을 덜 받는다고 느끼기 때문에 거절당했다고 생각하기도 하고, 불공평하게 대우받는 데 익숙해져 있기 때문에 오히려 참을성 있는 어른이 되기도 한다.

둘째 자녀가 첫째와는 정반대인 경우가 종종 있다. 주변에 보면 첫째는 모범생인

데 둘째는 문제아인 경우가 있는데, 부모의 사랑을 놓고 첫째와 경쟁을 하기 때문이다. 그래서 둘째는 첫째와는 다르게 행동함으로써 사랑을 받으려고 한다. 형이 못한 것을 잘해서 칭찬받으려고도 하지만, 형이 아주 공부를 잘하는 경우에는 크게 스트레스를 받고 다른 능력을 개발하려고 애쓰기도 한다.

특히 중간에 낀 둘째는 '첫째는 첫째라서 대우를 받고 막내는 막내라서 사랑을 받는' 상황 속에서 자신은 인정받기 어렵다고 생각해서 자기 자신에 대해 형편없는 자존감을 갖기 쉽다. 그래서 둘째나 중간에 낀 아이가 반항아 기질이 있거나 첫째보다 성격이 자유분방한 경우가 많다. 또 이들은 일반적으로 기대수준이 낮은 성향 때문에 인간관계에서 더 관용적인 자세를 갖게 되어 인간관계가 원만하기도 하다.

'차남·차녀의 시대가 오고 있다' 

최근 재계에서 창의성으로 무장한 둘째 CEO들이 주목받고 있다. 심리학자들에 따르면 늘 형을 의식하는 둘째는 보다 창의적으로 일을 성취하려는 경향이 강하다. 또 주변에 친구들이 많아 경쟁을 즐기고 문제의 양면을 보는 능력도 갖추게 된다고 한다. 미국 MIT 교수인 프랭크 설러웨이는 《반항아로 태어나다》에서 "이제 차남의 시대가 오고 있다"고 말했다. 항상 형을 따라잡으려는 둘째가 형보다 더 열심히 노력하기 때문이다. 그는 역사적으로 유명한 6,500여 명의 인물을 조사해서 장남과 차남의 성품을 비교한 결과 급변하는 현대 사회, 특히 기업을 경영하는 데 적합한 성격을 가진 쪽은 차남이었다고 주장한다. 설러웨이 교수는 "변화를 필요로 하는 기업은 차남을 경영자로 뽑으라"고 역설한다.

혁신적인 기업가 중에는 둘째가 많다. 마이크로소프트사의 빌 게이츠 전 회장, IBM의 루 거스너 회장, 포브스 그룹의 스티브 포브스 회장 등도 모두 둘째다.

둘째는 가족 내 자신의 역할이 그다지 영향력이 없다고 생각해서 밖에서 친구들과 몰려다니거나 결혼을 일찍 하여 새로운 가정에서 잘해보려고 하기도 한다.

항상 첫째를 의식하는 둘째아이의 특징은 보수적인 성향이 많은 맏이와는 달리 위험하고 모험적인 일에 에너지를 쏟는 경우가 많다는 것이다. 그래서 탐험가나 개혁주의자 중에는 차남이 많은데, 대표적인 예로 마르크스나 레닌, 페미니스트 소설가 버지니아 울프를 들 수 있다. 대기업에서 '둘째 CEO'는 '맏이'보다 혁신적인 경영을 하는 경우가 많다.

부모가 가정에서 실천할 수 있는 둘째 자녀를 위한 성품양육법

▶**아이의 이름을 자주 불러주고 찾아주기** 어디서나 이름 대신 항상 '누구 동생'으로 불리는 것이 둘째들에게는 큰 스트레스다. 맏이보다 늘 뒷전이고 서열이 두 번째라는 상실감도 크다. 그러므로 가정에서 부모가 자주 둘째 자녀의 이름을 불러주고 사랑한다고 표현하는 것을 늘 잊지 말아야 한다.

▶**칭찬을 많이 해주기** 첫째에게 쏟아지는 기대와 관심을 자신에게 돌리려다보니 맏이의 약점을 찾고 첫째가 실패한 것을 달성함으로써 칭찬을 받기 위해 노력하는 것이 둘째아이의 특성이다. 그래서 둘째들은 첫째아이의 잦은 실수나 혼나는 모습을 통해 자신이 어떻게 처신해야 할지를 실시간으로 학습하게 되므로 눈치가 빠르다는 강점을 갖는 대신 여기저기 눈치를 보는 단점도 있다. 그러므로 형과 비교하지 말고 성과가 있을 때는 형과 별개로 아낌없이 칭찬을 해주자.

▶**큰아이가 발달이 빠르다는 것을 설명해주기** 둘째는 맏이가 자신보다 앞서나갈 때 큰 좌절을 느끼기 쉽다. 자신은 뒤떨어지고 부모가 맏이만을 사랑할까봐 두려움을 느낀다. 이럴 때는 연령이나 발달 정도에서 먼저 태어난 큰아이가 앞설 수밖에 없다는 점을 잘 이해시켜주고 둘째아이만이 가지고 있는 재능을 느긋하게 발전시켜나갈 수 있도록 도와주자.

▶**아이의 개성을 살리도록 양육하기** 부모는 큰아이를 몰아쳐 이것저것 많이 시킨 것을 반성하는 마음에서 둘째아이만큼은 개성을 살려 자기가 하고 싶은 것을 마음껏 하도록 밀어주기 쉽다. 부모의 욕심 때문에 스트레스를 받지 않고 자란 둘째아이의 사회적 성취감이 첫째아이보다 15% 정도 높다는 통계도 있다. 개성을 살려줄 수 있는 부모의 여유가 아이의 잠재력을 키우는 데 큰 도움이 된다.

▶**형제끼리의 선의의 경쟁시 중립 지키기** 둘째아이들은 이길 수 없다는 판단이 서면 타협하는 쪽으로 방향을 선회하기 때문에 원만한 대인관계의 방법도 쉽게 배운다. 그러므로 선의의 경쟁은 중립적인 자세로 지켜보고 싸움이 되거나 혹은 정직하지 않은 방법으로 아이들의 경

쟁이 변질되는 경우 양쪽 자녀의 이야기를 확실히 들어보고 부모가 객관적으로 판단해서 아이를 훈계해야 한다.

▶애정을 많이 표현해주고 정서적 안정감을 주기 중간에 낀 샌드위치라고 생각하는 둘째아이에게 애정을 충분히 표현해주면 정서적으로 안정감을. 주게 된다. 둘째도 가정에서 중요한 존재라는 인식을 심어주는 데 노력을 기울이자. '너는 너 있는 그대로의 모습이 참 좋아'라는 말을 많이 해주자.

관심을 가장 많이 받는
막내아이를 위한 성품양육

막내아이들은 부모, 특히 아버지로부터 손위 형제들에 비해 훈육을 덜 받고 자라는 편이며 부모의 간섭이나 성취에 대한 압력을 덜 받는다. 이러한 영향으로 막내들은 엄청난 특권의식 속에서 자란다. 부모는 나이가 들면서 성숙한 태도로 자녀를 대하게 되고 이미 경험한 시행착오를 통해 아이를 잘 이해하며 양육할 수 있는 여유를 갖게 된다.

막내는 가족들의 태도에 민감하게 반응하며 자란다. 만일 부모형제들이 그를 연약하고 어린 존재로만 취급하면 막내아이의 자존감이 크게 손상되어 유약한 성품으로 자라나게 된다. 그러나 가족들이 그를 존중하고 격려하고 인정하면 건강한 자아상을 갖고 원만히 자라날 수 있다.

보통 막내는 가정 내에서 많은 관심과 사랑을 받는다. 그래서 애교가 많고 자신을 과시하는 능력을 개발하여 여러 가지 매력들로 식구들을 좌지우지하기도 한다. 이러한 특징을 살려 막내들은 가정 내에서 독특한 역할을 하고 자신이 원하는 길을 가는 경향이 있다.

막내아이는 사람들을 편안하게 생각하고 다른 사람들과의 관계를 즐기기도 한다. 그래서 그들은 대인지향적인 인물, 훌륭한 세일즈맨, 혹은 익살꾼으로 성장하는 경향이 있다고 케빈 리먼은 말한다.

막내들의 자존감은 부모의 결혼생활이 안정되고 질서를 갖춘 가운데 형성되어 편안함을 느끼는 정서를 소유하게 된다.

막내는 선택을 강요받을 때 분노를 더 많이 표출한다. 그들은 다른 사람에 의해 자신의 자유가 파괴된다고 느껴지면 참지 못하고 반항하거나 움츠려드는 경향이 있다. 그러면서도 의사결정을 신속하게 하지 못하고 우유부단한 모습을 보이기도 한다. 이런 모습들은 대인관계에도 영향을 끼쳐서 다른 사람과의 친밀감에 영향을 주기도 한다. 다른 사람들을 대할 때 신뢰할 수 있는 사람인지 가만히 살펴보는 시간이 길고 먼저 다가가지 못한다. 막내에게 가장 두려운 일은 자유를 잃는 것과 버림받는 것이다.

그들은 자유를 원하지만 사람들이 싫어할까봐 자신을 모두 내보이지 못하기도 한다. 가족 간의 정서적 친밀감을 원하면서도 때로는 먼저 다가서지 못하고 다른 사람이 먼저 다가와주기를 기다린다. 이럴 때 자신이 사랑받는 존재임을 확신하게 되기 때문이다.

또한 그들은 가족들 누구도 생각하지 못한 방식으로 행동하기도 하며, 가족 내에서 분위기를 바꾸는 환풍기 역할을 하기도 한다. 그러나 부모와 형제들의 보살핌이 극대화된 막내는 책임지는 데 소홀한 경향도 있다.

또한 막내는 기존질서에 대항하는 반항적인 기질을 갖기 쉽고 가족에게 웃음을 주는 역할을 부여받아 예술적인 성향을 지니기 쉽다. 반항적이고 예술적인 특성을 가진 역사 속 막내들을 찾아보면, 지동설을 주장한 코페르니쿠스가 네 자녀 중 막내였고 데카르트는 세 자녀 중 막내였으며 이 외에 베이컨, 볼테르, 마크 트웨인이 있다.

부모가 가정에서 실천할 수 있는 막내아이를 위한 성품양육법

▶순종하는 성품을 가장 중점적으로 가르치기 막내는 부모나 형제들이 많이 도와주기 때문에 매우 유리한 상황이다. 그러나 막내라고 모든 것을 다 받아준다면 문제아로 자라기 십상이다. 막내가 문제아 중 두 번째 비율을 차지하는 것은 이러한 이유이다. 그러므로 순종이란 '나를 보호하는 사람들의 지시에 좋은 태도로 기쁘게 따르는 것'(좋은나무성품학교의 정의)임을 가르쳐 순종하는 성품을 길러주자. 절제와 인내의 성품을 가르치는 것이 중요하며 부모는 형제들 간에 차등 없는 양육태도를 유지할 수 있도록 노력해야 한다.

▶책임감 있는 성품 길러주기 책임감이란 '내가 해야 할 일들이 무엇인지 알고 끝까지 맡아서 잘 수행하는 태도'이다. 책임감을 가르쳐서 막내에게 독립심과 자립심을 키워주는 훈련을 해야 한다. 작은 일은 결정권을 주어 혼자서 해결하게 하고 그 결과에 대해 잘한 일은 칭찬하고 잘못한 일은 책임을 물어야 한다.

▶막내에게도 부모와 독립된 생활환경 만들어주기 부모가 막내를 데리고 자면 함께 생활하는 시간이 많기 때문에 부모가 없는 경우 다른 형제들보다 분리불안을 크게 느낄 수 있다. 이는 의존적인 성품을 키워주는 바람직하지 않은 습관이다. 공간적으로 여유가 있다면 일정 연령 이상부터는 독립적인 공간에서 생활하도록 하는 것이 좋은 방법이고, 안 될 경우에는 다른 형제와 함께 방을 쓰게 해서 부모에게 의지하고자 하는 마음을 줄여줘야 한다.

▶막내를 특별대우하지 않기 막내들은 은연중에 특권의식을 갖고 자란다. 막내에게는 애써 그가 특별한 존재임을 일러줄 필요가 없다. 본인이 이미 너무 잘 알고 있을 뿐더러 행여 부모가 그것을 잠시라도 잊을까봐 10분 단위로 그것을 일깨워주려고 하기 때문이다. 막내아이에게 평정심을 유지하며 엄격할 때는 엄격하게 훈계할 수 있도록 부모의 마음을 다잡아야 한다.

▶관심 분야를 넓혀 집중력 키워주기 막내들은 주의력 주기가 짧은 경우가 많다. 재미없는 것을 싫어하고 따분한 것을 못 견뎌하기 때문에 금방 다른 새로운 것을 찾으려 한다. 그러므로 학습을 할 때 재미없는 부분은 작게 나눠 관심사 중간중간에 끼워넣는 방법도 필요하다.

▶**상호작용을 경험하게 하고 인간관계의 폭을 넓히는 기술을 보여주기** 막내 자녀들은 다른 사람들과 상호작용하기를 꺼려하고 어려워하는 경향이 있다. 이것은 정서적으로 미숙하기 때문이다. 다른 사람들과 상호작용하는 방법들을 가르치고 경험하도록 해주자.

▶**애정을 표현하고 소속감을 주기** 막내들은 애정을 갈구하지만 먼저 시작하는 데는 미숙하다. 애정을 많이 표현해주고 가정 안에서 소속감을 느끼도록 해주자. 그가 가족 안에서 중요한 존재라는 확신은 자존감 형성에 중요한 기여를 한다.

▶**선택의 기회를 제공하고 격려하기** 막내아이는 손위 형제들보다 선택을 아주 중요하게 생각한다. 부모가 시간을 내어 선택사안을 들여다봐주고 잘못된 선택을 하면 그 결과가 어떻게 될지 인지시켜줘서 충동적인 결정을 습관적으로 하지 못하도록 격려하자. 막내는 틀 안에 넣으려 하기보다는 자유를 주어 선택하게 하는 것이 좋다. 선택을 강요할 때 막내들은 다른 자녀들보다 더 크게 분노하고 선택의 기회를 지키려고 투쟁하며 고집을 부린다.

▶**막내의 침묵을 기다려주기** 막내는 말은 하지 않지만 자신의 가정을 주시하고 있으며 그에 민감하게 영향받고 있음을 명심해야 한다. 그들의 침묵은 불참이 아니다. 다만 조용히 흡수하고 있는 것이다. 막내를 부드럽게 가족 안으로 이끌어주고 참여시키는 부모의 배려가 필요하다. 방관자 같은 모습으로 뒤로 물러서려는 막내아이의 모습을 섭섭하게 생각할 필요는 없다. 이것이 막내가 살아가는 방식임을 이해하자. 그들은 머릿속에서 그 문제를 해결하려고 혼자만의 시간을 필요로 하는 것뿐이다. "이것을 네 스스로 생각할 시간이 필요할 것 같구나. 좋아, 엄마가 기다릴 테니 네가 언제든지 말하고 싶을 때 말하도록 해라. 엄마는 언제나 너하고 대화할 준비가 되어 있단다"라고 쿨하게 말해주면 막내들은 편안히 마음을 열게 될 것이다.

▶**부모의 결혼관계에서 오는 불안감을 해소시켜주기**
막내들은 부모의 결혼관계가 불안하면 그 고통을 크게 느낀다. 그런 고통과 염려들을 보통은 비행, 우울, 공격적인 행동으로 드러내기도 한다. 부모는 결혼생활이 어렵더라도 서로 노력하고 있음을 보여주고 막내가 과도한 불안감을 갖지 않게 해주는 것이 필요하다.

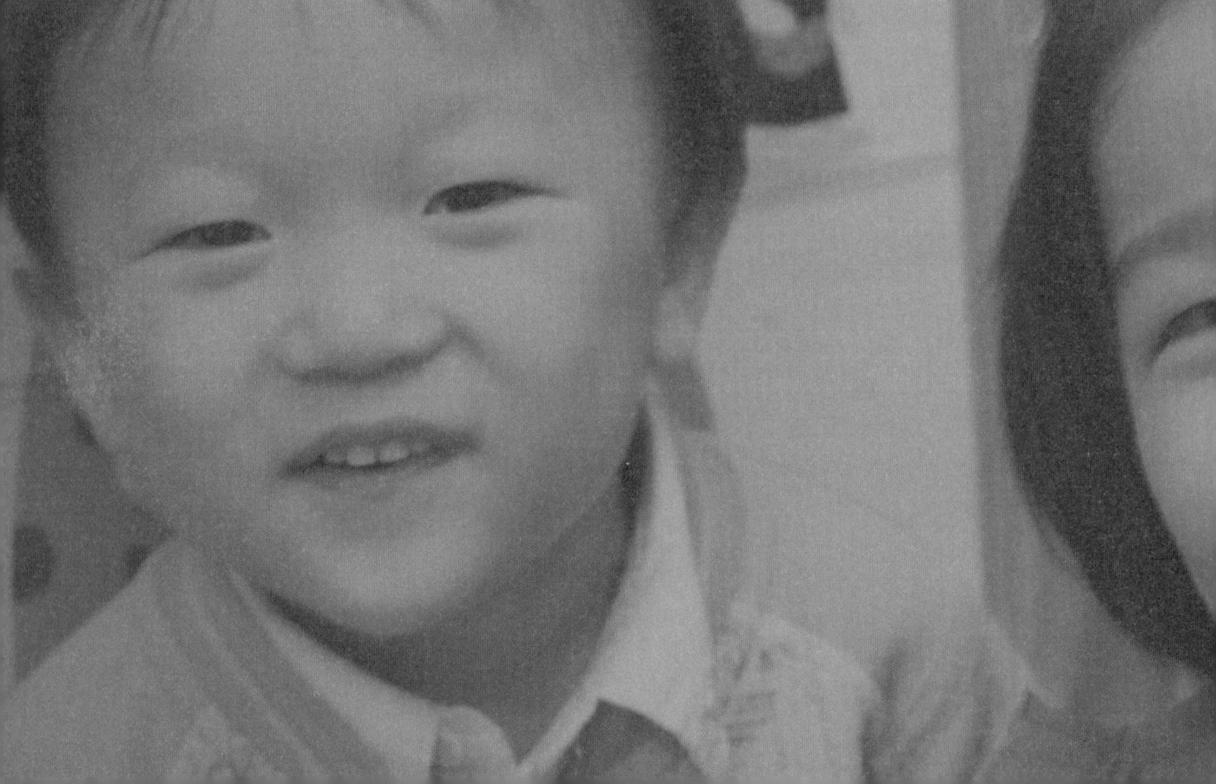

Part 3
성품양육
실천편

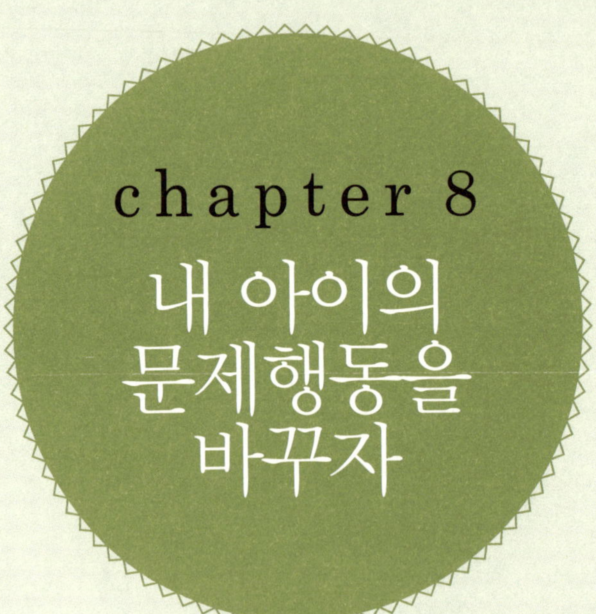

chapter 8

내 아이의 문제행동을 바꾸자

문제행동의 근원

아이를 키운다는 것은 결코 쉬운 일이 아니다. 특히 귀엽고 사랑스럽기만 했던 나의 자녀들이 사람들 앞에서 문제행동을 보이면 부모들은 가장 좌절하게 되고 많은 스트레스를 받는다. 그럴 때마다 자녀양육 방법과 비결들을 찾아헤매고 어떻게 교육해야 할지 망설이게 된다.

때로는 자녀양육에 대해 자신감마저 없어지고 자녀의 문제행동을 대신 짊어지고 가줄 사람들을 찾아나서기도 한다. 그러나 고금을 막론하고 자녀양육에 대한 책임은 일차적으로 부모에게 있다. 이 시대의 부모들은 불확실한 시대적 상황과 더불어 더 큰 위기감을 갖게 되기도 한다. 그러나 자녀를 책임지고자 하는 사명을 확실히 하는 부모들이 있는 한, 우리 자녀들의 문제행동을 제거하는 비결은 분명 있을 터이고 성공적인 자녀양육을 위한 비전도 분명히 존재할 것이다.

자, 이제 자신감을 갖고 출발해보자.

먼저 내 자녀의 문제행동은 학습된 것이라는 점을 알아야 한다. 아이들이 태어날

때부터 악하고 무례하고 소리지르고 떼쓰고 이기적인 문제투성이의 모습인 것은
아니다. 그들은 분명히 그렇게 하면 원하는 걸 얻게 된다는 것을 학습해왔기 때문
에 그런 행동을 계속한다.

내 자녀의 문제행동이 바로 학습에 의한 것임을 아는 것이 아주 중요하다. 이렇
게 학습되어버린 문제행동들은 저절로 없어지지 않는다. 이런 문제행동들을 그냥
내버려두면 나쁜 버릇이 되고 습관이 되어 더 이상 손쓸 수 없는 나쁜 성품으로 굳
어지고 만다.

문제행동을 제거하려면 누군가가 개입해야 한다. 내 자녀의 삶에 개입하여 좋은
성품을 열매 맺도록 도울 수 있는 사람은 바로 당신, 부모이다. 일시적인 변화가 아
니라 내 자녀의 문제행동을 근절하고 좋은 성품의 자녀로 키우기 위한 노력을 지금
시작해야 한다. 그럼으로써 부모는 자녀양육의 스트레스에서 해방되어 자녀와 함
께하는 삶의 기간 동안 친밀하고 풍요로운 관계를 유지할 수 있을 것이다.

자녀의 문제행동을
수정하는 원칙

먼저 내 자녀의 문제행동을 고치려고 결심할 때 부모가 꼭 알아두어야 하는 원칙들이 있다. 자녀의 행동을 효과적으로 변화시키기 위해서는 다음과 같은 원칙들을 타협하지 않고 꼭 지켜나갈 것을 결심하는 것이 필수요건이다.

첫째, 고쳐야 할 문제행동을 한 번에 한 가지씩만 정하여 목표를 설정하자.

다른 사람들을 힘들고 화나게 하는 자녀의 많은 문제행동들을 한꺼번에 고쳐 없애버리겠다고 마음먹지는 말자. 이번 달의 문제행동 교정 목표를 '주의산만함'으로 정했다면 그 행동에만 집중하여 고쳐나가야 한다.

둘째, 문제행동 교정에 대한 치밀한 계획과 전략을 세워야 한다.

- 자녀의 문제행동에 초점을 맞추자.
- 그 문제행동을 교정하는 데 꼭 맞는 방법을 결정하자.
- 문제행동을 대체할 새로운 행동을 찾아내자.
- 그것을 가르칠 방법을 적어보자.

셋째, 혼자서는 어렵다면 전문가의 도움을 받자.

사실 혼자서 어떤 행동을 고쳐나가는 길은 참으로 힘들고도 험난하다. 그래서 누군가의 개입과 도움이 필요하다. 이 책을 끝까지 읽겠다고 결심해서 손에 쥔 당신의 가족을 위해 나는 함께 고민하며 전략을 제시해나갈 것이다. 단계에 맞게 직수굿이 따라가보자. 그리고 끝까지 포기하지 않고 해나가기로 결심하는 것이 성공의 열쇠이다.

넷째, 교정의 방법을 정하자.

아무리 가르치고 훈련해도 아이가 좋지 않은 행동을 계속할 때는 벌칙을 정해야 한다. 이것이 바로 훈계의 단계이다. 교정의 단계에서 벌칙으로 사용할 기술들은 정당해야 하고, 내 아이에게 알맞은 방법이어야 하고, 나쁜 버릇을 고칠 수 있어야 하고, 자녀에게 깨달음을 줄 수 있어야 한다. 이 벌칙은 자녀가 문제행동을 할 때마다 적용되어야 한다.

다섯째, 3주 동안은 참고 기다린다.

3주, 그러니까 21일 동안은 자녀에게 반복적으로 학습이 이루어져야 하는 때이다. 오늘 이것을 가르쳤으니까 내일은 고쳐지겠지 하고 기대하면 절대 안 된다. 사람의 행동을 그렇게 단칼에 베어 없앨 수 있다면 세상에 문제행동을 할 아이는 절대 없다. 최소한 3주는 걸린다. 아무리 힘들고 지루해도 참고 기다리자. 반드시 변화는 일어난다. 포기하면 안 된다.

아무리 시도해도 변화가 일어나지 않는다면 다시 한 번 전략을 검토해보고 빠뜨린 것이나 자녀에게 맞지 않는 것은 없는지 살펴보자. 그래도 문제행동이 고쳐지지 않는다면 소아청소년정신과 전문의나 아동심리학자와 같은 전문가를 찾아 상담해야 한다. 왜냐하면 다른 정신적인 문제가 숨어 있을 수 있기 때문이다.

여섯 번째, 좋은 성품의 태도를 연습시키자.

좋은 행동을 학습하려면 꾸준히 연습하는 것이 최선의 방법이다. 자녀가 좋은 행동을 완전히 자기 것으로 만들 때까지 연습하고 또 연습해야 한다. 좋은 행동을 연습시키는 것은 세상을 향해 뛰기 위한 준비를 하고 있는 선수(자녀)에게 코치(부모)가 줄 수 있는 최선의 선물이다.

일곱 번째, 성품은 칭찬과 격려로 변화된다는 사실을 잊지 말자!

자라나는 나무들을 보라. 그들은 햇빛이 비치는 방향을 향해 모양이 바뀌어간다. 자녀에게 좋은 행동을 기대한다면 그 행동의 싹이 돋을 때 칭찬하고 격려하자. 자녀의 행동은 칭찬과 격려가 있는 곳을 향하여 변화되기 시작한다. 변화를 기대하기는 너무 늦었다는 생각이 드는가? 늦었다고 생각되는 지금이 바로 변화를 위한 적기이다.

문제행동을 고쳐나가기 위한
7가지 전략

자녀의 행동을 교정하기 위해서는 개입할 때부터 반복적으로 사용해야 할 전략들이 있다. 이러한 전략들은 자녀의 행동을 성공적으로 교정하는 데 필수적인 기술들이다. 이 전략들은 마치 전쟁터에서의 무기와도 같다.

전략 1 자녀와 친밀한 관계를 맺어야 한다.

자녀가 부모의 가르침에 따라 행동을 변화시키려면 먼저 부모가 자녀와 친밀한 관계를 맺고 있어야 한다. 사람들은 자신이 좋아하는 사람을 따르는 경향이 있기 마련이다. 자녀가 부모의 말에 따르게 하려면 먼저 자녀가 좋아하는 부모가 되려고 노력해야 한다.

전략 2 부모의 마음을 명확하고 분명하게 전달하자.

자녀가 문제행동을 할 때 부모의 마음을 분명하게 전달하자. "너의 그런 말투는 버릇없는 것이란다. 엄마는 네가 좀더 친절하고 예의바르게 말했으면 좋겠구나."

자녀들은 부모가 요구하는 대로 행동하고 싶어 하는 욕구가 있음을 기억하자. 중요한 것은 자녀의 문제행동을 고치려는 부모가 자녀와 한 팀이라는 것을 인지시키고 약속해야 한다는 점이다. 문제행동을 고치려는 것은 자녀를 위한 것이지 부모를 위한 것이 아니라는 점을 설명해주고 부모는 언제나 자녀 편에서 생각하고 노력하겠다고 약속한다. 부모는 자녀 자신의 유익을 위해 공동으로 노력하는 같은 팀이라는 인식을 심어줘야 한다.

전략 3 문제행동을 대체할 새로운 행동을 제시하자.

어떤 행동이든지 변화되기 위해서는 그 행동을 대체할 행동이 있어야 한다. 대체 행동이 없으면 다시 이전의 행동으로 되돌아갈 가능성이 높아진다. 자녀가 문제행동을 버리고 새롭게 변화할 수 있도록 좋은 대체 행동을 준비해서 가르치자.

예를 들면 "그렇게 징징거리며 말하는 건 나쁜 행동이야. 엄마는 네가 이렇게 말했으면 좋겠어. 자 들어봐" 하면서 비람직한 행동을 구체적으로 제시하고 가르쳐야 한다. 또 가령 손톱을 깨무는 문제행동을 고치기 위해서는 손톱을 깨물어 뜯고 싶은 충동이 일어날 때마다 손을 놀릴 수 있는 고무공이나 고무 찰흙 같은 대체물을 주는 것도 좋은 방법이다.

전략 4 문제행동은 그 자리에서 바로잡아야 한다.

문제행동을 반복하면 나쁜 버릇으로 발전한다. 그래서 문제행동의 교정을 미루면 절대 안 된다. 아이가 잘못된 행동을 하는 그 순간에 아이에게 무엇을 잘못했는지 설명하고 어떻게 고칠 것인지 가르쳐주면 된다.

"화가 난다고 다른 사람을 때리는 것은 나쁜 행동이란다. 절대로 때려서는 안 돼. 다음에는 네가 화가 났다고 말하고 네가 바라는 것을 말로 이야기하는 거야. 알겠니?" 간단하지만 엄격하고 분명한 어조로 말해주어야 한다.

문제행동을 지적하고 가르쳤는데도 그 행동을 계속 반복하면 망설이지 말고 교정으로 바로 들어가자. 교정으로 들어가기 전에 미리 경고하는 것을 잊지 말아야 한다. 예를 들면 "다음에 또 다른 사람을 때리면 네 엉덩이를 다섯 대 때려줄 거야. 알겠니?"

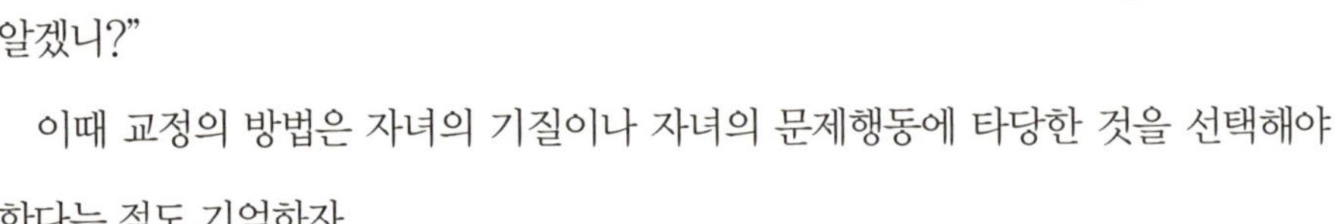

이때 교정의 방법은 자녀의 기질이나 자녀의 문제행동에 타당한 것을 선택해야 한다는 점도 기억하자.

전략 5 자녀가 바람직한 행동을 하는 그 순간을 놓치지 말자.

"그래, 바로 이거야! 엄마가 바라는 것이 이런 말씨란다. 네가 이렇게 공손하게 말하니까 엄마는 아주 행복하구나. 참 고맙다." 아주 간단하지만 자녀의 행동을 수정하는 데 칭찬만큼 효과 만점인 묘약은 없다.

전략 6 자녀의 행동에 변화가 보이면 자녀와 부모 자신의 성공을 축하하자.

문제행동을 지속적으로 고쳐나가다가 자녀의 행동에 변화가 보이면 큰 파티를 열어보자. 공개적으로 칭찬하고 격려할 때 아이는 더 큰 만족감과 성취감으로 변화를 완성해갈 것이다. 자녀의 문제행동이 한 가지씩 변화될 때마다 부모 자신도 함께 축하하자. 부모란 건 고단하지만 보람있고 축복받은 자리이다. 지치지 않고 자녀의 문제행동을 변화시킨 당신에게 큰 박수와 칭찬을 스스로 아끼지 말자. 자신을 칭찬해야 다음의 성취를 위해 또 전진할 수 있다.

전략 7 자녀의 문제행동을 교정해나갈 때 변화되는 자녀의 생각 · 감정 · 행동을 관찰하자.

문제행동을 교정해나간다는 건 사실 그 행동 뒤에 있는 생각, 감정들을 변화시켜나간다는 뜻이다. 이는 자녀의 좋은 성품을 키워나가는 과정이라고 돌려 말할 수 있다. 행동에만 초점을 두지 말고 자녀의 생각의 변화, 감정의 흐름에 주목하자. 변화되는 자녀의 행동을 관찰하면서 세워놓은 전략이나 계획에 맞지 않는다고 느껴지면 계획을 수정해서 다른 방법을 사용할 수도 있다.

chapter 9

우리 아이가
갖추어야 할
성품 덕목

벤저민 프랭클린의
13가지 성품 덕목

미국의 건국 지도자인 벤저민 프랭클린은 13가지 성품 덕목을 철저히 습관화하기 위해 실천적인 아이디어를 냈다. 매일매일 자신이 그 덕목들을 얼마나 잘 지켰는지 작은 수첩에 점검표를 만들어 기록한 것이다.

표의 가로축은 요일을, 세로축은 13가지 덕목을 나타내며, 덕목을 잘 지키지 못했다고 판단되면 가로와 세로가 교차되는 각 칸에 검은 점을 그려넣는 방식이다. 시간이 지나면서 검은 점이 점점 줄어들자, 벤저민은 마치 자기 성품 안의 검은 점이 줄어드는 것 같은 기쁨을 느낄 수 있었다고 한다. 물론 처음에는 천성적인 기질을 극복하기 어려웠다. 그러나 이와 같은 습관화 훈련을 평생 동안 계속한 결과, 50년이 지난 후 13가지 덕목이 자연스레 자신의 성품이 되었다고 벤저민 프랭클린은 말했다.

성인의 나이에 시작한 그의 성품 변화는 이처럼 오랜 시간에 걸쳐 이루어졌다. 어른이 되어 성품을 고치는 것이 얼마나 큰 인내와 고통을 수반하는지 눈으로 확인할 수 있는 사례이다.

벤저민 프랭클린의 13가지 성품 덕목

● **절제(Temperance)** 과음, 과식을 하지 않는다.

● **과묵(Silence)** 불필요한 말을 하지 않는다.

● **질서(Order)** 모든 것을 제자리에 두고 주어진 일은 제때 한다.

● **결단(Resolution)** 내가 해야 할 일은 꼭 하겠다고 결심하고 반드시 실천한다.

● **검약(Frugality)** 다른 사람 혹은 나에게 유익한 것 외에는 돈을 쓰지 않는다.

● **근면(Industry)** 시간을 헛되이 보내지 않고 항상 유익한 일만 하며 불필요한 행동 역시 삼간다.

● **진실(Sincerity)** 남을 속이지 않으며 순수하고 정당하게 생각한다.

● **정의(Justice)** 다른 사람에게 손해를 입히지 않고 나의 유익함도 놓치지 않는다.

● **온유(Moderation)** 극단적인 것을 피한다.

● **청결(Cleanliness)** 물 · 의복 · 생활을 깨끗하게 한다.

● **평상심(Tranqulity)** 사소한 일로 마음을 흐트러뜨리지 않는다.

● **순결(Chastity)** 건강이나 후손을 두는 목적 외의 성생활은 절제하며 자신과 상대방의 인격을

해치지 않는 범위에서 유지한다.

● **겸손(Humility)** 예수와 소크라테스를 본받는다.

이영숙의 12가지 좋은 성품

새해가 되면 많은 결심들을 새롭게 하지만 안타깝게도 작심삼일로 끝나는 경우가 많다. 이처럼 행동 하나를 고치려고 해도 엄청난 노력을 기울여야 하는데, 이미 버릇으로 고정된 행동과 습관을 고쳐서 좋은 성품을 갖게 되는 데는 얼마나 많은 노력이 필요하겠는가.

그러기에 어렸을 때부터 좋은 생각과 좋은 감정을 심어주어 좋은 행동을 훈련해서 몸에 배게 하는 것이 효과적이다. 아래 내용은 2005년부터 우리나라에서는 처음으로 성품 교육과정을 만들어 실천해온 좋은나무성품학교에서 가르치는 12가지 좋은 성품의 가치들을 정리한 것이다.

내면의 덕을 키워주는 6가지 기초 덕목

내면의 힘이 있어야 좋은 성품들이 밖으로 흘러나오게 된다. 이 내면의 힘이 바로 덕이다. 마음에 쌓인 덕들이 아름답게 균형잡힌 사람이 밖으로 좋은 가치를 표현할 수 있다. 이러한 가치들은 각 개인의 생각과 감정과 행동들로 표현된다.

공감인지능력(Empathy)

이 덕목은 다른 사람의 감정을 이해하고 배려하는 능력을 갖게 하는 덕목이다. 다른 사람의 기분을 생각하는 구체적인 방법을 교육시킴으로써 상대방과 정서적으로 교감하는 능력을 갖게 하고 정서적인 충격을 피하게 하며 다른 사람에게 난폭하거나 잔인하게 행동하지 않도록 한다.

분별력(Conscience)

이 덕목은 선과 악을 분별하는 능력을 기름으로써 옳고 그름의 세계를 알고 올바른 길로 자신을 이끌어갈 수 있는 능력을 기르게 하는 정서적 덕목이다. 이를 통해 다른 사람이 있든 없든 양심의 소리를 듣고 옳은 길을 선택할 수 있다.

자제력(Self-Control)

스스로 감정을 조절하여 자기 자신을 신뢰하게 만들고 행동하기 전에 생각함으로써 올바르게 처신하는 방법을 알려주는 덕목이다. 일시적인 충동을 억제하고 조급한 선택을 하지 않게 하여 위험으로부터 자신을 보호할 수 있게 한다.

존중(Respect)

한 사람의 가치가 얼마나 귀중한지를 알고 서로를 소중하게 대하는 방법을 알게 하는 것이다. 자신이 대접받고 싶은 대로 남을 대접하는 비결을 배움으로써 다른 사람과의 관계를 행복하게 맺을 수 있도록 돕는다. 이는 사람들 사이의 폭력적인 행동을 막고 부당하게 대하거나 증오의 관계를 맺지 않도록 미리 예방해준다. 자신과 다른 사람을 존중하는 법을 배운 사람은 일상생활에서도 평화로움을 사랑하게 된다.

친절(Kindness)

이 덕목은 다른 사람에게 친절하게 대하는 것이 올바른 행동임을 알고 다른 사람의 행복과 감정에 대하여 자신의 관심을 표현하는 것이다. 친절을 배운 아이는 다른 사람의 관심과 욕구에 민감하게 반응한다. 곤란한 처지에 있는 사람을 도와주고 이기적으로 행동하지 않으며 배려하는 사람이 된다.

관용(Fairness)

다른 사람을 편견 없이 똑같이 귀중하게 대하게 하는 덕목이다. 관용을 배운 아이는 규칙을 준수하는 행동을 한다. 또한 판단을 내리기 전에 모든 측면을 고려하는 사려깊은 아이로 성장한다. 부당하게 대우받는 사람을 변호하고 인종, 문화, 경제, 능력, 신념에 상관없이 모든 사람을 평등하게 대할 수 있는 용기를 갖게 한다.

이영숙의 12가지 좋은 성품의 정의

앞서 살펴본 6가지 기초 덕목이 인간의 내면에 균형있게 자리잡고 있어야 한다. 바로 이러한 내면의 덕이 흘러넘쳐 좋은 성품이 생각으로, 감정으로, 행동으로 표현된다. 아무리 좋은 나무라도 갑자기 열매를 맺을 수는 없다. 내면적으로 성숙할 수 있는 경험과 기회들이 영양분으로 먼저 공급되어야 한다.

좋은 나무는 실한 열매를 맺고 나쁜 나무는 볼품없는 열매를 맺듯이, 성품은 바로 그 사람의 열매라고 할 수 있다. 우리는 성품을 보면서 그 사람이 어떤 사람인지 알게 된다.

필자는 특별히 6가지 기초 덕목 중에서도 공감인지능력과 분별력을 가장 기본으로 꼽는다. 공감인지능력이라는 내면의 덕을 통해 경청, 감사, 긍정적인 태도, 기쁨, 순종이라는 좋은 성품열매가 열린다. 또한 분별력이라는 내면의 덕을 통해 절제, 인내, 정직, 책임감, 창의성, 지혜라는 좋은 성품열매가 열린다. 필자가 창안하여 좋은나무성품학교에서 가르치는 12가지 좋은 성품의 정의는 다음과 같다.

주제성품	좋은나무성품학교의 정의
경청 (Attentiveness)	상대방의 말과 행동을 잘 집중하여 들어서 상대방이 얼마나 소중한지를 인정해주는 것(Being thoughtful to the words and actions of others, to show you care about them).
긍정적인 태도 (Positive Attitude)	어떠한 상황에서도 가장 희망적인 생각, 말, 행동을 선택하는 마음가짐(Always choosing to have the best thoughts about something or someone).
기쁨 (Joyfulness)	어려운 상황이나 형편 속에서도 불평하지 않고 즐거운 마음을 유지하는 태도(Always having a happy heart without complaints).
배려 (Caring)	나와 다른 사람 그리고 환경에 대하여 사랑과 관심을 갖고 잘 관찰하여 보살펴주는 것(Giving love and attention to the world around me).
감사 (Gratefulness)	다른 사람이 나에게 어떤 도움이 되었는지 인정하고 말과 행동으로 고마움을 표현하는 것(Showing thanks for a helpful hand or a kind gesture).
책임감 (Responsibility)	내가 해야 할 일들이 무엇인지 알고 끝까지 맡아서 잘 수행하는 태도(Knowing what my tasks are and doing them the best I can).
인내 (Patience)	좋은 일이 이루어질 때까지 불평 없이 참고 기다리는 것(Waiting in peace for a good thing to happen).
순종 (Obedience)	나를 보호하는 사람들의 지시에 좋은 태도로 기쁘게 따르는 것(Following the instructions of others with a good attitude).

절제 (Self-control)	내가 하고 싶은 대로 하지 않고 꼭 해야 할 일을 하는 것(Choosing to do what is right even if it's not what I want).
창의성 (Creativity)	모든 생각과 행동을 새로운 방법으로 시도해보는 것(Trying different ways with new ideas).
정직 (Honesty)	어떠한 상황에서도 생각·말·행동을 거짓 없이 바르게 표현하여 신뢰를 얻는 것(Winning the trust of others by always telling the truth).
지혜 (Wisdom)	내가 알고 있는 지식을 나와 다른 사람들에게 유익이 되도록 사용할 수 있는 능력(Using what I have and what I know to help others).

* 저작권이 있는 글이므로 무단 복제 및 사용을 금합니다.

이제 이 12가지 성품을 토대로 좋은 성품을 갖는 방법과, 그 성품으로 아이가 문제행동을 고칠 수 있는 힘을 키우는 방법까지 함께 살펴보자.

이 책을 덮고 그대로 활용하여 아이를 양육했을 때 내가 기대하는 효과는 이러하다. 마음의 힘인 내면의 덕을 갈고 닦아 경청, 긍정적인 태도, 기쁨, 배려, 감사, 책임감, 순종, 지혜, 절제, 인내, 존중, 배려 등의 아름다운 성품열매들이 주렁주렁 맺힐 수 있도록 돕는 것이다. 그러기 위해서는 좋은 성품을 가르치고 훈련하여 문제행동들을 없앨 수 있는 전략들을 펼쳐야 한다. 그럴 때 당신의 사랑스런 아이는 좋은 성품열매들을 거둬들여 마음으로 섭취하고 영양분을 온몸에 흡수해서 좋은 성품을 가진 지도자로 쑥쑥 자라나는 모습을 볼 수 있을 것이다.

chapter 10
좋은 성품으로 문제행동 고치기

공감인지능력편

공감인지능력은 앞서 설명했다시피 자녀에게 다른 사람의 감정을 이해하고 배려하는 능력을 갖게 하는 덕목이다. 부모는 아이가 이기적인 마음을 버리고 다른 사람과 행복한 관계를 맺을 수 있도록 가르쳐야 한다. 왜냐하면 자녀는 결코 혼자가 아니라 사회적인 관계 속에서 다른 사람들과 함께 살아나가야 하기 때문이다. 다른 사람과 정서적으로 서로 교감하는 능력을 통해 행복한 삶을 영위할 수 있다.

이 덕목을 기초로 한 구체적인 성품 주제는 경청, 긍정적인 태도, 기쁨, 배려, 감사, 순종 등이 있다. 그 중 '경청' '배려' '기쁨' '순종'에 대해 좀더 알아보자.

경청의 성품

Q 저는 초등학교에 다니는 아들을 둔 엄마입니다. 도무지 이 아이는 내가 뭘 말해도 반응이 없습니다. 그렇다고 청력에 문제가 있는 아이가 아니랍니다. 음악도 잘 듣고 텔레비전도 잘 봅니다. 자기 친구들과는 전화통화도 잘하는 것을 보면 청력에는 전혀 문제가 없는 것이 확실합니다. 그런데 제 말에는 전혀 반응이 없어요. 들어도 흘려듣는지 엉뚱한 소리를 하고 저의 뜻과 어긋난 행동을 하기 일쑤입니다. 이제는 소리치는 것도 잔소리를 하는 것도 지쳤어요. 우리 아이도 바뀔 수 있나요? 도와주세요.

A 부모들이 자녀들을 키울 때 가장 힘들어하는 것이 바로 아이들이 부모의 말을 귀담아듣지 않는 것이라고 한다. 하지만 경청하지 않는 아이들 탓에 속병을 앓는 것은 비단 부모님들만의 일이 아니다. 요즘 아이들은 단답식으로 간단하게 이야기하는 것만 좋아하고 선생님의 부연설명이 조금만 길어지면 핵심을 파악하지 못해

우왕좌왕하는 일이 대부분이다. 또한 듣는 것도 편식을 하는 것처럼 자기 마음에 드는 말만 쏙쏙 골라 들어서 텔레비전 소리는 어떤 환경 속에서도 정확하게 알아듣고 반응한다. 또 친구들의 말소리도 아무리 옆에서 시끄럽게 떠들어도 100% 알아듣고, 심지어는 이게 어느 나라 말인가 싶은 정도의 빠른 랩 가사도 정확히 의미 파악까지 하며 제대로 외워 불러대지만 부모의 질문이나 요구에는 반응이 없는 아이들이 많다. "아까 네 방 청소하라고 했는데 언제 할 거니?"라고 물으면 침묵을 지키고 "숙제 다 했니?" 하면 텔레비전을 켠다. "시험일이 언제니?"라고 물으면 "몰라요!"라며 짜증을 내고 나가버린다.

부모나 선생님이 말하는 이야기 중에서 자신에게 부담이 되거나 스트레스를 준다고 여겨지는 이야기는 못 들은 척 침묵한다. 눈도 마주치지 않고 고개를 숙이고 있거나 다른 곳을 쳐다보며 말한다. 부모가 대화를 시도해볼 마음으로 진지하게 자녀를 붙잡고 앉아도 귀담아듣지 않는 자녀의 태도에 기가 빠져 포기해버리고 만다.

요즘 아이들의 대화를 부모 세대와 비교하지 말자.

① 아이들의 대답은 무조건 단답형이다.

아이들과 깊이 있는 대화를 나눈다는 것 자체가 불가능해진다.

② 대화 도중에 딴짓을 한다.

자신이 하고 있는 대화조차도 집중하지 못한다.

③ 조금만 대화가 길어져도 핵심을 파악하지 못한다.

난독증처럼 듣는 것에 어려움을 느끼는 난청증 증세가 나타난다.

④ 대화를 한 번 더 생각하지 않는다.

본인에게 필요한 게 아니면 한쪽 귀로 듣고 바로 한쪽 귀로 흘려버린다.

일단 집에서 혼자 보내는 시간이 익숙한 아이를 이해하자.

집에서 아이들이 지내는 모습을 관찰해보면 음악을 다운받아 듣거나 컴퓨터게임을 하거나 애니메이션을 보는 등 혼자 보내는 시간에 익숙하다. 인터넷 메신저나 휴대전화 문자 메시지로 친구들과 끊임없이 소통한다지만 이는 입으로 하고 귀로 듣는 대화 과정을 통하는 것이 아니라 손으로 찍어대고 눈으로 읽는 것만으로도 가능한 일이다. 문제는 수년간에 걸친 교정 프로그램의 연구 결과, 경청하지 못하는 아이들에게는 독해를 가르치기가 어렵다는 사실이 밝혀졌다는 점이다. 이런 아이들은 다른 사람의 정서 표현을 알아보거나, 사회적 상황을 이해하거나, 다른 아이들이 특정한 상황에서 어떻게 느끼는지 추측하거나, 또는 사회적 문제를 해결하는 데 어려움이 있다. 또한 학업성취도 면에서도 저조하고 심각한 경우에는 학습장애로까지 이어질 가능성이 많다.

1 경청하지 못하는 아이와의 대화에 빨간불이 들어오게 하는 말하기 습관

부모 자신도 모르게 자녀와의 대화에 빨간불이 들어오게 하지는 않았는지 반성해보자. 다음의 항목을 통해 평소 부모 자신의 말하기 습관을 점검해보자.

□ 말에 집중 안 하면 혼난다! −경고와 위협의 말

□ 내 말 제대로 들어! −명령과 강요의 말

□ 네가 잘 듣지 않는 건 사람을 무시하는 마음이 있기 때문이야. −분석과 진단의 말

□ 넌 항상 말에 귀기울이는 법이 없잖니. −비판과 비난의 말

□ 지금 네가 잘 듣고 있었다는 거야? −설득과 논쟁의 말

□ 넌 귀가 먹었니? 말이 말 같지 않아? −욕설과 조롱의 말

□ 바른 자세로 들으라고 했잖아! −훈계와 설교의 말

무의식중에 자녀와의 대화에 빨간불이 들어오게 했다면 '스톱!' 하고 대신 어떤 말들을 사용할 것인지 생각해보자.

2 경청하는 성품으로 키우는 7가지 전략

전략1 부모가 먼저 '경청'하는 자세를 보여준다.

아이들은 모델링을 통하여 세상 살아가는 법을 배우기 마련이다. 부모가 다른 사람의 말을 경청하는 모습을 보여주지 않으면 자녀들은 절대로 배울 수가 없다. 자녀를 야단치기 전에 먼저 부모 자신이 다른 사람의 말을 경청하는 모습을 보여주자. 특히 남편과 아내가 서로 눈을 바라보면서 서로의 말을 귀기울여 듣는 모습을 자녀 앞에서 자주 보여주자. 부모의 모습이 자녀에게 거울이 된다. 무엇보다 자녀의 말을 더 귀기울여 듣자. 아이가 말할 때 부모가 어떻게 했는지 생각해보면 아이가 왜 다른 사람의 말을 경청하지 못하는지 알 수 있을 것이다. 《탈무드》에 나와 있는 대로 '귀가 둘이고 입이 하나인 이유'를 자녀에게 행동으로 보여주자. 부모가 하는 말에 귀기울이는 정도의 두 배로 자녀의 말을 귀기울여 들어보자.

전략 2 대화에 빨간불이 들어오지 않도록 조심한다.

부모들이 자녀에게 가장 많이 하는 말이 무엇인지 조사를 해보았다. 10여 년간 내가 진행하는 자녀교육 세미나에 오신 분들을 중심으로 한국과 미국에 살고 있는 한국 부모님들을 집중적으로 조사했는데, '오늘 자녀에게 가장 많이 들려준 말 한 가지씩만 뽑아보세요'라고 하니 가장 많은 답이 '~했니?' '하지마' '해라!' 등이었다.

명령하기, 강요하기, 경고하기, 위협하기, 훈계하기, 설교하기, 비판하기, 비난하기, 비교하기, 지시하기, 변명하기, 고함치기, 일방적으로 말하기 유의 말들은 대화를 막는 적신호이다. 빨간불이 켜지면 가던 길도 멈출 수밖에 없다. 부모가 자주 대화에 빨간불이 들어오게 했다면 자녀가 부모의 말에 귀기울이지 않고 피하고만 싶은 심정이 드는 것은 당연하다. 자, 이제 자녀를 탓하기 전에 부모님부터 대화의 빨간불을 끄자.

전략 3 집중시킨 후에 말한다.

음악을 듣고 있는 아이에게 부모가 아무리 큰 소리로 말해도 아이는 듣지 못하는 경우가 많다. 텔레비전을 보고 있는 아이의 등 뒤에 대고 큰 소리를 질러도 아이는 잘 듣지 못할 수밖에 없다. 먼저 음악을 끄고 텔레비전 시청을 멈추게 한 후 눈을 마주보아 집중하게 하고서 대화를 나누자.

"엄마를 좀 보고 얘기를 들어주겠니?"

서로 마주보아야 아이는 온전히 부모에게 집중할 수 있게 된다. 바로 이때 당신의 요구를 전달해야 한다.

전략 4 대화하는 상대의 눈을 바라보는 습관을 들이도록 해준다.

항상 모든 대화는 눈을 바라보며 이루어지도록 이끌어준다. 예를 들어 "엄마는 네 눈을 보면서 이야기하고 싶어" "눈을 보면 마음도 알 수 있대. 어디 한 번 진짜 그런지 알아볼까?"라고 말할 수 있다.

이런 부드러운 말들로 아이의 마음을 열어주는 것이 좋다. "애 여기 똑바로 쳐다봐!" "왜 눈을 못 보고 피하니?"처럼 강압적인 말투는 오히려 아이를 주눅들게 만들 수 있으니 주의한다. 평소에 눈을 맞추고 대화하는 데 어려움을 느꼈던 아이라면 처음엔 조금 힘들어할 수 있으나 꾸준히 연습하면 자신감 있게 상대방을 바라보게 될 것이다.

전략 5 시간제한을 둔다.

아이가 재미있는 일에 몰두하고 있을 때는 엄마 말을 귀담아 듣기가 어려워진다. 부모 말을 흘려버리는 것이 습관화되지 않도록 하려면 시간제한을 두고 경고하자. "나는 5분 안에 네가 엄마 지시에 따라주었으면 좋겠다." "1분 안으로 엄마와 이야기할 수 있도록 준비해줄래?"

전략 6 흥분과 잔소리는 절대 금물이다.

소리를 지르게 되면 일단 실패다. 목소리를 최대한으로 낮추고 높이지 말자. 흥분한 사람이 지고 만다. 부드러운 톤으로 작은 목소리로 말하자. 그래야 아이들은 산만한 태도를 추스르고 부모의 말에 집중하게 된다. 아이들이 선생님의 말은 들어도 부모의 말은 듣지 않게 되는 이유가 여기에 있다. 또한 잔소리로는 절대로 사람을 변화시킬 수가 없다. 되도록 짧게, 반복하지 말자. 부모의 요구를 간단하면서도 명쾌하게 전달하는 습관을 들이자.

"일어나면 바로 이불정리."

"외출할 때는 창문을 닫자."

때로는 아주 짧게 "숙제" "순종" "네 방 정리" 하는 식의 한 마디가 간결하고 더 강하게 와닿을 때가 있다.

전략 7 경청하는 좋은 성품을 연습시킨다.

좋은 성품을 갖는 비결은 나쁜 습관은 계속 소멸시키고 좋은 습관으로 대체하여 연습시켜서 좋은 성품을 형성하게 하는 것이다.

Training

● **경청의 정의**

상대방의 말과 행동을 잘 집중하여 들어서 상대방이 얼마나 소중한지 인정해주는 것.

● **경청에 관한 명언**

- 인간은 입이 하나 귀가 둘 있다. 이는 말하기보다 듣기를 두 배 더하라는 뜻이다. —《탈무드》

- 내가 배운 교훈이 하나 있다면 경청하는 것을 대신할 것은 없다는 것이다. —다이앤 소여

- 상대를 설득할 수 있는 최선의 방법은 그의 주장에 귀기울이는 것이다. —딘 러스트

- 지혜는 들음으로써 생기고 후회는 말함으로써 생긴다. —영국 속담

- 최고의 대화 방법은 듣는 것이다. —스티븐 M. 폴런

- 하나의 귀로 듣는 것보다는 두 개의 귀로 듣는 것이 더 잘 들린다. —묵자

● **경청의 태도 연습하기**

1. 다른 사람이 말할 때 눈을 쳐다본다.

2. 이해가 안 되는 것은 질문한다.

3. 바르게 앉고 바르게 서서 멋진 태도로 경청한다.

4. 다른 사람이 말하는 동안 다른 생각을 하지 않는다.

5. 내 눈과 귀, 손과 발, 그리고 내 입을 모든 방해로부터 잘 지킨다.

6. 주의깊게 보고 잘 집중한다.

경청하는 태도를 매일매일 반복해서 연습하게 한다. 경청하는 태도에 관한 포스터를 온 식구가 잘 볼 수 있는 곳에 붙이고 경청의 정의와 태도를 반복해서 큰 소리로 읽고 연습한다. 문제행동을 고치려면 대체행동이 필요하다. 경청하는 좋은 태도를 가르치고 훈련해야 한다.

3 말을 귀담아듣지 않는 자녀를 변화시키는 전략일지 쓰기

전략일지는 특정기간 동안 특정목표의 성취를 확인하고 부모의 참여로 신뢰를 높일 뿐 아니라 자녀가 목표를 달성할 수 있도록 돕는 체계적인 과정이다. 따라서 부모로서의 삶 또한 돌아볼 기회가 된다. 아이들은 부모를 모델링하여 자라나기 때문이다. 부모가 귀담아듣지 않으면 아이도 그대로 따라한다. 부모의 삶이 부산하고 정신없이 돌아가지는 않았는지 생각해보고 전략일지를 쓰면서 정리정돈하는 시간을 갖도록 해보자.

앞서 언급한 7가지 전략을 참고하며 장기목표와 한 주의 단기목표를 설정한다. 장기목표는 앞으로 3주 동안 이루어야 할 목표를 말하며 이를 정할 때는 단기목표와 함께 그 목표를 달성하는 데 방해가 되는 다른 문제도 함께 정리해보는 것이 바람직하다. 3주 후의 성취정도를 정확히 판단하기는 어려우므로 아이의 과거 성취정도, 현재수준, 목표의 현실성, 우선순위, 할애할 수 있는 시간 등을 잘 고려하자.

단기목표를 설정하는 방법

1. 각 목표가 장기목표의 일부분이어야 한다.

2. 각 목표는 측정될 수 있어야 한다.

3. 각 목표는 해당기간 내에 도달할 수 있는 정도여야 한다.

목표를 설정할 때의 기준

1. 가능한 한 간단명료하게 작성한다.

2. 목표는 교육의 결과를 분명하게 알 수 있도록 작성한다.

2. 목표에는 목표 행동, 조건, 기준이 포함되어야 한다.

4. 가능한 한 긍정적인 용어로 작성한다(즉, 아이가 할 수 없는 것이 아니라 할 수 있는 것에 초점을 두고 작성해야 한다).

5. 관찰 가능하고 측정 가능한 용어로 작성한다(너무 광범위한 목표는 객관적으로 측정하고 평가할 수 없다).

말을 안 듣는 아이를 위한 전략일지의 예

날짜 : 2010년 XX월 XX일

문제행동 : 주의산만한 행동

장기목표 : 어떤 일을 시작했을 때 90%는 집중한다.

단기목표 : 공부를 시작하면 연속 3일의 90%는 5분 이상 집중한다.

오늘의 방법 : 텔레비전과 라디오를 끄고 공부에만 집중하는 환경을 만들었다.

설정한 단기목표를 달성하는 데 집중하여 한 주 동안 실천하고 매일 아이의 변화를 기록해본다. 그리고 한 주가 지날 때마다 그 주에 대해 평가해서 써보자.

행동이 버릇으로 되기까지 걸리는 시간은 대략 21일 정도라고 한다. 21일 동안 전략적으로 내 자녀의 문제행동 고치기에 집중해보자. 좋은 성품을 가진 자녀로 성장하기 위한 목표 행동을 정하고 그 목표를 이루기 위한 칭찬과 격려, 교정의 방법들을 전략적으로 잘 사용하여 그것을 성취할 수 있도록 우리 집만의 성공적인 전략 일지를 써보자.

4 말을 귀담아듣지 않는 아이를 변화시키는 부모의 전략 실천 평가

아이를 좋은 성품으로 이끌어나가는 나의 전략이 어떠했는지 평가하는 시간을 갖는다. 좋은 평가를 할 수 없다면 어떤 부분이 부족했는지, 또 전략을 적용하면서 얻은 나만의 노하우는 어떤 것이 있는지 적어보자. 이러한 평가들이 쌓여서 문제행동을 하는 아이를 성품 좋은 아이로 변화시키는 나만의 전략으로 업그레이드될 수 있다.

아이들은 대기시간이 필요하다

교육학자 메리 버드 로우는 미국의 교육잡지인 《아메리칸 에듀케이터》에서 아이들이 들은 것에 대해 대답을 하기 위해서는 '대기시간'이 필요하다고 역설한다. 아이가 들은 것에 대해서 생각할 시간을 주어야 한다는 말이다. 과학적인 검증에 의하면 부모가 아이에게 질문이나 요구를 할 때는 3초 정도 기다려주는 것이 좋고 5.3초 정도 생각할 수 있는 시간을 주는 것이 훨씬 도움이 된다고 한다. 그러므로 너무 서두르지 말고 빨리 대답하라고 혼내기 전에 아이가 들은 것에 대해서 생각할 여유를 주는 배려하는 부모가 되자.

평가			평가항목	세부내용	비고
상	중	하			
			부모가 먼저 '경청'하는 자세를 보여준다	–말하는 사람의 눈을 쳐다본다 –고개를 끄덕여주고 모르는 것이 있으면 물어본다 –하품을 하거나 딴청을 부리지 않는다 –내 눈과 발, 손과 귀를 모든 방해로부터 잘 지킨다	
			대화에 빨간불이 들어오지 않도록 조심한다		
			집중시킨 후에 말한다		
			시간제한을 둔다		
			흥분은 절대 금물		
			잔소리는 금물, 짧고 명확하게 말한다		
			경청하는 좋은 성품을 연습시킨다		

혹시 자녀의 청각에는 문제가 없는가? 상담했던 아이들 중에는 산만하고 집중력이 없는 아이가 청력에 이상이 있는 것으로 판명되는 경우가 더러 있었다. 부모가 알지 못했던 신체상의 이상이 이유가 될 수도 있으므로 먼저 전문가의 검진을 받아보는 것이 좋다.

5 경청하는 성품을 가진 자녀로 키우기 위한 부모의 실천 방법

미국의 교육 예에서 경청하는 성품을 키울 수 있는 방법을 추가로 찾아볼 수 있다. 미국의 유치원이나 초등학교에서 아이들 교육에 활용하고 있는 '쇼앤텔'(Show & Tell) 시간이 그것이다. 초등학교 2~3학년 때까지도 이 수업은 시간표에 자주 편성되어 있다. 쇼앤텔 수업이란 자기가 가져온 물건을 친구들과 선생님 앞에서 보여주며 다른 사람의 참견이나 질책 없이 몇 분 동안 자기 혼자 이야기하는 시간으로 아이들은 이 시간을 즐거워하고 행복해한다. 준비물은 정말 자유롭다. 자기가 좋아하는 장난감이나 물건, 여행 후의 기념품, 다른 사람한테서 받은 선물, 그냥 집에 늘 있는 물건 등 어떤 것이라도 좋다.

어떤 아이는 키우던 햄스터를 들고 오기도 하고, 자기가 아꼈으나 지금은 고장나버린 시계를 가져오기도 한다. 무슨 말을 할지 미리 생각해보는 경우도 있으나 대부분 아이들은 그냥 그 물건에 대해 자기가 느끼는 점에 대해 하고 싶은 말을 한다. 이야기가 끝나야 질문을 할 수 있다. 발표가 끝나면 손을 들고 질문한다. 그러나 그 발표에 대해 비판이나 평가는 절대 하지 않는다. 옳고 그름을 따지기보다 궁금한 것이나 설명이 부족한 부분에 대한 보강 질문이 대부분이다. 현재는 한국에서도 이 쇼앤텔과 같은 시간이 여러 유치원이나 초등학교의 수업과정에 포함되어 있기도 하다.

아이들은 이 시간을 통해서 자기가 생각하고 느끼는 것을 남 앞에서 잘 표현하는 연습을 할 뿐 아니라 남의 얘기를 인내심을 갖고 귀기울여듣는 연습도 한다. 남의 이야기에 귀기울인다는 것은 그냥 듣고 있는 척하는 것이 아니다. 또 말하는 사람이 몇 마디 하기가 무섭게 그 사람의 얘기를 끊고 자기 얘기를 시작하는 것이 아니다. 들으면서 저 사람의 얘기가 끝나면 나는 이런 이야기를 해야지 하고 머릿속으로 딴 생각을 하는 것은 더더욱 아니다. 진정으로 남의 이야기에 귀기울인다는 것은 자기의 생각을 멈추고 그 사람의 이야기를 있는 그대로 열린 마음으로 들으면서 편안하게 상대방에게 집중하고 그 뜻을 존중해주는 것을 말한다. 이것이 경청의 기본정신이다.

아이와 함께 읽어보세요

경청하는 성품을 가진 위인
작은 소녀의 이야기도 평생 기억해준 대통령 에이브러햄 링컨

에이브러햄 링컨은 평생 동안 학교를 11개월밖에 다니지 못했다. 하지만 활달한 성격과 다른 사람의 말을 귀기울여 듣는 능력을 가지고 있었기에 나중에는 한 나라를 이끄는 훌륭한 지도자가 될 수 있었다. 어느 날 한 사람이 링컨 대통령에게 와서 물었다. "당신의 놀라운 성공과 존경받는 삶의 비결은 무엇입니까?" "그야 다른 사람들보다 실패를 많이 경험했기 때문이지요. 나는 실패할 때마다 실패에 담긴
하나님의 뜻을 배웠고 그것을 징검다리로 활용했습니다. 사탄은 내가 실패할 때마다 '이제 너는 끝장이다'라고 속삭였어요. 그러나 하나님은 내가 실패할 때마다 '이번 실패를 거울삼아 더 큰 일에 도전하라'고 알려주었습니다. 나는 사탄의 속삭임보다 하나님의 음성에 귀를 기울였습니다."

링컨이 대통령이 되기 전, 미국에서는 백인들이 흑인들을 노예로 삼는 노예제도가 있었다. 링컨은 같은 인간임에도 고통받으며 힘겹게 살아가야 하는 흑인들의 권리를 인정하지 않는 것은 인간의 양심에 어긋나는 일이라고 생각했다. 링컨은 대통령이 된 뒤 남북전쟁을 거쳐 노예제도를 폐지했다.

링컨이 처음 대통령에 출마했을 때는 인기가 많지 않았다고 한다. 광대뼈가 튀어나오고 너무 깡말랐기 때문에 특히 여자들에게 인기가 없었다. 어느 날 선거유세를 하기 위해 기차를 타고 가던 중 우연히 어느 마을에서 기차가 멈추었고 링컨은 그 마을 사람들에게 유세를 하게 되었다. 많은 사람들이 링컨을 보기 위해 몰려들었다. 그때 한 어린 소녀가 어른들이 빽빽하게 서 있는 틈을 비집고 링컨과 이야기를 나누고 싶다며 다가왔다. 링컨은 소녀의 이야기를 듣기 위해 소녀를 안아올렸다. 그러자 소녀는 링컨의 귀에 대고 살짝 귓속말을 했다. "아저씨, 턱수염을 기르면 훨씬 멋져 보일 거예요."

링컨은 웃으면서 턱수염을 기르겠다고 약속했고 이후 링컨은 소녀의 말대로 말라깽이에 못생겼다는 소리는 더 이상 듣지 않게 되었다. 소녀의 말을 귀담아들은 링컨은 평생 턱수염을 길렀다고 한다.

경청이란 상대방의 말과 행동에 잘 집중해서 상대방이 얼마나 소중한지 인정해 주는 것이다. 자녀를 소중히 여기는 부모가 그러한 마음을 잘 표현해줄 수 있는 것이 바로 경청하는 태도이다. 자신에게 집중해주고 자신을 존중해주는 부모의 태도를 통해서 자녀들은 경청의 성품을 배우고 키우게 될 것이다.

주의가 산만한 아이

Q 우리 아이는 잠시도 가만히 앉아 있질 못합니다. 수업시간에 안절부절못하고 준비물을 날마다 빼먹고 다니고 필통에 연필을 가득 채워 보내도 어디다 두었는지 찾아오지 못하며 날마다 빈 필통을 들고 옵니다. 자기 물건을 정리할 줄도 모르고 질질 흘리고 다니는 모습을 이제 더 봐줄 수가 없어요. 도대체 뭐가 문제인 건지……요즘 많이 이슈화되고 있는 ADHD가 아닌지 걱정이 많습니다.

A 현대의 아이들에게 눈에 띄게 늘어난 장애가 있다. 주의력결핍 및 과잉행동장애(Attention Deficit/Hyperactivity Disorder, ADHD)가 그것이다. 한시도 가만히 있지 못하고 주의를 기울이지 못하는 아이들이 마치 유행병처럼 늘어나고 있는 상황이다. 건강보험심사평가원의 자료에 의하면 19세 이하 아동·청소년 중 ADHD로 치료받은 이는 2005년 3만 3,245명에서 2009년 6만 3,532명으로 5년 사이 2배가량 증가했다. 게다가 이 수치는 병원에 찾아가 보험적용을 받은 인원만을 파악한 것으로, 실제 ADHD로 고통받는 아이는 더 많을 것으로 예상된다.

이처럼 학습에 집중하지 못하는 아이들을 방치할 경우 또 다른 장애를 불러올 수 있는데 바로 학습장애라는 증상이다. 그래서 주의가 산만한 아이들은 일찍부터 치료를 받고 집중하지 못하는 행동을 고쳐나가야 후유증을 최소화할 수 있다.

이런 ADHD의 치료법으로 일반적으로 알려진 것은 약물치료이다. 기본적으로 ADHD는 주의력결핍, 과잉행동, 충동성 등 학습과정에 집중할 수 없는 증상을 보이기 때문에 이를 개선하는 데 효능이 있는 치료제가 한때는 '공부 잘하는 약'으로 오인되어 사용되기도 했다.

물론 정말로 필요해서 처방한 것이라면 문제가 되지 않겠지만, 심사평가원의 조사에 따르면 오용되어 부작용을 일으키는 경우가 47%나 된다. 이 의약품은 원래 우울성신경증과 수면발작 등의 치료에 사용되는 향정신성의약품이지만 학원가나 부모들 사이에서 잠을 없애고 집중력을 높여준다고 잘못 알려져 있어 처방전 없이 유통될 수 있다는 우려를 낳고 있다. ADHD 치료제는 염산메칠페니데이트 성분을 함유하고 있어, 이를 만성적으로 남용하면 약물의존성 등 비정상적인 행동을 유발할 수 있다. 해외에서는 이 약물을 투여한 후 중대한 심혈관계 부작용으로 돌연사한 사례가 보고된 적도 있다.

그러므로 별 문제없는 자녀에게 이 약을 복용하게 하면 오히려 주의력이 떨어지거나 우울성신경증, 수면발작 등이 일어날 수 있다. 심하면 돌연사나 행동장애, 새로운 정신병, 공격적인 행동 등의 부작용을 초래할 수 있다는 점을 부모는 유념해야 한다.

이러한 행동발달과 관련해서 《뉴욕타임스》는 심리학 잡지인 《발달심리학》과 미국의 《국립과학원회보》(PNAS)에 발표된 각기 다른 보고서를 인용해 기사를 실었는데, 이는 자녀의 산만함 때문에 걱정이 많은 부모들이 눈여겨봐야 할 필요가 있다.

산만한 아이도 성장하며 일반적인 아이와 같은 학업능력을 보인다

《발달심리학》에 발표된 보고서는 12개국 연구원들로 구성된 공동연구팀의 작품이다. 연구진은 학생 1만 6천여 명의 사회적·지적 발달상황을 측정, 분석한 결과 유치원에서 선생님의 수업을 방해하고 친구들과 싸움을 벌이는 등 '문제아'로 분류됐던 아이들도 초등학교 5학년 즈음에는 다른 아이들과 다름없는 학업능력을 보인다는 사실을 밝혀냈다. 따라서 산만하거나 반사회적인 아이들이 나중에 학교공부에서도 뒤처질 것이라는 우려는 접어도 좋다는 것이 연구진의 설명이다.

그러나 캘리포니아주립대 데이비스 캠퍼스의 로스 톰슨 교수는 이러한 연구결과가 취학 전 아동들에 대한 정서 발달 지도가 무의미하다는 결론으로 이어져서는 안 된다고 지적했다. 그는 "행동장애를 교정하기 위한 어떠한 도움도 받지 못한 채 학교에 들어가자마자 '문제아'라는 낙인이 찍히게 하는 것은 행동장애를 겪고 있는 아동들에게 이중으로 타격을 가하는 셈"이라고 주장했다.

한편 캐나다 맥길대학과 미국 국립정신건강연구소의 공동연구팀은 13일 PNAS에 발표한 보고서에서 ADHD를 앓는 어린이들의 경우 충동 억제, 주의력 집중, 행동조직, 순간기억 등을 관장하는 특정 뇌부위의 발달 속도가 다른 어린이들보다 약간 느리기는 하지만 중학교 무렵부터는 정상 속도로 발달한다고 밝혔다.

연구진은 실험대상을 ADHD를 앓는 아동 223명과 정상아동 223명으로 나눈 뒤, 자기공명영상(MRI)을 통해 대뇌피질의 뇌조직 두께를 측정하여 6~16세에 걸친 뇌 발달 과정을 관찰했다. 그 결과 연구진은 정상아동의 경우 주의력·운동통제능력 등과 밀접한 연관을 맺고 있는 대뇌피질의 두께가 약 7.5세경 정점에 이른 반면, ADHD 아동의 경우에는 그 시점이 3년가량 늦은 10.5세경이라는 사실을 밝혀냈다. 연구진은 취학기 아동의 3~5%에게서 나타나는 ADHD 증상의 75%가량이 청소년기에 접어들면서 사라지는 것도 이 때문이라고 덧붙였다.

이 연구를 이끈 미국 국립정신건강연구소의 필립 쇼 박사는 "ADHD를 가진 어린이들의 기본적인 뇌 발달 과정은 지극히 정상적이었다"면서 "이는 ADHD가 뇌의 장애가 아닌 발달 속도의 문제일 뿐이라는 사실을 보여준다"고 말했다.

행동장애를 보이는 어린이들에 대한
과학자나 교사, 부모들의 접근방식이 변해야 한다

조지타운대 보건교육센터의 새런 랜더스먼 소장은 "이번 연구는 행동장애가 어쩌면 교사들이 갓 입학한 어린이들에게는 버거운 수준의 성숙도를 기대하는 데서 파생된 것은 아닌지 생각해보게 한다"면서 "이 점에서 이번 연구결과는 기념비적인 발견"이라고 평가했다.

우리 아이는 단순히 주의가 산만한 것인가, 아니면 질병인가?

이것은 전문의들도 정확하게 구분하기 쉽지 않다. 주의가 산만한 행동의 원인 또한 정확하게 규명하기 어렵다. 미국 국립보건원이 ADHD에 대해 내린 결론에 따르면 ADHD가 어떤 질병인지 정확히 정의내릴 수 없고 이를 정확하게 진단할 수 있는 진단법도 없으며 ADHD가 뇌 이상 때문에 발병한다는 정확한 증거는 없다. 즉, ADHD란 어떤 질병인지도 알 수 없고 정확한 진단법도 없는 상황이라고 보면 된다. 따라서 건강한 사회를 위한 약사회는 아이가 주의력이 떨어지고 충동적인 것은 환경적인 요인 등으로 다양하게 나타날 수 있어 부모의 양육방법이나 아이를 불안하게 하는 요소들, 가정환경의 개선을 통해 좋아질 수 있다며 주의력이 산만하다고 해서 처음부터 약물치료를 시작하는 것은 오히려 아이에게 해가 될 수 있다고 조언한다.

일반적으로 알려진 것이 약물치료라고는 하지만 ADHD는 그저 주의력을 키우고 과잉행동이나 충동성을 억제하는 것으로 치료되지는 않는다. 먼저 부모가 아이들의 멘토가 되어 대화를 시작하고, 아이들이 자신의 일에 집중하여 완수할 수 있도록 지도하고, 전문가의 상담을 받아보는 것부터 차근차근 시도해보는 것이 최선책이다.

1 주의가 산만한 아이와의 대화에 빨간불이 들어오게 하는 말하기 습관

아이가 학습과제에 힘들어하고 집중하지 못할 때 아이와의 대화에 빨간불이 들어오게 하지는 않았는지 반성해본다. 다음의 항목을 통해 평소 부모 자신의 말하기 습관을 점검해보자.

☐ 지금 이거 안 하면 너 혼나! –경고와 위협의 말

☐ 가만히 앉아서 집중하라고 했잖아! –명령과 강요의 말

☐ 네가 이렇게 안절부절못하는 건 TV를 너무 많이 봐서야! –분석과 진단의 말

☐ 넌 도대체 가만히 있을 줄 모르는 거니? –비판과 비난의 말

☐ 지금 넌 네가 가만히 있었다는 말이니? –설득과 논쟁의 말

☐ 너 정신 나갔니? 가만히 있지 못해? –욕설과 조롱의 말

☐ 이렇게 똑바로 앉는 거라고 몇 번 말했니! –훈계와 설교의 말

무의식중에 자녀와의 대화에 빨간불이 들어오게 했다면 '스톱!' 하고 대신 어떤 말들을 사용해서 아이와 대화를 나눌 것인지 계획해보자.

2 자녀가 주의를 집중하도록 변화시키는 7가지 전략

전략1. 집중하는 시간을 짧게 한다.

얼마나 오래 집중할 수 있는지 아이의 집중시간을 측정해본다. 5분 정도 가만히 앉아서 공부할 수 있다면 우선 그 이상을 기대하지 않는 것부터 시작한다. 5분을 아이가 정상적으로 공부할 수 있는 집중시간으로 보고 5분씩 끊어서 휴식시간을 주자. 지루하지 않게 공부하는 습관을 갖는 것이 중요하다. 쉬는 시간이 있다는 기대감을 주는 것은 공부에 흥미를 갖게 하는 한 방법이기도 하다. 아이의 집중력이 향상되는 모습을 지켜보면서 시간을 조금씩 늘려나가면 된다.

전략2. 집중할 수 있는 장소를 마련해준다.

온가족이 텔레비전을 보는 어수선한 곳에서 아이에게 공부를 하고 집중하라고는 말할 수 없다. 아이가 조용하게 혼자서 공부할 수 있는 장소를 따로 마련해주자.

책상과 적당한 조명을 갖추어준다. 허리가 편안한 의자, 필요한 학용품을 갖춰주어 아이가 필요한 물품을 찾기 위해 자꾸만 일어나지 않도록 환경을 만들어주는 것이 중요하다. 집중하는 습관이 되어 있지 않은 아이를 혼자서 공부하라고 두는 것은 현명한 방법이 아니다. 옆에서 자극을 주고 격려가 필요할 때 바로 그래줄 수 있어야 한다. 그 기간은 정해진 것이 없고 아이가 집중하는 것이 습관이 될 때까지이다.

전략3. 학습량을 적당히 분배한다.

학습을 한꺼번에 많이 시킨다고 성공하는 것이 아니다. 아이가 집중하는 시간에 알맞게 학습량을 조절한다. 무리하게 잡는 것보다는 성공할 수 있도록 지도하는 것이 중요하다. 아이가 실패하는 경험 대신 성공하는 기쁨을 맛보게 되면 스스로 학습동기가 유발된다. 아이가 스스로 성취하고자 하는 이유를 가지고 학습을 즐거워할 수 있도록 만들어주는 것을 목표로 정하고 학습량을 알맞게 조절해나가는 것이 좋다.

전략4. 규칙적으로 공부할 수 있도록 시간을 정해둔다.

하루 중 가장 능률적이고 공부하기에 좋은 학습시간을 정해두는 것이 좋다. 아이의 기질에 따라 집중하기 좋은 시간대가 다르기 때문에 꼼꼼히 관찰하고 계획을 세워야 한다. 아이들에게 좋은 습관을 만들어주기 위해서는 정해진 계획이 있어야 한다. 미리 정한 규칙적인 시간에 따라 숙제하는 시간과 학습하는 시간을 정하고 그 시간을 정확하게 따르게 하는 것이 중요하다.

전략5. 학습 기억 시간을 짧게 해주어 학습한 내용을 환기시킨다.

집중하는 시간이 짧은 아이는 학습한 내용을 오랫동안 기억하기가 어렵다. 방금 공부한 것을 요약해서 말하게 하거나 바로 앞에 읽은 책 한 장의 내용을 정리해서 쓰게 하는 것이 효과적인 방법이다. 아이들이 방금 듣거나 알게 된 지식을 바로 기억하여 말해보도록 하는 방법을 사용하자.

예를 들면 아이에게 책을 읽어주다가 "지금 무슨 이야기를 들었지?" 하고 물어본다. 한 문단을 읽고 그 내용을 정리하게 한다. 노트 정리를 잘하게 하는 것도 좋은 학습전략이다. 또한 누군가가 한 말을 요약해서 말하도록 시켜본다. 다른 사람이 한 말을 짧게 요약해서 말하는 것도 학습효과를 높일 수 있는 방법이다. 다른 아이와 비교하지 말고 꾸준히 칭찬과 격려를 해주자. 내 아이를 다른 아이와 바꿀 수도, 닮게 할 수도 없다. 오직 내 아이에게 집중하여 내 아이의 집중력 향상을 격려하고 칭찬한다.

전략6. 학습단계를 무리하게 높이지 않는다.

아이의 수준을 무리하게 높이려 들지 말자. 아이의 능력보다 한 단계 낮추어서 시작하는 것이 안정적인 방법이다. 너무 무리한 학습단계에서 시작하는 것은 아이에게 학습의 흥미를 잃게 만든다. 학습목표도 지금 아이의 수준보다 꼭 한 단계 높이 설정하는 것이 바람직하다. 수학 성적이 70점이라면 80점을 단기적인 목표로 삼는다. 한 번에 100점을 받으라고 목표를 세우면 아이는 금세 지겨워하고 포기할 확률이 높다.

전략7. 경청하는 좋은 성품을 연습시킨다.

잊지 말자. 좋은 성품은 좋은 습관을 갖는 것이라는 점을 말이다. 매일매일 반복하여 좋은 습관으로 대체하는 것이 중요하다.

3 주의산만한 태도를 변화시키기 위한 부모와 자녀의 공동서약서

나 000는 다음의 사항에 서약합니다.

– 매일 아침 8시 10분까지 학급의 내 자리에 가서 앉는다.

– 선생님의 허락이 있거나 학급 전체가 이동할 때를 제외하고는 내 자리를 떠나지 않는다.

- 다른 학생이 발표를 하고 있을 때 이를 방해하지 않는다.

- 점심시간 전까지 아침에 내준 쓰기 숙제를 끝마친다.

- 오후 쉬는 시간이나 체육시간 전까지 오후에 내준 쓰기 숙제를 끝마친다.

위의 사항을 지켰을 경우, 부모 OOO는 자녀에게 다음의 사항을 서약한다.

- 컴퓨터 놀이 시간을 하루 30분 연장한다.

- 친구와의 놀이시간을 더 많이 준다.

- 놀이교구와 교환할 수 있는 스티커를 준다.

위의 사항을 월 3회 이상 지키지 않을 경우, OOO와 부모 OOO는 다음 내용에 대해 동의한다.

- 쉬는 시간을 주지 않는다.

- 게임과 친구와의 통화 시간을 30분 줄인다.

4 주의산만한 자녀를 변화시키는 전략일지 쓰기

날짜 : 2010년 XX월 XX일

문제행동 : 수업시간에 자꾸 친구와 이야기를 나눈다

장기목표 : 수업시간 내내 집중해서 학습능력을 높인다

단기목표 : 수업시간 중에 친구와 이야기를 나눠 수업을 방해하는 것을 막는다

오늘의 방법 : 아이가 게임을 하는 데 텔레비전 소리를 높여서 방해받는 기분을 알도록 했다

5 주의산만한 아이를 변화시키는 부모의 전략 실천 평가

평가			평가항목	세부내용	비고
상	중	하			
			집중하는 시간을 짧게 한다		
			집중할 수 있는 장소를 마련한다		
			학습량을 적당히 분배한다		
			정해진 규칙적인 시간을 마련한다		
			학습 기억 시간을 짧게 해주어 학습한 내용을 환기시킨다		
			학습단계를 무리하게 높이지 않는다		
			경청하는 좋은 성품을 연습시킨다		

아이와 함께 읽어보세요

ADHD를 이긴 위인 발명가 에디슨

토머스 알바 에디슨은 미국 태생의 천재 발명가로 알려져 있다. 오하이오 주의 밀란에서 태어난 에디슨은 어린 시절부터 호기심이 남달랐다.

하루는 에디슨이 하루 종일 보이지 않자, 어머니가 직접 에디슨을 찾아다녔다.
"에디슨, 에디슨!"
"어머니, 저 여기 있어요."
에디슨의 대답 소리를 쫓아 들어간 곳은 다름 아닌 헛간 구석이었다.
"에디슨! 여기서 뭐하니?"
"달걀을 품고 있어요. 이제 곧 병아리가 태어날 거예요."
엉뚱한 에디슨의 행동에 어머니는 화를 내기는커녕 웃으며 말했다.
"에디슨, 달걀은 닭이 오랫동안 품고 있어야 병아리로 태어난단다."

에디슨은 이런 식으로 궁금한 점이 생길 때마다 직접 시도해보거나 끊임없이 질문을 던졌다. 수업이 시작되면 과목과는 상관없이 자신이 갖고 있는 궁금증을 해소하기 위해 선생님에게 끊임없는 질문을 했다.
"선생님, 바람은 어디서 부나요?" "남쪽에서 분단다."
"왜 남쪽에서 불죠?" "……"

에디슨의 산만한 행동은 종종 아이들의 비웃음을 샀다. 급기야 에디슨의 초등학교 담임선생님은 에디슨이 주의가 산만하고, 정서가 불안하며, 학습능력이 부족하다는 이유로 더 이상 학교에서 그를 감당할 수 없다는 뜻을 어머니에게 전했다.

에디슨의 어머니는 아들이 학교 부적응자로 낙인찍힌 것에 대해 마음에 큰 상처를 받았지만, 포기하지 않고 그날부터 1:1로 공부를 하면서 아들을 직접 가르쳤다. 어머니는 에디슨이 어떤 질문을 해도 무시하거나 윽박지르는 법 없이 아들의 말에 경청해주었다. 어떠한 경우에도 에디슨에 대한 믿음을 잃지 않았다.

후에 백열전구, 축음기, 축전지 등 천여 개의 발명특허를 낸 위대한 발명왕 에디슨은 자신의 말과 행동에 항상 집중하여 들어준 어머니에 대해 이렇게 회고했다.
"어머니께서 나를 만드셨다. 어머니께서는 내 말에 항상 집중하면서 나를 믿어주셨다. 덕분에 나는 내가 뭔가를 해낼 수 있다는 느낌을 가졌고 어머니를 실망시켜드리지 않아야 한다고 생각했다."

한 어머니의 자녀에 대한 경청이 산만하고 엉뚱한 아이를 모험적이고 창의성이 풍부한 발명가로 키운 것이다. 상대방의 말과 행동을 잘 집중하여 상대방이 얼마나 소중한지 인정해주는 태도야말로 문제행동을 좋은 성품으로 바꾸는 열쇠가 된다. 주의산만함을 장애로 보고 절망하지 말고 아이의 말을 경청하는 성품의 부모가 되자. 약점이라고 생각하는 것이 장점이 될 수 있다.

ADHD는 창의적인 천재가 될 가능성이 높다 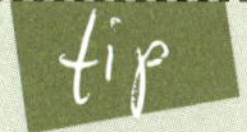

ADHD로 잘 알려진 주의력결핍 및 과잉행동장애를 앓는 사람들이 피카소나 영국의 시인인 바이런, 커트 코베인 같이 창의적인 천재가 될 가능성이 높은 것으로 나타났다.

더블린의 트리니티칼리지 연구팀은 ADHD를 앓는 사람들이 흥미로운 일에 초집중하는 능력이 있는 바 마크 트웨인이나 쥘 베른 등 성공을 한 위인들 역시 이 같은 장애를 앓았을 가능성이 높다고 밝혔다. 그러나 중증 ADHD가 아닌 경미한 ADHD를 앓는 경우에만 이 같은 가능성이 있다.

ADHD는 일반적으로는 삶에서 도움보다는 불리함을 더 많이 유발하는 질환으로 학교생활이나 가정생활에서 장애를 유발할 수 있는 집중력 부족을 특징으로 하는 질환이다. 연구팀은 그러나 이번 연구 결과 불리한 면만 있다고 생각되어오던 ADHD가 이같이 이로운 면도 있을 수 있는 것으로 나타났으며 특히 집중을 요하는 일의 경우 ADHD를 앓는 것이 오히려 창의력을 무한히 발휘하게 해 성공을 이룰 수 있게 하는 데 유리할 수 있다고 강조했다.
연구팀은 앞서 언급한 위인들 외에 오스카 와일드, 제임스 딘, 클라크 게이블, 심지어 쿠바의 정치혁명가인 체 게바라도 이 같은 ADHD 기질을 가졌을 것으로 추정했다.

연구팀은 "ADHD와 연관된 유전자가 또한 위험이 수반된 행동과 연관될 수 있어 이로 인해 중독, 범죄행위 등 문제를 유발하거나 자기파괴적인 행동을 유발할 수도 있는 반면 반대로 과학이나 예술, 탐험 등의 분야에서 세계를 놀라게 할 만한 업적을 낳게 할 수도 있다"고 강조했다. 연구팀은 "ADHD를 앓는 사람들은 주의집중을 하지 못하는 장애가 있지만 관심있는 특정 분야에는 집중을 하게 해서 대성공을 거둘 가능성이 크다"고 했다.

최근 미국 뉴 헴프셔에 있는 헌터스쿨에서는 주의 산만한 아이들의 행동상태를 장점으로 교육시키는 새로운 교육의 장을 열어 성공하고 있다. 일반 학교에서는 문제아, 장애아로 낙인을 찍힐 수 있는 아이들이 이곳에서는 자신의 특성 그대로를 존중받고 자신이 갖고 있는 고유한 행동 유형을 그대로 살려서 효과적인 교육의 성취를 경험하게 하는 것이다. 또한 이들은 스스로 '토머스 에디슨'의 유전자를 갖고 있는 아이들이라고 여기며 스스로를 존중하는 교육을 받는다. 선입감과 편견을 버리고 바라보면 누구나 다 좋은 성품으로 자라날 수 있다는 교육의 경지를 보여주는 좋은 사례라고 생각한다.

187

배려의 성품

Q 우리 아이는 올해로 열 살인데 욕심은 정말 100단이 넘어요. 뭐든지 자기 뜻대로 해야 하고 양보를 전혀 안 해요. 뭐든지 자기가 갖고 싶은 것은 가져야 하고 안 된다고 하면 떼를 쓰고 하루 종일 울어요. 형제가 있으면 좀 덜하다고 하는데 저희 아이는 나이 터울이 많이 나는 동생에게조차 하나도 양보하려고 하지 않고 다 빼앗으려 해요. 아이에게 전혀 필요없는 우윳병까지도 동생이 갖고 있으면 탐을 내고 뺏으려 합니다. 도대체 왜 그럴까요?

A 우리나라에서 욕심이 많은 게 그렇게 나쁘지 않은 것으로 여겨지는 건 슬픈 현실이다. 공부를 남보다 잘하여 좋은 점수를 받고 쭉 그렇게 남을 밟고 일어서서 고등학교, 대학교를 가고 좋은 직장을 얻어서 많은 연봉으로 풍족하게 사는 것이 세상을 성공적으로 살아가는 방법이라고 가르치고 있으니 말이다. 지금까지의 성적지향적인 교육방침에 의해 우리는 OECD 국가 중 청소년 자살률이 1위라는 불

명예를 안게 되었다. 우리나라 청소년이 자살하는 이유 중 첫 번째가 학업에 대한 부담감이고 두 번째가 교우관계라고 한다.

이런 문제들을 안고 살아가는 우리 자녀들에게 이기적인 행동을 야단치기 전에 어른들의 가치관을 바꾸는 것이 급선무이다. 그런 다음 '배려'라는 좋은 성품을 보여주고 가르쳐야 한다. 배려란 '나와 다른 사람, 그리고 환경에 대하여 사랑과 관심을 갖고 잘 보살펴주는 태도'이다. 무엇이든지 자신이 원하는 대로만 하려고 하는 이기적인 행동을 하는 자녀들에게는 다른 사람의 감정을 이해하는 공감능력을 키워주는 게 중요하다. 배려하는 성품을 길러주는 것은 바로 21세기 지도자의 필수조건인 공감인지능력을 키워주는 것이다.

1 이기적인 아이의 대화에 빨간불이 들어오게 하는 말하기 습관

아이가 이기적인 행동을 할 때 자녀와의 대화에 빨간불이 들어오게 하지는 않았는지 반성해보자. 다음의 항목을 통해 평소 부모 자신의 말하기 습관을 점검해보자.

☐ 당장 그만두지 않으면 혼날 줄 알아! —경고와 위협의 말

☐ 그렇게 행동하지 말라고 했지! —명령과 강요의 말

☐ 내가 너무 널 오냐오냐 키워서 이렇게 됐나보다. —분석과 진단의 말

☐ 네 눈에 다른 사람들이 보이기는 하니? —비판과 비난의 말

☐ 그럼 모든 사람이 자기밖에 모르면 세상이 어떻게 되겠니? —설득과 논쟁의 말

☐ 그렇게 너밖에 모르니까 친구가 없지. —욕설과 조롱의 말

☐ 세상은 너 혼자 살 수 있는 게 아니야! —훈계와 설교의 말

무의식중에 자녀와의 대화에 빨간불이 들어오게 했다면 '스톱!' 하고 대신 어떤 말들을 사용할 것인지 계획해보자.

2 배려하는 성품을 가진 자녀로 키우는 7가지 전략

전략1. 어릴 때부터 배려하는 성품을 가지고 자랄 수 있도록 교육한다.

누구나 부러워하는 삶을 살고 있더라도 올바른 사고와 가치관이 정립되어 있지 않으면 성공한 삶이라고 할 수 없다. 그러므로 올바른 방향으로 세상을 바라볼 수 있는 시각을 키워줘야 한다. 다른 사람들을 잘 관찰하여 보살펴주는 사람이 성숙한 사람이라는 가치관을 심어주자.

전략2. 다른 사람과 더불어 살 수 있는 방법을 가르친다.

사회문제가 되고 있는 '왕따'나 '집단폭력'을 주도하는 아이들은 다른 사람들과 조화를 이루고 다른 사람을 포용할 수 있는 능력이 부족하다. 자기 자신은 물론 다른 사람을 이해하고 배려하는 성품은 세상을 바꾸는 성품 좋은 지도자의 필수조건이다.

전략3. 호기심을 길러준다.

주변에 대한 호기심을 가지게 될 때 아이는 관찰력을 갖게 된다. 나와 상대방 그리고 환경에 대하여 사랑과 관심을 갖고 잘 관찰하여 보살펴주는 것이 바로 배려이다. 바로 세심한 관찰력을 가진 아이가 배려를 잘할 수 있다. 이러한 아이는 다른 이들로부터 기쁨을 이끌어내며 함께하는 즐거움을 알게 해주기 때문에 주변에 좋은 사람들이 끊이지 않는다.

전략4. 다른 사람의 감정을 나눌 수 있는 공감인지능력을 훈련한다.

이기적인 아이들은 상대방의 입장을 생각해볼 겨를이 없다. 모든 것이 자신에게 한정되어 있기 때문이다. 따라서 자신의 감정은 물론 타인의 감정을 헤아려줄 수 있는 이해심을 길러주어야 한다. "오늘 아빠 기분은 어떠신 것 같니? 저 사람은 왜 저렇게 화가 나 있는 것 같니?"처럼 다른 사람의 감정을 파악하는 아주 기본적인 것부터 훈련한다. 그리고 아이가 이기적인 태도를 보이는 상황을 예로 들어 상대방이라면 어떨지 상상해보는 기회를 갖게 한다. 평소에 다른 사람의 기분을 헤아릴 수 있는 질문들을 던져주는 것도 좋은 방법이다.

전략5. 아이가 이기적인 태도를 갖게 된 원인을 파악한다.

아이의 이기적인 태도가 나타나는 때와 장소, 대상 등을 관찰해보면 이 아이가 왜 그러한 태도를 갖게 되었는지 알 수 있다. 관찰로 부족하다면 충분한 대화로 아이의 내면에 자리잡고 있는 이유를 끌어낼 수 있다. 원하는 것을 얻기 위해서인지, 자신의 방식을 관철시키기 위해서인지, 관심을 얻기 위해서인지, 자신이 그럴 위치에 있다고 생각해서인지, 형제자매나 친구에게 질투를 느껴서인지, 그 원인을 알고 나면 아이를 더욱 잘 이해할 수 있고 올바른 방향으로 이끌 수 있다.

전략6. 이기적인 태도는 용납하지 않겠다고 말해준다.

무의식적인 부모의 태도에서 아이들은 이기적인 태도의 허용 정도를 가늠한다. 부모가 누리지 못했던 물질적 풍요로움을 아이에게 아무런 조건 없이 누리게 하거나, 아이가 떼를 쓰고 운다고 해서 무조건 항복하고 요구를 들어주거나, 아이가 변덕을 부리더라도 그저 아이이기 때문이려니 하고 넘어간다면 아이는 그것을 익숙하고 당연한 것으로 받아들이게 된다. 따라서 아이의 이기적인 태도에 대해서는 단호하게 중단시키고 타일러야 한다. 아이의 이기적인 태도가 계속된다면 그에 따르는 대가 혹은 벌칙이 있음을 확실히 인식시켜주고 반드시 실행해야 한다.

전략7. 나누는 것에 대한 기쁨을 알려준다.

동생에게 장난감을 양보하는 아주 사소한 행동이라도 반드시 칭찬해준다. "이야! 동생이 아주 기뻐하는 걸? 정말 멋지구나!"와 같이 배려를 받은 상대방의 기분도 함께 일깨워주는 것이 좋다. 또한 아이와 함께할 수 있는 봉사활동을 찾아 체험하는 것도 아주 좋은 교육방법이다.

Training

● 배려의 정의

나와 다른 사람 그리고 환경에 대하여 사랑과 관심을 갖고 잘 관찰하여 보살펴주는 것.

● 배려와 관련된 명언

- 먼저 타인을 배려하라. 배려하는 마음, 그것이 곧 진정한 사랑이다. ―데일 카네기

- 그를 위한 배려에 힘을 쏟아라. 배려야말로 사랑의 실체이다. ―조앤 리

- 남에게 대접받고자 한다면 먼저 남을 대접하라. ―우리나라 속담

- 다른 사람을 배려하고 돕는 삶 속에는 큰 만족이 있다. 다른 사람이, 그들의 환경이 달라지고 있는 것을 보게 되어 큰 보람을 느낀다. ― 클로렌스 호저스

- 다른 사람을 배려하면 그 사람 또한 당신을 배려한다. – 엘리자베스 브라우닝

- 말 속에 담긴 배려는 자신감을 만들어내고 생각 속에 담긴 배려는 심오함을 만들어내고 베푸
  는 행동에 담긴 배려는 사랑을 만들어낸다. –노자

- 배려는 가장 위대하고 가장 중요한 것이다. – 프리드리히 본 후겔

- 베풀 줄 모르는 사람은 타인이 베풀어주는 배려를 받을 자격이 없다. –영국 속담

- 예절과 타인에 대한 배려는 동전을 투자해 지폐를 돌려받는 것과 같다. –토머스 소웰

● **배려하는 태도 연습하기**

1. 모든 상황을 사랑과 관심을 갖고 잘 관찰해보는 연습을 한다.

2. 다른 사람의 입장에서 생각해본다.

3. 다른 사람에게 필요한 것이 무엇인지 생각하여 결정한다.

4. 구체적인 행동이나 말, 태도로 보살펴준다.

5. 배려의 법칙을 생각해보고 실천한다.

● **배려의 법칙이란?**

내가 ～에게 ～을 해주면 기뻐하겠지?

배려하는 태도를 매일매일 반복해서 연습하게 한다. 배려하는 태도에 관한 포스터를 온 식구가 잘 볼 수 있는 곳에 붙이고 배려의 정의와 태도를 반복해서 큰 소리로 읽고 연습한다. 문제행동을 고치려면 대체행동이 필요하다. 배려하는 좋은 태도를 가르치고 훈련해야 한다.

3 배려하는 자녀로 변화시키는 전략일지 쓰기

날짜 : 2010년 XX월 XX일

문제행동 : 아이에게는 필요없는 동생의 장난감을 빼앗아 물고 논다.

장기목표 : 동생에게 아이의 장난감을 양보하고 함께 놀아준다.

단기목표 : 동생에게도 감정이 있다는 것을 깨닫고 동생 것을 빼앗지 않는다.

오늘의 행동 : 친구가 배려심없이 자기 장난감을 절대로 못 만지게 하면 어떤 심정이 될지 아이

에게 물어보았다.

4 배려하는 자녀로 변화시키는 부모의 전략 실천 평가

평가			평가항목	세부내용	비고
상	중	하			
			아이가 어릴 때부터 건강한 생각을 가지고 자랄 수 있도록 교육한다		
			다른 사람과 더불어 살 수 있는 방법을 가르친다		
			다른 사람들의 입장을 생각하고 관찰하는 마음을 길러준다		
			다른 사람의 감정을 나눌 수 있는 공감인지능력을 연습시킨다		
			아이가 이기적인 태도를 갖게 된 원인을 파악한다		
			이기적인 태도는 용납하지 않는다		
			나누는 것의 기쁨을 알려준다		

배려하는 성품을 가진 위인
자신의 장애를 이기고 헬렌 켈러의 장애까지 이기게 한 진정한 승리자 앤 설리번

일생을 통틀어 가장 중요한 날이 있다면 바로 이날, 내가 앤 설리번 선생님을 만난 날이다.
무엇으로도 측량할 길 없으리만치 대조적인 우리 두 사람이 이렇게 연결되다니, 생각할수록
놀라움을 금할 길 없다. 1887년 3월 3일, 만 일곱 살을 꼭 석 달 남겨놓은 때였다.
–헬렌 켈러의 자서전 중에서

미국의 한 보호소에 앤이라는 소녀가 있었다. 앤의 어머니는 결핵으로 세상을 떠났고 아버지
는 알코올중독자로서 어린 남매에게 매일 혹독한 폭력을 휘두르고 무관심하게 방치해두었
다. 어린 남매는 보호소로 들어오게 되었으나 남동생도 어머니와 같이 결핵으로 누나 곁을
떠나게 되어 앤은 홀로 남았다. 그 충격으로 앤은 시력을 잃었고, 가족을 잃고 자신의 눈까지
잃은 이 소녀는 자신을 보살펴주려는 다른 사람의 손길도 거부한 채 폭력적이고 신경질적인
반응으로 마음의 문을 꽉 닫아버렸다.

그녀를 움직인 건 유명한 의사도 아닌 나이 많은 간호사였다. 이 간호사는 앤이 아무리 거부
해도 변함없는 정성으로 소녀 곁을 지켜주며 소녀를 믿어주었다. 앤도 마음의 문을 열고 여
러 번의 대수술 끝에 시력을 회복했다. 앤은 이 간호사에 대한 보답으로 열심히 공부해서 퍼
킨스 학교에서 점자 및 수화 사용법을 배우고 수석으로 졸업했다. 그리고 마침내 헬렌 켈러
를 만나게 된다.

헬렌은 태어났을 때는 아무 문제가 없었지만 19개월 되었을 때 뇌척수막염으로 추정되는 병
을 앓고 나서 시각과 청각을 모두 잃고 말았다. 헬렌은 부모의 도움 없이는 아무것도 할 수
없었기에 응석받이로 자랐고 도통 누구의 말도 듣지 않아서 수화를 가르치던 가정교사 앤의
고통은 이루 말할 수가 없었다. 심지어 헬렌이 앤을 때려서 앞니 하나를 부러뜨리기까지 했다.
자신도 눈이 안 보이는 고통을 겪었던 앤은 헬렌을 과잉보호하거나 장애인이라고 봐주지 않
고 헬렌이 지나친 행동을 할 때마다 그에 합당한 벌칙을 주며 아이를 있는 그대로 대했다. 그

렇게 한 달이 더 지난 뒤, 훗날 사람들이 '기적'이라고 입을 모은 사건이 벌어진다. 집 마당의 펌프가에서 헬렌이 드디어 '물'(water)이라는 단어를 이해하게 된 것이었다.

단어를 알게 되고 의사표현을 하게 되면서 모두를 놀라게 했지만 혼자서는 뭔가를 보거나 듣고 이해할 수 없었던 헬렌은 전적으로 앤의 도움에 의지해야 했다. 하버드대학교 래드클리프 칼리지 재학시절만 해도, 앤은 강의실에서 내내 헬렌의 곁에 붙어 앉아서 손바닥 위에 강의 내용을 일일이 철자로 적어서 알려주어야 했다.

대학공부를 하지 못한 앤이 헬렌의 수업을 돕는 건 쉬운 일이 아니었지만 앤도 열심히 공부하면서 두 사람이 서로를 믿으며 끝까지 포기하지 않은 덕분에, 헬렌은 눈도 보이지 않고 귀도 들리지 않은 상태에서 우수한 성적으로 대학을 졸업했다. 아니, 앤과 헬렌이 함께 졸업한 것이었다.

앤은 평생토록 헬렌 옆에 있어주었다. 앤은 가뜩이나 약한 시력으로 헬렌에게 책을 읽어주고 헬렌의 손바닥에 글씨를 써주느라 늘 힘에 버거워했다. 하지만 포기하지 않고 헬렌을 일으켜 세워 세상으로 나와 일하게 했다. 자신의 장애를 이겨낸 것도 대단한데 자신보다 더 심각한 장애를 가진 사람의 마음을 사랑과 관심을 갖고 잘 관찰하며 보살펴 준 앤은 남을 위하는 배려의 성품을 여실히 보여준다.

편협한 아이

Q 올해 여덟 살인 둘째딸 때문에 고민이 많습니다. 다른 아이들보다 유난히 자기주장이 강해요. 일단 자기가 옳다고 생각하면 다른 사람 이야기는 들으려고 하지도 않아요. 고집도 얼마나 센지 자기가 잘못을 했어도 잘못했다거나 미안하다는 이야기하는 걸 죽도록 싫어합니다. 잘못을 해놓고도 이유를 물으면 자기는 잘못한 게 하나도 없고 상대방에게 잘못이 있다고 핑계를 대면서 잘못을 회피합니다. 전 자기 잘못을 뉘우칠 줄 알고 잘못한 것에 대해서는 사과하는 아이로 키우고 싶어서 설득도 해보고 야단도 쳐봤지만 아무 효과도 없네요.

A 편협한 태도를 가진 아이들은 다루기가 상당히 힘들다. 항상 자신만의 방식을 고수하고 이 세상에서 오로지 자신의 생각만이 옳다는 믿음이 확고하여 다른 사람의 견해를 받아들이려 하지 않는다. 그런 아이들을 상대로 그것이 옳지 않다는 사실을 이해시킨다는 것은 그야말로 불가능한 일일 수밖에 없다. 이런 아이들은 다른 아이들에 비해 공감인지능력이 떨어진다. 공감인지능력이란 타인의 문제를 타인의 입장에서 생각하는 것으로 다른 사람의 기분을 생각하고 이해하게 하는 중요한 도덕적 정서이다. 애초에 자신의 생각과 다른 이야기는 들으려 하지 않고 마음의 눈을 닫아버리기 때문에 다른 사람을 배려하는 마음을 갖지 못하게 된다.

아이들이 편협한 사고에 빠지는 가장 큰 이유는 부모가 편견을 가지고 아이를 대하기 때문이다. 아이들이 편견을 천성으로 가지고 태어나는 경우는 없다. 하지만 부모가 공정하지 못하고 한쪽으로만 치우친 의견을 내세우는 모습을 보이면 자녀는 무의식적으로 부모가 가진 편견을 그대로 물려받는다. 또한 공동체 속에서 일어난 부정적인 경험으로 인해 오해와 편견을 가질 수도 있다. 그리고 다양한 문화와 거기에 속한 다양한 사람들을 경험하지 못한 아이 역시 편협한 아이로 자라날 가능성이 높다. 문제는 배려하지 못하는 이런 성품의 아이들이 성급한 일반화의 오류에 빠지기 쉽고, 이러한 오류 때문에 고정관념을 갖게 되며, 이런 고정관념을 바탕으로 편견과 증오를 학습할 수도 있다는 점이다. 차이를 인정하지 않으면서 어떻게 다른 삶과 조화롭게 살아갈 수 있겠는가.

이 시대는 글로벌화가 진행되어 전 세계가 하나의 네트워크로 연결되어 있다. 민족 개념이 희미해지고 다문화, 다민족을 포용할 줄 아는 능력이 그 어느 때보다 요구된다. 국제 결혼으로 다문화 가정을 이루는 일이 비일비재한데, 그 아이들의 피부색이 좀 다르다고 해서 우리와는 다른 민족으로 거부하는 것은 편협한 생각이다. 이런 세상에서 우리 아이들이 보다 조화롭게 살아가기 위해서는 일찍부터 나와 상대방 그리고 환경과 문화에 대하여 사랑과 관심을 갖고 잘 관찰하여 보살펴줄 수 있는 배려의 성품을 기르는 게 중요하다.

1 편협한 아이와의 대화에 빨간불이 들어오게 하는 말하기 습관

아이가 편협한 태도로 편견에 가득 찬 말을 할 때 부모 자신도 모르게 자녀와의 대화에 빨간불이 들어오게 하지 않았는지 반성해보자. 다음의 항목을 통해 평소 부모 자신의 말하기 습관을 점검해보자.

□ 누가 그렇게 생각하라고 했니? −경고와 위협의 말

□ 그런 생각은 하지 말라고 했잖아! −명령과 강요의 말

□ 네가 그런 생각을 하는 건 나쁜 친구들과 어울리기 때문이야. −분석과 진단의 말

□ 난 너한테 그렇게 가르친 적 없다. −비판과 비난의 말

□ 그래서 넌 지금 내 말이 틀렸다는 말이니? −설득과 논쟁의 말

□ 네가 그런 생각을 하고 있으니 아무도 네 곁에 안 오지. −욕설과 조롱의 말

□ 그렇게 텔레비전만 보니 그런 생각에 빠지게 되지! −훈계와 설교의 말

무의식중에 자녀와의 대화에 빨간불이 들어오게 했다면 '스톱!' 하고 대신 어떤 말들을 사용할 것인지 계획해보자.

2 편협한 자녀를 변화시키는 7가지 전략

전략1. 부모부터 편협한 태도를 버린다.

아이들의 시각이 형성되는 것은 부모의 말과 행동을 통해서이다. 부모가 올바른 사고와 가치관을 가지고 있지 않으면 아이 역시 그것을 보고 모방한다.

전략2. 편협한 태도가 무엇인지 정확하게 이해시켜주어야 한다.

아이에게 편협한 태도에 대해 알아듣기 쉬운 말로 설명해준다. "편협하다는 뜻은 한쪽으로 생각이 치우쳐 넓은 마음과 깊은 생각을 갖지 못하는 걸 말한단다. 그리고 그러한 나의 생각이 반드시 옳다고 믿는 마음이 굳어지면 그 생각과 다른 생각은 듣고 싶지 않아진단다. 물론 너의 생각이 어느 부분 옳을 수도 있지만 반드시 어떠한 경우에든 옳을 수는 없는 거거든. 다른 사람의 생각은 너와 다른 것이지 반

드시 틀린 것은 아니란다."

그리고 책, 텔레비전 프로그램, 영화 등에서 편견의 예를 찾아 그것을 지적하고 아이와 함께 왜 그것이 옳지 못한 생각인지에 대해 이야기를 나눈다.

전략3. 세상에는 똑같은 사람은 없다는 것을 인지시켜준다.

자신이 세상에 하나밖에 없는 존재인 것처럼 다른 사람들도 모두 그렇다고 알려 주어야 한다. 그렇기 때문에 나이, 성별, 외모, 종교에 상관없이 다양한 사람들을 존중해야 된다는 것도 알려준다. 방과 후 특별활동이나 여름캠프 같은 데 참여하여 다양한 사람들을 만나는 경험을 할 수 있도록 해준다.

전략4. 차별하는 말은 절대로 용납하지 않는다.

"남자애들은 다 단순해." "쟤는 엄마가 외국인이어서 같이 놀면 안돼." "공부를 못하면 성격도 문제가 있어." 아이가 이렇게 편협한 말을 하면 즉시 중지시키고 그 것은 옳은 생각이 아니고 그 말을 들은 듣는 사람에게 불쾌한 감정을 불러일으킬 것이라는 점을 인식시켜준다.

전략5. 아이의 편견을 지적한다.

아이가 편견으로 가득한 태도를 보이면 일단 끝까지 들어준다. 그런 다음 왜 그 렇게 생각하게 되었는지 물어본다. 그리고 그렇지 않은 경우가 있음을 논리적으로 증명해주고 차이점 대신 공통점을 찾을 수 있도록 제안해주자.

남자애들이 단순하면 셰익스피어 같은 대문호가 어떻게 태어났으며, 모차르트 같은 천재 음악가는 없어야 하는 것이라고 조목조목 아이를 설득할 수 있어야 한다. 미국에 사는 너의 이모와 네 외사촌들이 미국인들로부터 외국인이라고 따돌림을 당하면 어떻겠냐고 입장을 바꿔 생각해볼 기회도 준다.

전략6. 그럼에도 누군가에게 상처를 주는 말을 했다면 반드시 사과하게 한다.

말 한마디가 사람의 인생을 송두리째 바꾸어놓기도 한다. 나의 편견이 상대방에게 얼마나 상처가 되는지 입장을 바꾸어 생각해보는 것도 도움이 된다.

전략7. 아이의 편견을 해소할 수 있는 경험을 하도록 해준다.

아이가 어떤 편견을 가지고 있다면 그 편견을 직접 체험하게 해서 그것을 해소할 수 있도록 해주자. 아이가 '장애인은 아무것도 못 한다'는 편견을 가지고 있다면 장애를 극복한 위인의 이야기를 들려주자. 조금 생각해보면 그 예를 찾는 것은 아주 쉽다. 헬렌 켈러는 생후 얼마 되지 않아서 눈도 보이지 않고 귀도 들리지 않고 말도 하지 못하는 삼중의 고통을 겪게 되었으나 설리번 선생님의 도움으로 일반인도 입학하기 어렵다는 하버드대학교에 입학해서 사회복지사업가로 성장했다. 지체장애인인 《돈 키호테》의 작가 세르반테스와 소아마비를 앓으면서도 대통령까지 오른 미국의 26대 대통령 루스벨트, 루게릭병을 앓는 물리학자 스티븐 호킹 등이 그 예이다.

또한 장애인올림픽이나 장애인기술대회 등의 영상을 보여주는 것도 한 방법이다. 시각장애나 청작장애를 체험할 수 있는 기회를 만들어 그들의 어려움을 이해할 수 있는 시간을 갖는 것도 좋다.

Training

● 배려하는 태도 연습하기

- 배려에 관한 포스터를 붙이고 배려의 정의를 율동과 노래로 함께 익혀보기

- 배려하는 성품을 가진 위인과 동물, 식물을 찾아보고 관련된 서적을 읽어보거나 영상물을 관람하기

- 배려하는 성품을 보고, 듣고, 느낀 것을 일기에 써보기

- 가족 중에 한 사람을 '배려맨'으로 정해서 온 가족을 위해 배려하는 한 주 보내기

이 외에도 배려하는 태도를 연습할 수 있는 우리 가족 맞춤 방법들을 찾아보자.

● 배려가 가져다주는 선물

- 배려하는 성품을 가진 사람은 관찰력을 얻게 된다.

그 사람의 상황이 어떤지, 필요한 것은 무엇인지를 살펴보면서 다른 사람뿐만 아니라 주변과 환경에 대해 세심한 관찰력을 얻는다.

- 자신감을 가져다준다.

자신의 좋은 점을 알게 되고 스스로를 사랑하게 되면서 마음속에서 '나는 무엇이든 할 수 있다'는 자신감이 생겨난다.

- 좋은 친구들을 얻게 된다.

배려하는 사람은 마음속에 감추어진 찬란한 빛이 점점 더 빛나게 되어 다른 사람들이 그 사람을 황홀하게 바라보며 좋아하게 된다. 좋은 친구들이 주변에 많이 모이다보니 배려하는 사람은 자연스럽게 많은 사람들을 옳은 길로 인도하는 지도자가 되어간다.

3 편협한 자녀를 변화시키는 전략일지 쓰기

날짜 : 2010년 XX월 XX일

문제행동 : 장애인을 자신보다 못한 사람으로 무시한다.

장기목표 : 도움을 주며 더불어 사는 마음 넓은 아이로 성장한다.

단기목표 : 장애인을 놀리거나 무시하지 않게 한다.

오늘의 방법 : 장애를 가진 친구에게서 뛰어난 점을 발견하도록 이야기해 주었다

4 편협한 자녀를 변화시키는 부모의 전략 실천 평가

평가			평가항목	세부내용	비고
상	중	하			
			부모부터 편협한 태도를 버린다		
			편협한 태도가 무엇인지 정확하게 이해시켜준다		
			세상에는 똑같은 사람은 없다는 것을 알게 해준다		
			차별하는 말은 절대로 용납하지 않는다		
			아이의 편견을 지적한다		
			그럼에도 누군가에게 상처를 주는 말을 했다면 반드시 사과하게 한다		
			아이의 편견을 해소할 수 있는 경험을 하도록 해준다		

배려하는 성품을 가진 위인
편협한 생각을 버리고 세상을 꿈과 사랑으로 가득 채운 크리스티안 안데르센

전 세계의 어른과 아이들 가운데 안데르센이란 이름을 모르거나 혹은 그 이름은 몰라도 〈미운오리새끼〉〈인어공주〉〈벌거숭이 임금님〉 등의 동화를 모르는 사람은 거의 없을 것이다. 아름다운 동화 속 세상을 그려낸 작가라 하면 어려움을 모르고 풍요로운 환경 속에서 좋은 것만 보고 자랐을 것이란 생각을 하기 쉽지만 그의 아버지는 구두수선공에, 어머니는 세탁부였으며 집안 형편은 늘 어려웠다.

다만 다른 게 있었다면, 그의 아버지가 외아들 한스 크리스티안이 밖에서 뛰어놀기보다는 혼자 인형놀이를 즐기는 내성적이고 예민한 성격임을 알고 작은 인형극장을 손수 만들어 아들이 좋아하는 인형을 가지고 즐겁게 놀 수 있게 해주어서 창의력과 아름다운 세상을 꿈꿀 수 있는 기회를 선물한 것이었다. 그러나 그가 11세 때 아버지가 병으로 사망하면서 생활고는 더욱 심해졌다.

안데르센은 작은 도시에 안주하지 않고 더 큰 세상을 보기 위해 코펜하겐으로 떠난다. 오페라 가수로 활동하다가 그의 능력을 아깝게 여긴 오페라하우스 주인이 장학금을 줄 테니 학교에 다녀보라고 권유하여 동급생들보다 대여섯 살이나 더 많은 17세의 나이로 다시 학교에 입학한다.

남들은 안 된다, 어렵다 했겠지만 안데르센은 그런 좁은 생각에 갇히지 않고 당당히 학교에 다니며 작가로서의 자신의 자질을 발견한다. 그리고 세상과 자신이 어릴 적부터 꾸던 꿈을 이야기로 펼쳐 작가활동을 시작한다.

어려운 환경 속에서도 아이들에 대한 사랑과 순수한 마음을 잃지 않고 '아이들을 위한 동화'라는 제목으로 첫 동화집을 펴내고 〈엄지 공주〉〈꿋꿋한 양철 병정〉〈인어공주〉〈벌거벗은 임

금님〉 〈성냥팔이 소녀〉 〈눈의 여왕〉 〈전나무〉 〈나이팅게일〉 같은 대표작을 비롯해 200여 편의 동화를 꾸준히 발표한다. 1843년에 나온 새로운 동화집에는 그의 최고 걸작인 〈미운 오리 새끼〉가 수록되어 있었고, 이 작품이 대대적인 성공을 거두면서 안데르센의 명성은 그 어느 때보다도 확고해진다. 1846년에는 덴마크 국민으로서는 최고의 영예인 단네브로 훈장을 받았고 왕족과 귀족을 비롯한 상류층 인사들과 교제하는 명사가 되었다.

안데르센의 동화는 기발한 상상력, 화려한 묘사, 독특한 내용이 돋보이는 본격적인 문학작품이라고 할 수 있다. 물론 안데르센의 이전이나 이후에도 동화를 쓰는 사람은 있었지만 어느 누구도 이 장르에서 그처럼 독보적인 지위에 오르지는 못했다. 따라서 안데르센이야말로 본격적인 아동문학의 창시자라고 해도 과언이 아니다.

그는 자신이 이룬 놀라운 성공에 안주하지 않고 늘 새로운 도전으로 세상을 놀라게 했다. 자신이 쓴 동화에 직접 그림을 그리거나 오려붙이고 문양을 만들어 붙이는 등 새로운 시도를 많이 하여 그때까지의 다른 작가들과는 차별화된 새로운 창의성을 발휘했다. 안데르센의 창작세계는 편협한 생각을 버리고 세상을 아름답게 관찰한 배려의 성품이 빛을 발한 결과물이다.

기쁨의 성품

Q 귀한 아들 하나를 둔 엄마입니다. 그 아이는 지금 6학년인데 참 착하고 제 눈에는 곱기만 한 아들입니다. 그런데 자신감이 많이 부족하여 학교에서 친구들에게 많이 괴롭힘을 당하나봅니다. 가만히 살펴보니 우리 아이는 자기주장을 하기는커녕 친구에게 '이거 할래?' '이거 어떨 것 같아?' 하는 식으로 잘 물어보고 결국 그 친구들의 의견을 따릅니다. 이렇게 친구에게 의지하고 자신감 없는 아들을 어떻게 대해야 할까요?

A 자존감이 낮은 아이는 매사에 자신이 없다. 자녀들의 자신감은 바로 자존감에서 비롯되기 때문이다. 자신감 있는 아이로 세상을 살게 하려면 자존감을 높여주어야 한다. 자존감이 무엇인가. 내가 얼마나 귀한지를 알고 나를 존중하는 마음이다.

이 자존감은 주변에 있는 의미 있는 타인의 영향을 주로 받게 된다. 의미 있는 타인이란 바로 양육자인 부모, 형제, 선생님과 주변사람들이다. 그 사람들이 자신을 어떻게 대하느냐가 바로 자존감에 영향을 끼친다. 주변사람들이 자신을 귀하게 여겨주고 칭찬과 격려를 아끼지 않으면서 자신의 가치를 인정해주면 아이는 스스로 자존감이 높아지고 자신을 귀하게 여기게 되어 사람들 앞에서 당당하고 자신감 있는 아이가 된다.

자존감 높은 아이는 기쁨의 성품을 소유하게 된다.

기쁨이란 어려운 상황이나 형편 속에서도 불평하지 않고 즐거운 마음을 유지하는 태도이다. 내가 얼마나 귀한지 아는 아이는 환경이나 상황에 상관없이 그 안에 기쁨의 성품을 소유하게 된다.

4~5세 때 부정적인 평가를 받으면 자존감이 낮아진다.

하지만 자기 자신을 사회적 대상으로 보고 수치감을 느끼게 되는 4~5세 때 부모를 비롯한 의미 있는 타인으로부터 부정적인 평가를 받는 경험이 잦으면 상대적으로 아이의 자존감은 낮아진다. 이러한 부정적인 평가는 점차 낙인효과를 일으켜서 아이 스스로 자신의 부정적 속성에 초점을 맞추어 자신을 비하하는 경향을 가지게 된다. 이런 아이들은 불안을 경험하기 쉽고 친구들과 쉽게 어울리지 못하며 우울이나 고독감을 호소하는 경우도 있다.

권위적이거나 지시적인 부모 밑에서 자란 아이는 부모를 무서워하고 눈치를 살피게 된다.

따라서 부모의 기대수준에 맞추려 애쓰게 되다보니 아이는 항상 남의 기준에 맞추어 행동하고 자신을 평가하게 되어 결국 이러한 성향이 사회적 공포증으로 나타날 가능성이 있다.

또한 다른 사람에게 자신이 어떻게 보일지에 대해 지나친 관심과 주의를 갖도록 부모가 가르쳤을 때도 사회적 공포증이 나타날 가능성이 높다. 학교 다닐 때 수업 시간에 창피를 당했던 경험이라든지 갑자기 환경이 달라져서 적응을 잘하지 못했던 경험과 같은 환경적 요인으로 인해 사회적 공포증이 생기기도 한다.

대인관계에 대한 부정적인 인식과 자신에 대한 부정적인 평가는 소심하고 위축된 성격의 원인이 된다. 부끄러움을 타는 사람들은 다른 사람들과 친밀한 관계를 갈망하나 그것이 불가능하다고 단정짓는다. 에이브러햄 매슬로(Abraham Maslow)가 연구한 자아실현을 이룬 사람들의 특성은 이들을 더 절망하게 한다. 그가 연구한 바에 따르면, 자아실현을 이룬 사람들은 사람과 사물을 객관적으로 지각하고, 자신을 있는 그대로 받아들이며, 방어적이지 않고, 가식이 없이 솔직하고 자연스러우며, 자기중심적이지 않고 문제중심적이고, 자율적이며, 다른 사람의 관심과 인정으로부터 초연하고, 깊고 풍부한 대인관계를 맺는다. 칼 로저스(Carl Rogers)가 말하는 이상적 인간상인 '충분히 기능하는 사람'(The fully functioning person)의 특징은 경험에 대한 개방성, 실존적인 삶("과거나 미래가 아닌 '지금 여기'에서 매순간을 충실하게 사는 것"), 자신에 대한 신뢰("자신에 대한 신뢰와 자기가 옳다고 여기는 것을 행하는 것"), 경험적 자유, 창의성이다.

부끄러움을 타는 사람들은 대개 이와 반대되는 특성들을 지닌다. 자신을 있는 그대로 받아들이기 어려워하고, 다른 사람들의 시선과 평가를 의식하며, 왜곡된 사고를 하고, 대인관계를 잘 맺지 못하며, 방어적이고, 현재가 아닌 미래나 과거에 몰두한다. 필립 짐바도(Philip Zimbardo)의 부끄러움에 관한 연구는 문화적 차이에 따른 부끄러움의 차이를 보여준다. 연구결과에 따르면, 일본계와 대만계 미국인 학생들은 부끄러움의 정도가 높은 반면 유대계 학생들은 가장 낮았다. 이 차이는 일본의 부모와 이스라엘 부모의 양육방식의 차이에서 비롯된 것으로 해석된다. 일본 부모는 아이가 성취한 것에 대한 공을 부모나 선생님에게 돌리고 실패한 것은 전부 아이 탓으로 돌리는 반면, 이스라엘 부모는 아이의 성공 여부와 관계없이 아이가 노력한 것에 대해서 보상하며 아이에게 실패의 책임을 돌리지 않는다.

부끄러움을 타는 사람들은 부정적인 결과에 대해서는 자신에게 책임을 돌리고 긍정적인 결과에 대해서는 자신의 영향을 생각하지 않는다. 이러한 사고방식은 자기 확신이나 자기 가치를 심각하게 떨어뜨려 '나는 되는 일이 없는 사람'으로 스스로를 판단하게 한다. 조건적으로 사랑을 베푸는 부모의 양육태도가 이러한 특성을 강화시킨다. 아이가 부모의 기대에 미칠 때는 사랑하지만 기대에 미치지 못할 때는 그 사랑을 거둬들인다면 아이는 자신이 실패해서 부모에게 실망을 안겨줄까봐 소극적인 태도를 갖게 된다.

즉 타인의 부정적인 반응을 두려워하며 스스로를 불안 속에 가두는 것, 이것이 바로 사회적 공포증인 것이다. 이는 다양한 사회적 상황에서 심한 불안을 느끼는 것으로 '다른 사람들이 나를 나쁘게 볼 것에 대한 두려움'이 주된 원인이다. 남들이 자기를 유심히 지켜볼지도 모르는 상황에서 어떤 일을 하면 지나치게 긴장하고 심하게 불안을 느낀다.

문제는 이런 아이들이 자라서 다른 사람들과 대면하고 이야기를 나누는 데 어려움을 느끼는 대인공포증이나, 많은 사람들 앞에서 발표할 때 가슴이 심하게 뛰고 얼굴이 붉어지며 진땀을 흘리고 말까지 더듬는 무대공포증 등으로 발전하여 정상적인 사회생활을 하기 어려워질 가능성이 있다는 것이다.

자신감이 없는 아이는 부모가 더 자주 사랑한다고 말해주어야 한다. 자신의 존재가 귀중하다는 것을 아는 사람, 자신의 존재 자체를 즐거워하는 사람은 환경이나 조건에 의지하지 않는 기쁨의 성품을 소유하게 된다. 이 기쁨이 세상을 향한 자신감과 당당함으로 드러나는 법이다. 내 자녀를 있는 그대로 즐거워하면서 자녀 안에 숨겨진 강점을 찾아 재능으로 키워주는 센스 있는 부모가 되는 것이 자녀를 자신감 있는 사람으로 만드는 지름길이다.

1 아이의 자존감을 높여주는 강점 찾기

무의식적인 반응

아이가 어떤 재능을 지니고 있는지 알고 싶다면 어떤 상황이 닥쳤을 때 아이가 맨 처음에 나타내는 무의식적인 반응이 무엇인지 생각해보자. 만약 가족과 테마파크에 가기로 한 날 아침에 비가 오는데 아이가 곧 그칠 것이라고 믿거나 설사 비가 온다고 해도 가겠다고 한다면 아이는 불확실한 상황에도 멈추지 않고 헤쳐나가는 행동주의자의 강점을 가지고 있다. 반대로 비가 계속 올 것인지, 그칠 것인지, 다른 대안이 있는지 파악하기 전까지 행동에 돌입하지 않는다면 아이에게는 분석가의 강점을 가지고 있다. 이러한 상황마다의 반응은 아이의 재능을 알 수 있는 실마리가 된다.

하고 싶어 하는 열정

어떤 일에 대한 열정은 재능이 존재한다는 사실을 보여준다. 자신의 분야에서 뛰어난 능력을 보인 사람들은 대부분 어린 시절부터 재능이 나타난 것으로 알려져 있다. 세계적인 화가 피카소는 열세 살 때 이미 성인 대상의 미술강좌에 등록했고 건축가 프랭크 게리는 다섯 살 때 아버지의 철물점에서 나무 조각을 모아다가 복잡한 모형을 세우며 놀았다. 또한 모차르트는 열두 살 때 첫 교향곡을 작곡했다.

학습속도

학습속도 또한 재능을 발견하는 단서가 될 수 있다. 열정을 통해 재능이 발견되지 않았을 때 뒤늦게 무언가가 재능을 자극할 수도 있다. 그것이 바로 새로운 기술을 배우는 학습속도이다. 아이가 언어능력은 좀 부족하지만 수리능력은 비상하게 좋은 경우가 있다. 또는 어떤 과목의 성적은 아주 우수한데 반해 어떤 과목은 현저히 낮은 점수를 받기도 한다. 아이에게 학습속도가 유난히 빠른 분야가 있다면 자세히 살펴보자. 거기에서 재능이나 재능이 될 만한 가능성을 발견할 수 있기 때문이다.

만족감

만족감은 재능을 발견할 수 있는 마지막 단서이다. 자신의 강점을 발휘할 때 뇌는 기분이 좋아진다. 따라서 어떤 활동을 할 때 아이가 기분이 좋아진다면 재능을 사용하고 있을 가능성이 높다. 하지만 정말로 아이가 무엇인가를 즐기는 것인지 아닌지 묻는 것은 무의미한 일이다. 다만 아이가 '이 일이 과연 언제 끝날까?'를 생각하며 진행시키고 있다면 그것은 재능을 사용하고 있지 않다는 것이다. 그러나 '이

일을 언제 또 하게 될까'며 일이 끝나는 것을 아쉬워한다면 그것은 재능일 수 있다.

2 자신감 없는 자녀와의 대화에 빨간불이 들어오게 하는 말하기 습관

아이가 자신감 없어할 때 부모 자신도 모르게 자녀와의 대화에 빨간불이 들어오게 하지 않았는지 반성해보자. 다음의 항목을 통해 평소 부모 자신의 말하기 습관을 점검해보자.

□ 너 똑바로 얘기 못하니. ―경고와 위협의 말

□ 사람 눈을 이렇게 쳐다보고 말하라고 했잖아. ―명령과 강요의 말

□ 네가 자신감이 없는 건 네 실력이 부족하기 때문이야. ―분석과 진단의 말

□ 네가 그 친구보다 잘하는 게 있긴 있니? ―설득과 논쟁의 말

□ 너 바보야? 네가 친구들보다 뭐가 모자라? ―욕설과 조롱의 말

□ 이렇게 똑 부러지게 말하란 말이다. ― 훈계와 설교의 말

무의식중에 자녀와의 대화에 빨간불이 들어오게 한 적이 있다면 '스톱' 하고 대신 어떤 말들을 사용할지 계획해보자.

3 자신감 있는 자녀로 변화시키는 7가지 전략

전략1. 매일 사랑한다고 말하자.

기쁨의 성품을 가진 자녀로 자라게 하는 가장 좋은 방법은 부모가 매일 자녀에게 사랑한다고 더 많이 말해주는 것이다. 자녀는 자신을 사랑하고 자랑스러워하는 부

모님을 통하여 자존감 있는 아이로 자라나게 된다.

자존감이 있는 아이는 무엇을 해도 당당하다. 그 안에 자신을 향한 기쁨이 있기 때문이다. 이 기쁨은 자신감으로 세상을 향해 표현되는 법이다. 매일 부모가 아이를 가슴에 안고 으스러지게 꼭 껴안아주자. 아이가 숨이 막힐 정도로 꽉! 가슴에 안고 "우린 너를 사랑한다. 그리고 우리는 항상 네 편이란다"고 전하자. 3개월만 매일 이렇게 하면 아이가 달라진 모습을 볼 수 있을 것이다. 많은 전문가들의 임상결과로 증명된 방법이니, 믿고 확실하게 써보자.

전략2. 가정의 소속감을 깊이 느끼게 해준다.

소속감은 자녀들이 안정감을 가지고 자라게 해준다. 아이의 불안감은 자신의 존재가 아무 곳에도 소속되어 있지 않은 것 같은 소속감의 결여에서 시작된다. 아이가 집에서 맡을 수 있는 작은 책임을 부여해주자. 예를 들면 물고기밥 주기, 재활용 쓰레기 분리수거 하기, 신발정리 하기 등. 아이의 연령에 맞는 작은 임무들을 부여함으로써 '가족의 일원으로서 너의 도움이 꼭 필요하다'라고 말해주는 셈이다. 가정에서 할 수 있는 작은 일이 자신의 역할을 알고 소속감을 가진 안정감 있는 아이로 자라나게 해준다. 집안 분위기를 화목하게 하는 것이 중요하다. 집안이 불안하면 아이들의 마음이 괴로워지고 자신의 존재에 대해 의심을 품게 된다. 가정이 든든하게 세워져 있을 때 아이는 자신만만하게 세상을 바라본다. 일주일에 한 번은 가족의 날로 정하고 의미있는 가족 이벤트를 계획해보자.

전략3. 아이 안에 숨겨진 장점을 찾아 재능으로 키워준다.

아이가 할 수 있는 일들을 대신 해주려고 하지 말자. 여러 가지 시행착오를 거쳐 스스로 일을 해결했을 때 아이의 능력이 발전하게 된다. 그러므로 아이가 성취감을 느낄 수 있는 아주 작은 일부터 부여하고 그것을 해결하는 과정을 지켜보면서 격려해주자. 그리고 일이 해결된 후에는 "와, 대단한 걸!" "00야, 참 잘했구나!" "엄마는 네가 자랑스럽다!"와 같은 칭찬의 말들을 아낌없이 해준다. 이러한 작은 성공이 아이에게는 매우 의미있는 경험으로 기억되어 자신감 있는 아이로 자라나는 원동력이 된다.

전략4. 못하는 것보다 잘하는 것을 집중하여 칭찬한다.

아이의 긍정적인 부분을 찾아 칭찬하고 격려하며 잘못한 일에 대해서는 위로하고 용서해주어야 한다. 그래야 자기 자신을 사랑하고 소중히 여길 줄 아는 아이로 자라난다. 자신의 가치를 깨달을 때 다른 사람의 인정이나 평가가 아닌 자신의 판단을 중요시할 수 있다. 아이에게 완벽을 강요하지 말고 주어진 조건에서 최선을 다했다면 그 후에는 결과에 만족할 수 있도록 가르쳐야 한다.

전략5. 함께하는 시간이 즐겁고 기쁜 시간이 되도록 활용한다.

아이와 같은 공간에 있어주는 시간이 길다고 좋은 관계가 형성되는 것은 아니다. 함께하는 시간이 길지 않더라도 그 시간이 즐겁고 기쁜 시간이 되어야 한다. 가족이 함께할 때마다 힘들었던 기억이 나고 괴로움을 준다면 자녀에게 기쁨을 선물하기 어려워진다. 가족이라는 울타리가 후에 추억의 박물관이 될 수 있도록 자녀의 어린 시절을 잘 계획하여 즐거운 시간들로 채워나가자.

전략6. 상황을 미리 대비할 수 있도록 연습한다.

아이가 불안을 느끼는 상황을 시뮬레이션으로 연습해본다. 우선 많은 사람들 앞에서는 누구나 불안을 느낄 수 있으며 이는 정상적인 반응임을 아이에게 인지시켜 주어야 한다. 그리고 그러한 상황에서 일어날 수 있는 일들과 대처방법에 대해 일러준다. 상황극을 꾸며 간접경험할 수 있도록 하고 아이가 편안하게 그 상황을 받아들일 때까지 연습한다. 역할을 바꾸어 연습하는 것도 좋은 방법이다.

전략7. 다른 사람과 어떻게 관계를 맺는지 알게 한다.

다른 사람과 어떻게 좋은 관계를 맺어나가는지를 알지 못하는 사람은 다른 사람들을 만나는 것이 불편해진다. 마음과는 다른 돌발적인 행동으로 다른 사람들을 당황하게 하기도 한다. 대인공포증은 다른 사람과 어떻게 관계를 맺어야 하는지 그 방법을 모를 때 생겨난다. '감사하기' '용서구하기' '요청하기' '내 마음 표현하기'는 관계를 맺는 데 필요한 기술들이다. 자녀가 다른 사람들에게 적절하게 반응하고 친밀해지는 방법을 가르치는 것은 사회정서 발달에 많은 도움이 된다.

Training

● 기쁨의 정의

어려운 상황이나 형편 속에서도 불평하지 않고 즐거운 마음을 유지하는 태도.

● 기쁨과 관련된 명언

- 기쁨은 나누면 배가 되고 슬픔은 나누면 반이 된다. −우리나라 속담

- 가정의 단란함이 이 세상에서 가장 빛나는 기쁨이다. 그리고 자녀를 보는 즐거움은 사람의 가

장 거룩한 즐거움이다. –요한 하인리히 페스탈로치

• 그대의 마음을 웃음과 기쁨으로 감싸라. 천 가지 해로움을 막아주고 생명을 연장시켜줄 것이다. –윌리엄 셰익스피어

• 기쁨은 고난 속에서 생겨난다. –루트비히 반 베토벤

• 기쁨은 우리를 즐겁게, 명랑하게 만든다. –고트홀드 에프라임 레싱

• 기쁨은 절망의 절벽에서도 꽃처럼 피어날 수 있다. –앤 모로 린드버그

• 아름다운 장미는 가시 위에서 피듯이 슬픔 뒤에는 반드시 기쁨이 있다. –윌리엄 스미스

• 우울함의 뒤쪽 손이 닿는 곳에 늘 기쁨이 있다. –타샤 튜더

• 웃음소리는 울음소리보다 멀리 간다. –히브리 격언

• 이 세상의 기쁨은 완전한 것이 아니다. 기쁨에는 고통의 맛이 섞이고 벌꿀에는 땀이 섞여서 조리되는 것이다. –조지 롤렝하겐

• 인생에서 가장 큰 기쁨은 '너는 할 수 없다'고 세상에서 말하는 일을 해내는 것이다. –월터 배저트

• 슬픔은 혼자서 간직할 수 있다. 그러나 기쁨이 충분한 가치를 얻으려면 누군가와 나누어 가져야 한다. –마크 트웨인

● **기쁨의 태도 연습하기**

• 내가 얼마나 소중한 사람인지 매일 나에게 말해준다.

• 건강한 내 몸을 위하여 좋은 음식을 선택한다.

• 매일 한 가지씩 운동을 한다.

• 규칙적인 생활을 한다.

• 배우는 것을 즐거워한다.

• 내 마음을 잘 표현할 수 있도록 연습한다.

- 내가 잘하는 것을 꾸준히 계발한다.

- 나의 새로운 장점을 매일 한 가지씩 찾아본다.

- 내가 만나는 모든 사람들에게 소중하다고 말해준다.

- 다른 사람을 비난하거나 흉보지 않는다.

- 내가 속한 곳의 규칙과 질서를 지킨다.

- 내가 가지고 있지 않은 것에 불평하기보다는 현재 가지고 있는 것에 감사하여 기뻐한다.

- 내 마음을 잘 조절하고 짜증나거나 화가 날 때 감정을 조절하는 '5-2-5 법칙'대로 해본다.

● **5-2-5법칙이란?**

화를 조절하는 것이 기쁨의 성품을 유지하는 비결이다. 화를 폭발시키기 전에 감정을 조절할 수 있도록 5-2-5법칙을 사용해보자.

5 : 숨을 깊이 5번 들이마신다.

2 : 스톱하여 잠시 1, 2를 세어본다.

5 : 들이마신 숨을 5번에 나누어 깊이 내쉰다.

기쁨의 태도를 매일매일 반복해서 연습하게 한다. 기쁨의 태도에 관한 포스터를 온 식구가 잘 보이는 곳에 붙여두고 기쁨의 정의와 태도를 반복해서 큰 소리로 읽고 연습한다. 처음에는 어색하고 부끄러워서 잘 안 하려고 쭈뼛댈 수도 있지만 부모가 솔선수범하여 매일 반복하다보면 이 훈련이 버릇이 되고 습관이 된다. 나중에는 아이가 먼저 나서서 기쁨의 태도를 읽으며 그 내용을 마음에 새기게 된다.

● **기쁨이 주는 선물**

무조건 사랑받는 아이가 기쁨을 배운다. 자녀를 기쁨이 있는 아이로 키우려면 아이를 무조건적으로 사랑해주어야 한다. 스위스의 교육자 요한 하인리히 페스탈로치는 "가정의 단란함이 이 세상에서 가장 빛나는 기쁨이다. 그리고 자녀를 보는 즐거움은 사람의 가장 거룩한 즐거움이다"라고 말했다.

이처럼 사랑을 많이 받고 애착형성이 잘 이루어진 자녀는 그렇지 못한 자녀에 비해 더 빨리 주변환경을 관찰하고 익혀나간다. 부모가 자신의 욕구에 언제나 반응하고 필요할 때마다 도움을 줄 수 있다는 믿음을 가지고 있기 때문이다. 무조건적으로 사랑과 보호를 받고 있다고 느끼는 아이는 불확실한 상황에 더 잘 대처한다. 그리고 부모와 감정적으로 상호작용하는 법을 잘 배운 아이는 슬픔이나 분노와 같은 부정적인 감정도 더 잘 이해하고 다룰 수 있다. 또한 남은 인생 동안 다른 어떤 종류의 관계라도 두려움 없이 기쁘게 맺을 수 있게 된다.

4 기쁨의 성품을 가진 자녀로 키우는 실천 방법

자녀의 실패를 허용해주자.

우리는 실패로 슬픔, 불안, 분노의 감정을 다루는 방법을 배울 수 있다. 따라서 아이가 실수를 했을 때는 야단치는 대신 격려를 해주자. 잘못된 부분이 있으면 이야기해주고 다음번에는 더 잘할 수 있도록 충고해준다. 또한 부모가 자녀 앞에서 실수를 했을 때는 그것을 순순히 인정함으로써 아이들의 모범이 되어주자.

자녀가 선택할 수 있도록 도와주자.

자녀를 과도하게 통제하는 부모는 은연중에 사회는 부정적인 곳이라는 메시지를 자녀에게 전달하게 된다. 따라서 자녀가 직접 결정을 내리게 하다보면 차차 독립적인 관점을 지니는 데 도움이 된다. 과자를 고르는 아주 간단한 선택부터 시작해보자. 자녀는 부모가 자신을 진지하게 대한다는 걸 알게 되고 기쁜 마음이 된다.

그러나 자녀의 투정을 받아주지는 말자.

문제행동을 받아주다보면 아이의 마음속에서 그 행동이 쉽게 강화된다. 이런 경험을 통해 아이들은 자신이 원하는 것을 얻으려면 불쾌해져야 한다고 생각한다. 부모는 자녀에게 그 반대를 가르쳐야 한다. 다시 말해 아이들이 기쁨이 있어야 원하는 것을 이룰 수 있다고 생각하도록 만들어야 한다.

그리고 '사랑의 퀴즈'를 함께 맞춰보자.

'좋아하는 음식'에서 '가장 친한 친구 이름'까지 아이의 생활을 잘 보여주는 50가지 퀴즈를 만들어보자. 문제의 답을 함께 풀어가면서 서로 정답을 확인해보자. 정답을 맞히는 것이 중요한 것이 아니라 이를 통해 부모와 자녀가 기쁨으로 연결될 수 있다.

5 자신감 없는 자녀를 변화시키는 전략일지 쓰기

날짜 : 2010년 XX월 XX일

문제행동 : 자기 자신이 잘 아는 것도 남 앞에서 이야기하지 못한다.

장기목표 : 리더십 있는 아이로서 아이들 앞에서 자기 의견을 자신있게 말하고 설득한다.

단기목표 : 어제 본 책 내용을 3~4명의 친구들에게 정리해서 이야기한다.

오늘의 방법 : 한 가지 주제를 가지고 3분 이상 친구들 앞에서 자신의 의견을 말하게 했다(행동이 버릇이 되기까지는 대략 21일 정도가 걸린다. 21일 동안 하루하루 꾸준히 아이의 행동을 관찰

하여 변화일지를 써보자).

6 자신감 없는 자녀를 변화시키는 부모의 실천 전략 평가

평가			평가항목	세부내용	비고
상	중	하			
			매일 사랑한다고 말해준다		
			가정의 소속감을 깊이 느끼게 해준다		
			아이 안에 숨겨진 장점을 찾아 재능으로 키워준다		
			못하는 것보다 잘하는 것에 집중하여 칭찬해준다.		
			함께하는 시간이 즐겁고 기쁜 시간이 되도록 활용한다		
			상황에 미리 대비할 수 있도록 연습한다		
			다른 사람과 어떻게 관계를 맺는지 알게 한다		

하지만 평소 사회적 공포증으로 의심되는 증상들이 심하게 나타나면 정확한 진단을 위해 정신과 전문의에게 상담을 받는 것이 좋다. 사회적 공포증의 증상은 매우 흔하고 다른 정신과 질환과 유사한 부분이 많기 때문에 부모의 판단으로는 제대로 구분하거나 진단하기가 어렵기 때문이다. 만일 병적 불안이라면 불안이 생기게 만드는 기질적인 질환에 의한 것인지 다른 정신질환에 의한 것인지 구분이 필요하다. 기질적 원인이 배제되었다 하더라도 단순히 불안장애라고 진단내리기보다 특정 불안장애의 세부 진단을 내려야 하는데, 불안장애에 속한 여러 질환의 예후와 치료 방침에 차이가 많기 때문이다. 또한 불안을 동반한 적응장애에 대한 감별 역시 필요하다.

자신감을 가진 기쁨의 성품 위인
어려울 때나 잘될 때나 항상 자신감을 잃지 않은 메이저리거 박찬호

박찬호를 기억할 때 가장 먼저 떠오르는 것은 그가 메이저리그 첫 시합을 뛸 때 주심에게 모자를 벗고 인사한 모습이다. 그로 인해 그는 '마운드의 신사'라는 별명을 얻게 되었는데, 고개 숙이는 데 인색한 미국인에게는 그게 너무도 새롭게 보인 것이다. 이는 박찬호를 가장 잘 말해주는 일화이다.

그는 비굴한 게 아니라 예의를 알고 고마움을 아는 사람인 것이다. 그가 정말 비굴했다면 마운드의 중심에 당당히 서 있지도 못했을 것이고 인사를 할 수도 없었을 것이다. 그야말로 자신의 이미지를 제대로 살린 진짜 자신감이라 하겠다. 대한민국 최초의 메이저리거 박찬호는 현재 선발투수가 아닌 구원투수로 내려와 피츠버그 팀에서 활동하고 있다. 하지만 그가 여전히 박수를 받고 같은 팀 선수들과 감독으로부터 인정을 받는 이유 역시 자신감이 넘치면서도 겸손하기 때문이다.

LA다저스 팀에서 처음으로 메이저리그 유니폼을 입고 공을 던지기 시작한 지 17년. 그는 지금까지 124승을 거두었다. 여러 팀을 거치며 때로는 웃고 때로는 눈물을 짓게 하는 시련도 길었지만 항상 그는 자신을 믿고 감사하며 겸손한 성품을 잃지 않고 노력을 게을리하지 않았다.

124승이라는 수치는 야구 역사상 큰 의미를 갖는다. 일본인 노모 히데오의 메이저리그 아시아 선수 최다승인 123승을 갱신한 아시아 최다승 기록이다. 박찬호는 이러한 대기록을 세웠지만 모든 수고와 공을 팬들에게 돌렸고 노모에게 견주려면 아직 멀었다고 노모를 더 높이 세워줄 줄 알았던 선수다. "노모보다 뛰어난 결과를 얻은 것은 아니다. 노모가 이룩한 것은 훨씬 더 많다. 일본에서도 더 많은 승리를 일궜다. 메이저리그에서 그의 시작은 다소 늦었지만 훌륭한 야구철학을 가지고 있었다. 그가 일궈낸 것들이 놀라울 뿐이다."

노모는 오른손투수로, 26세의 나이에 메이저리그 선수생활을 시작했다. 그전까지 이미 일본

프로야구에서 78승을 쌓은 상태였다. 일본리그에서 거둔 승리까지 합산한다면 그는 총 200 승 이상을 기록했다. 이에 반해 박찬호는 20세에 메이저리그에 뛰어들었다. 그는 22세에 LA 다저스에서 첫승을 기록했으며 메이저리그가 첫 프로무대였다. 자신의 위치를 제대로 알고 라이벌을 인정해줄 줄 아는 그는 진짜 스타이다.

또한 박찬호는 신인시절 노모한테서 받은 많은 도움들을 아직도 잊지 않고 말한다. 박찬호는 1994년 다저스와 계약하고 메이저리그에 데뷔하면서 노모와 4년간 팀 동료로 뛰었다. 그 기간 동안 노모는 많은 시간을 들여 박찬호에게 조언을 아끼지 않았다. 박찬호는 "그에게 많은 것을 배웠다"면서 "지금 내가 이 자리에 있는 것은 그를 포함한 많은 분의 가르침이 있었기 때문이다. 노모는 나에게 '던지는 법'을 알려준 선수다. 정말 고맙게 생각한다"고 밝혔다. 일반 사람들은 조금이라도 앞서가면 자기에게 도움을 준 사람 얘기는 하지 않고 자신이 잘나서라고 생각하기 쉬운데, 박찬호는 초심을 잃지 않고 은혜를 끝까지 기억하는 선수다.

박찬호에게는 최근까지도 시련이 따라다녔다. 그러나 그는 《맹자》의 고자장구(告子章句) 15장을 되뇌며 묵묵히 훈련을 할 뿐이었다. "하늘이 사람에게 큰일을 맡길 때는 반드시 마음을 고달프게 하고, 살과 뼈를 힘들게 하고, 몸을 굶주리게 한다. 그 까닭은 성품을 단련시켜 보통 사람이 할 수 없는 일을 능히 해낼 수 있도록 만들기 위함이다."

2010년 어렵게 뉴욕양키스의 유니폼을 입었지만 21차례 마운드에 올라 그다지 좋지 않은 성적을 내며 시즌 중에 팀을 바꿔야 하는 고통을 겪었다. 그러나 박찬호는 전반기의 이 같은 시련을 후반기 도약의 주춧돌로 생각했다. 그는 "시련과 성공을 거듭하는 제 인생에 맹자의 글은 좋은 동반자"라며 "이번 전반기에도 잘나가는가 싶더니 시작하자마자 두들겨맞고, 첫승의 기쁨으로 다시 시작하려니 다치고, 재활 후에 돌아오니 마음이 달라지고, 두려움까지 생기기도 했다"고 솔직히 인정했다. 하지만 그는 절망하지 않고 자신의 능력과 미래를 믿고 훈련에 집중했다.

그는 이런 고통 속에서 인생을 배우고 이 시간을 또 다른 새로운 큰일을 맡기 위한 시간으로 겸허히 받아들이며 오늘도 공을 던진다. 17년 전 화려한 스포트라이트를 받은 한국 최초 메이저리거로서의 박찬호나 현재 박찬호나 그 모습에는 변함이 없다. 늘 지금 야구선수로서 공을 던질 수 있음에 감사하고 모든 사람을 스승으로 여기며 배울 점을 찾는 박찬호. 어려운 상황이나 형편 속에서도 불평하지 않고 즐거운 마음으로 배운 기쁨의 성품이 그를 17년 동안이나 세계 최고의 야구무대 중앙에 당당히 서서 시속 150km 이상의 강속구를 던질 수 있게 한 원동력이다.

따돌림을 당하는 아이

Q 제 딸아이는 초등학교 3학년입니다. 반 친구들과 잘 어울리지 못하고 따돌림을 당하는 것 같아요. 특히 한 아이가 우리 아이만을 괴롭힌다고 하네요. 우리 아이와 친한 아이들을 같이 못 놀게 하고 점심시간에도 자리를 빼앗아버린대요. 우리 아이가 무슨 말만 하면 비웃거나 무시한답니다. 3학년밖에 안 되었는데 어쩜 좋을지 모르겠어요. 처음에는 엄마인 저한테 말도 안 하고 혼자 끙끙거리더니 오늘은 급기야 울며 너무 힘들다네요. 어찌해야 할지 몰라 아이를 끌어안고 같이 울었습니다. 그 아이를 불러다가 파티라도 하며 친해질 기회를 줘야 하는지, 아님 우리 아이보고 그 아이를 무시하라고 해야 하는지 방법을 모르겠습니다. 도와주세요, 제발.

A 아동기는 우정을 발전시키고 또래집단의 인정이 중요해지기 시작하는 때이다. 또래집단으로부터 인정받지 못하는 아이들은 흔히 행복하지 못하고 자존감이 낮으며 학업성적도 낮은 경향을 보인다. 또 이들은 청소년기뿐만 아니라 성인이 되어서도 대인관계를 비롯하여 여러 가지 심리적인 어려움을 겪는 경우가 많다.

또래집단으로부터 인정받지 못하는 아이들 가운데는 공격적인 아이들의 표적이 되어 언어적·신체적 공격을 받는 아이들도 있다. 이런 아이들은 매우 불안해하고 신체적으로 약하며 자신을 방어하는 것을 두려워하는 경향이 있어서 자신을 괴롭히는 아이들의 요구에 맞서지 못하므로 괴롭히는 아이들의 행동을 점점 강화시킨다. 소극적이고 겁이 많은 기질적인 요인과 어린 시절의 불안한 애착관계, 또는 과잉보호나 지나치게 통제적인 자녀양육 방식이 합쳐지게 될 때 이러한 아이가 되기 쉽다.

공격적이고 남을 괴롭히는 아이들도 마찬가지로 기질적인 요인과 환경적인 요인이 결합된 결과이다. 특히 폭력성은 학습효과가 많아서 폭력을 많이 목격하거나 폭력을 당하면서 자란 아이들은 폭력에 대해 허용적인 태도를 보인다. 남을 괴롭히는데 대한 적절한 제재와 상담과 가정환경의 변화 등의 개입이 없으면 남을 따돌리고 괴롭히고 심하면 폭력까지도 휘두르는 아이들은 반사회성 장애아로 발전할 확률이 높다.

남에게 따돌림을 당하고 공격대상이 되는 아이들은 자기 자신에 대한 부정적인 생각들을 변화시키고 괴롭히는 아이들에게 적절히 맞설 수 있도록 도와주는 것이 필요하다. 무엇보다도 아이들을 양육하는 부모들이 아이들의 친구관계에 관심을 갖고 혹시 자녀가 남을 괴롭히는 아이는 아닌지, 혹은 괴롭힘을 당하고 있지는 않은지 살펴 문제를 인식하고 변화를 모색하는 것이 중요하다. 학교에서도 '왕따'나 괴롭히는 문제를 좀더 적극적으로 대처하여 어린 새싹들이 돌이킬 수 없는 상처를 입는 것을 방지할 수 있어야 한다.

1 집단 따돌림을 당하는 아이들의 일반적인 특징

- 지나치게 내성적인 아이

- 자기주장을 잘하지 못하거나 늘 소극적인 아이

- 친구들이 놀리거나 괴롭혀도 가만히 있는 아이

- 표정이 늘 어둡고 잘 어울리지 않는 아이

- 외모나 목소리, 행동 등이 특이한 아이

- 복장이 지저분하고 잘 씻지 않는 아이

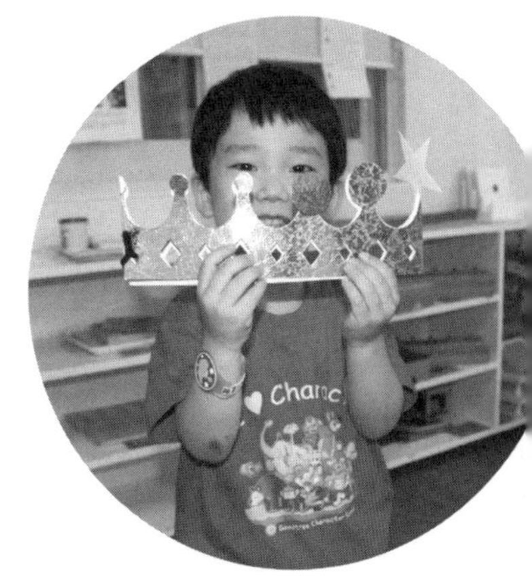

- 거짓말을 잘하는 아이

- 말과 행동이 자주 불일치하는 아이

- 옷차림, 유행어, 연예인 동경과 같은 또래집단의 문화를 등한시하는 아이

- 잘난 척하며 매사에 참견하는 아이

- 이기적이며 자기중심적인 아이

- 친구들이 놀릴 때 부끄러움을 지나치게 타는 아이

- 친구들이 놀리거나 말을 하면 과잉반응하는 아이

- 농담과 진담을 구분하지 못하고 친구의 가벼운 농담에도 화를 잘 내는 아이

- 교사가 특별히 편애하는 아이

- 교사의 관심과 애정을 끌기 위해 특이한 행동을 하는 아이

● **아이가 집단 따돌림을 당하고 있다는 증거**

- 원인을 알 수 없는 타박상이나 긁힌 자국이 있거나 옷이 찢겨져 있다.

- 이상하게 장난감이나 수업 준비물, 옷, 도시락 통, 돈 등을 자주 잃어버린다.

- 학교에 가지 않으려고 하거나 그만두게 해달라고 조른다.

- 갑자기 시무룩해지거나 말을 얼버무리거나 안 하던 행동을 한다.

- 두통이나 복통을 자주 호소하거나 불안해한다.

- 잠을 잘 못 자고 악몽을 꾸거나 이부자리에 소변을 보고 지나치게 피곤해한다.

- 형제자매 또는 자기보다 어린 아이들을 괴롭히기 시작한다.

- 집에 돌아오면 몹시 배고파한다(점심 사먹을 돈이나 도시락을 빼앗겼을 가능성이 있다).

- 혼자 있는 것을 무서워하거나 갑자기 꼭 붙어 매달려 있으려 한다.

2 따돌림받는 아이와의 대화에 빨간불이 들어오게 하는 말하기 습관

아이가 따돌림을 당해서 괴로워할 때 부모 자신도 모르게 대화에 빨간불이 들어오게 하지 않았는지 반성해보자. 다음의 항목을 통해 부모 자신의 말하기 습관을 점검해보자.

□ 너 따돌린 애가 누구니? 빨리 말 못해? –경고와 위협의 말

□ 사람 눈을 쳐다보고 똑바로 말하라고 했잖아! –명령과 강요의 말

□ 네가 따돌림을 당하는 건 네가 그렇게 행동하기 때문이야. –분석과 진단의 말

□ 친구인데 뭐가 무섭다고 피하니? –비판과 비난의 말

□ 네가 그 아이에게 뭐 크게 잘못한 것 아니니? –설득과 논쟁의 말

□ 나라도 너 같은 애랑 안 놀아. –욕설과 조롱의 말

□ 그런 일이 있으면 바로바로 얘기하라고 했잖니. –훈계와 설교의 말

무의식중에 자녀와의 대화에 빨간불이 들어오게 했다면 '스톱!' 하고 대신 어떤 말들을 사용할 것인지 계획해보자.

3 따돌림받는 아이에서 기쁨의 성품을 가진 아이로 키우는 7가지 전략

전략1. 아이의 이야기에 공감하며 귀를 기울인다.

아이와 공감하며 아이의 불평을 경청해야 한다. 그리고 "네가 많이 힘들었겠구나!"와 같은 말로 피드백을 해주어 아이의 말을 잘 듣고 있음을 알려주어야 한다. 부모들에게는 이 단계가 가장 어렵다. 부모들이 가장 많이 범하는 실수는 아이의

이야기를 자르고 끼어들어서 훈계를 하려 드는 것이다.

답답한 마음에 "네가 그렇게 바보처럼 행동하니까 애들이 너를 가만히 안 놔두지!" "친구인데 뭐가 무섭다고 그러니?"라는 말로 대화를 끊어버리면 아이들은 입을 다물고 만다. 아이를 안심시키고 아이와 부모가 같은 팀임을 느끼게 하여 다시는 이런 일이 일어나지 않도록 안전한 방법을 찾아야 한다.

전략2. 부정적인 언어를 멈추고 기쁨을 주는 언어로 바꾼다.

'짜증나' '너 때문에 못살아' '배불러 죽겠네'와 같은 부정적인 언어를 쓰는 대신 '참 기뻐' '널 보면 행복해' '우리 아이 덕분에 내가 산다' '매일매일 이렇게 우리 가족 행복했음 좋겠다'와 같은 긍정적인 언어로 말해주자. 기쁨의 태도는 내가 얼마나 소중한 사람인지 인정하는 데서부터 시작되기 때문이다.

전략3. 감정이나 의사표현을 확실히 하도록 가르친다.

자녀에게 "안 돼!"라고 말하는 법도 가르쳐야 한다. 친구가 괴롭힐 때 거절하는 법을 제대로 가르쳐야 하는 것이다. 다른 사람이 무시하면 "나한테 그러지마"라고 단호하게 말하는 것이 중요하다. 무시당하면 무시하는 그 아이를 슬슬 피하며 도망가지 말고 당당하게 혼자서 놀면 다른 친구가 너에게 관심을 갖게 된다고 알려주자. 또한 가능하면 아이들의 놀림과 괴롭임 등에 과잉반응을 보이지 않도록 일러주어야 한다. 아이가 놀림이나 괴롭힘에 발끈하거나 겁을 먹으면 그런 반응을 기대하고 괴롭혔던 아이들은 더욱 더 즐거워하며 괴롭힘 행동을 반복할 것이기 때문이다.

전략4. 자녀에게 자존감을 심어준다.

자녀의 자존감은 부모의 조건 없는 사랑에서 온다. 자존감이 높은 아이는 자신감 있는 아이로 자라나고 이러한 자신감은 세상을 기쁨에 넘치는 눈으로 바라보게 한다. "너는 너무 소중해서 다른 사람이 널 몰라주어도 걱정할 필요가 없다" "우리 가족이 널 소중하게 생각하고 있고 널 지키고 있으니까 다른 사람들도 언젠가는 너한테 달려오게 되어 있어"라고 안심시켜주자. 자녀는 아직 나를 존중하면서 기다리는 것을 배우는 단계이다.

전략5. 아이에게 친구들과 좋은 교제를 할 수 있도록 더 좋은 기회를 마련해준다. 아이가 친구를 잘 사귈 수 있도록 도울 방법을 찾아보자.

- 아이와 같은 또래의 자녀를 둔 부모들과 친구가 된다.
- 아이들이 함께 가지고 놀 수 있는 장난감이나 게임, 스포츠용품을 마련해준다.
- 아이에게 다른 사람들을 기쁘게 할 수 있는 격려 방법을 가르쳐준다. 사람은 누구나 자신을 인정해주고 북돋워주는 친구 곁에 있고 싶어 한다. "멋진 생각이구나!" "와, 훌륭하다" 등 부모가 아이에게 먼저 모범을 보이는 것부터 시작해보자.
- 아이에게 구체적인 사회적 기술을 가르쳐주자. 반갑게 인사하고, 질문하고, 정보를 주고받고, 자신이 하고 있는 일에 다른 사람을 참여시키고, 상대방의 허락을 받는 방법 등 다양하고 긍정적인 상호작용을 하는 방법을 알려주는 것이 핵심이다.
- 아이에게 다른 아이들과 함께할 수 있는 취미나 스포츠, 놀이방법과 룰을 익힐 수 있도록 연습시킨다.

전략6. 항상 모든 일에 감사하는 모습을 보여준다.

부모가 먼저 기쁨의 태도를 실천해보자. 아이들은 가정에서 부모의 모습을 보면서 기쁨의 태도를 잘 배울 수 있다. 불평하는 사람의 삶 속에서는 기쁨을 찾아볼 수 없다. 감사하는 사람은 매일의 삶을 기쁘게 살 수 있다. 어려운 상황이나 형편 속에서도 불평하지 않고 즐거운 마음을 가진 부모 밑에서 자라난다면 아이의 삶은 더욱 풍성해질 것이다.

전략7. 기쁨 있는 아이, 기쁨 주는 아이로 키우자.

자녀를 기쁨이 있는 아이로 키우려면 조건 없이 사랑해주어야 한다. 내가 얼마나 소중한지 알고 기쁨 속에 자라난 아이는 남들보다 더 건강하고 활동적이며 자신을 바라보는 시각이 훨씬 긍정적이고 다른 사람 또한 귀하게 대접하여 기쁨의 성품을 가진 훌륭한 리더로 성장하게 된다.

Training

● **기쁨의 태도 연습하기**

• 날마다 나 자신을 사랑한다고 말하기

• 내가 잘하고 있는 것이 무엇인지 찾아보기

• 기쁨의 성품을 가진 위인과 동물, 식물을 찾아보고 관련된 서적을 읽어보거나 영상을 관람하기

• 기쁨의 성품을 가진 사람을 보고, 듣고, 느낀 것을 일기로 표현해보기

• 일주일에 한 번은 온 가족이 모여 기쁨을 표현하는 시간 갖기

이 외에도 우리 가족에 맞게 기쁨의 태도를 연습할 수 있는 다양한 방법들을 찾아보자.

● 기쁨의 성품이 주는 선물

- 기쁨을 가진 사람은 자신감이 생긴다. 기쁨이 있는 사람은 자신을 소중히 여기며 자신에 대해 긍정적인 생각을 하기에 어려움이 닥쳐도 자신이 바라는 소원이 이루어질 수 있다는 긍정적인 생각으로 다시 도전할 수 있는 자신감을 얻게 된다. 그래서 더 많은 것에 도전하게 되며 더 많은 것을 이룰 수 있다. 자신감 있는 성품의 리더는 기쁨을 가진 사람이기도 하다.

- 기쁨을 가진 사람은 미래의 비전을 얻게 된다. 내가 소원하고 바라는 것을 이룰 수 있다는 확신 속에서 얻게 되는 기쁨은 올바른 비전을 발견하는 지름길이다.

4 따돌림을 당하는 자녀를 변화시키는 전략일지 쓰기

날짜 : 2010년 XX월 XX일

문제행동 : 친구들과 어울리지 못하고 항상 혼자 논다.

장기목표 : 좋은 친구들과 함께 어울려 행복한 아이로 자란다.

단기목표 : 친구를 우리집에 데리고 와서 함께 논다. 또는 친구의 생일 파티에 초대받게 한다.

오늘의 방법 : 주위에 또래 아이를 가진 부모와 가까워지도록 우리 집에서 티타임을 가졌다.

어울리지 못하는 아이 도와주기

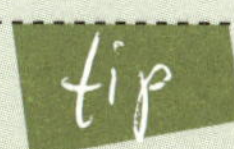

아동심리학자로 《어울리지 못하는 아이 도와주기》라는 책을 쓴 마셜 듀크와 스티브 노위크는 친구들과 어울리고 싶지만 그러지 못하는 아이들은 비언어적인 의사소통에 문제가 있는 경우가 많다고 말한다. 얼굴 표정이나 태도, 몸짓, 거리두기, 목소리의 높낮이, 옷차림 등 비언어적인 정보 전달에 어려움을 겪게 된다는 말이다. 따라서 비언어적인 의사소통 기술을 향상시키는 것이 아이들이 사회적으로 인정받고 친구를 사귈 때 거부당하는 고통을 덜어주는 확실한 방법이다.

행동이 버릇으로 되기까지 걸리는 시간은 대략 21일 정도이다. 21일 동안 하루 하루 꾸준히 아이의 행동을 관찰하여 변화 일지를 써보자. 목표행동이 정해졌으면 그 목표를 이루기 위하여 칭찬과 격려, 교정의 방법들을 전략적으로 잘 사용하여 그것을 성취할 수 있도록 해야 한다.

5 따돌림을 당하는 자녀를 변화시키는 부모의 실천 전략 평가

평가			평가항목	세부내용	비고
상	중	하			
			아이의 이야기에 공감하며 귀를 기울여 준다		
			부정적인 언어를 멈추고 기쁨을 주는 언어로 바꿔준다		
			감정이나 의사표현을 확실히 하도록 가르친다		
			자녀에게 자존감을 심어준다		
			아이에게 친구들과 좋은 교제를 할 수 있도록 더 좋은 기회를 마련한다.		
			항상 모든 일에 감사하는 모습을 보여준다		
			기쁨이 있는 아이, 기쁨을 주는 아이로 키운다		

아이와 함께 읽어보세요

기쁨의 성품을 지닌 위인
인종차별을 자존감으로 이겨낸 넬슨 만델라

만델라는 세계적으로 존경받는 흑인 인권 지도자이다. 그러나 본인의 조국인 남프리카공화국에서는 생각보다 존경받지 못하고 있는 게 현실이다.

그가 대통령이 되기 이전에는 아파르트헤이트라는 인종분리정책이 있었다. 이로 인해 남아프리카공화국의 정치는 국제적으로 많은 비난과 비웃음을 받았다. 그러나 백인들의 자본을 보호해주는 정책을 통해 남아프리카공화국의 경제는 지탱될 수 있었다.

남아프리카공화국의 경제력은 지금도 아프리카 최고이다. 2010년 월드컵을 유치해 성공적으로 치러낸 것도 그 경제력이 아프리카의 다른 나라들과는 비교할 수가 없을 정도이기 때문이라고 생각하면 된다. 그러나 만델라가 대통령이 되자 백인들이 반기를 들어 재벌들이 국내에 투자를 하지 않고 해외투자로 돌려 국가경제가 예전보다 못해졌다며 흑인 대통령을 뽑았는데 왜 백인 대통령보다 못하냐고 일반 흑인 국민들이 시위를 하기도 했다. 이러다보니 지금도 많은 남아프리카공화국 사람들이 만델라의 오랜 옥중생활 혹은 옥중투쟁에 대해서는 존경하지만 그의 경제정책에 대해서는 불안해했다.

하지만 만델라는 국제적으로는 여전히 많은 존경을 받고 있다. 오프라 윈프리, 휘트니 휴스턴 등 미국의 많은 유명 흑인 연예인들이 그를 공개적으로 지지하기도 했다. 그가 이렇게 지지를 받는 이유는 오랜 옥중생활 속에서도 기쁨의 성품에서 비롯된 자존감과 변치 않은 신념을 보여준 까닭이다. 그는 세계에서 가장 인종차별이 심한 곳에서 45년을 감옥에 갇혀서도 자신의 뜻을 굽히지 않고 인종차별 철폐를 주장하며 유색인종도 똑같이 빨간 피가 흐른다는 것을 널리 알렸다. 덕분에 남아프리카공화국에서 공식적인 인종차별 정책은 없어졌다. 이제는 인종차별적인 발언을 하면 무식하고 어리석은 사람 취급을 받는다. 그런 말을 감히 할 수 없는 사회적인 분위기가 만들어진 것이다.

순종의 성품

Q 우리 집 아이는 엄마가 뭘 시키기만 하면 대답은 늘 똑같이 "싫어요!" "안 해요!"로 고장난 라디오같이 매일 반복되는 대답뿐입니다. 그 말만 하고 도망하고 제가 안 보이는 곳에 꼭꼭 숨어 혼자 놀고 있습니다. 그뿐만 아니라 어린이집에서도 제멋대로 교실을 나가서나 마음대로 다른 일을 시작하거나 한다고 선생님이 전화 주시네요. 그럴 때마다 저도 아이를 앉혀놓고 알아듣게 타이르거나 때로는 호되게 매를 들어 야단을 쳐도 아이의 행동에는 변화가 없어 답답합니다. 오늘도 할머니에게 자기가 마시던 컵을 던지기에 제가 붙잡고 "그건 나쁜 짓이야. 얼른 가서 컵 주위와. 그리고 할머니한테 죄송하다고 빨리 말해"라고 해도 손을 허리 뒤로 감춘 채 고개를 내저으며 싫다고만 합니다.

A 하버드대학의 댄 킨들런 교수는 가정교육이 경쟁에서 이기는 것을 가르치는 것으로 변질되고 있다면서 성공을 강조하는 가정교육이 사회적 예절의 붕괴를 초

래하고 있다고 걱정했다. 예전에는 대부분 부모가 자녀에게 바르게 행동하는 것을 가르쳤지만 이제는 올바른 것보다는 남보다 잘하는 것, 남보다 뛰어난 것을 요구하는 경향이 늘고 있다는 것이 아동심리학자들의 분석이다. 또한 직장에서 격무에 시달리는 부모의 무관심과 자녀에 대한 지나친 기대, 그리고 하나둘밖에 없는 자녀에 대한 과잉보호 현상이 아이들의 버릇없는 행동을 부추기고 있으며, 아이들 개개인의 스트레스와 피로, 이기주의, 경쟁이 버릇없는 아이들을 양산하는 원인이 되고 있다.

문제는 이런 부모들의 비뚤어진 내 자식 감싸기가 가정만의 문제에 머무는 것이 아니라 학교와 단체에까지 영향을 미친다는 사실이다. 서울의 한 초등학교 교사는 학생이 수업시간에 너무 자주 잠을 자서 부모에게 연락했더니 "방과 후 학원 수업과 집에서 공부를 너무 열심히 하고 있기 때문이니 그냥 두세요"라고 말했다고 한다.

실제 요즘 학교 풍경을 돌아보면 전체 교사의 8% 정도가 학생과 부모의 반발로 엄격한 교육을 포기할 수밖에 없는 상황이며, '용납할 수 없는' 학생들의 행동으로 전직을 심각하게 고려해봤다는 교사가 전체의 1/3을 넘었다는 여론조사 결과가 발표되기도 했다.

이러한 결과는 버릇없는 아이들에 대한 가정과 학교의 통제불능 상태를 보여준다. 어느 집 아이나 귀하지 않은 아이가 어디 있을까? 하지만 부모가 아이를 진정으로 귀하게 생각한다면 아이에게 '나를 보호하고 있는 사람들의 지시에 좋은 태도로 기쁘게 따르는' 순종의 성품을 가르쳐야 한다. 가정에서 순종을 배운 사람이 학교에서 선생님의 지시에 순응하게 되고 직장과 사회에서도 원만한 관계를 형성하면서 자기 역할을 충실히 하게 된다. 더 나아가서는 자신의 인생에 순응하는 자세가 행복한 삶을 만들어준다.

1 자녀가 꼭 배워야 할 예의범절

● **예절의 필수 어휘**

감사합니다

죄송합니다

······해주세요

괜찮아요

실례합니다

제가······해도 될까요?

다시 한 번 말씀해주시겠어요?

● **만나고 인사할 때의 예절**

미소를 짓고 상대방의 눈 응시하기

"안녕하세요"라고 말하기

동행한 사람 소개하기

배꼽인사하기

자기 소개하기

● **대화 예절**

대화 시작하기

말하는 사람의 눈을 응시하기

상대의 이야기에 흥미를 나타내기

대화를 지속하는 법 알기

끼어들지 않고 경청하기

즐거운 목소리 톤을 유지하기

대화를 끝내는 법 알기

● **식사 예절**

제 시간에 식사하러 가기

바르게 앉기

모자 벗기

초대자가 자리에 앉은 후 식사를 시작하기

자신의 개인 접시만 사용해서 먹기

올바른 수저 사용법 알기

멀리 있는 음식을 원할 때는 건네 달라고 정중히 요청하기

음식을 잡으려고 무리하게 다른 사람 식사를 방해하지 않기

팔꿈치를 식탁에 올리지 않기

음식이 입에 있을 때는 말하지 않기

먼저 식탁을 떠날 때는 양해를 구하기

떠나기 전에 초대자에게 감사 인사 전하기

식사 테이블 차리는 법 알기

연장자분이 먼저 자리에 앉은 후 자리에 앉기

음식에 대해 긍정적인 평가만 하기

개인 접시에 음식을 적당히 덜어 먹기

국물 요리를 소리 내지 않고 먹기

입을 다문 채 소리 내지 않고 씹기

식사를 마치면 수저를 얌전히 놓기

초대한 사람에게 도와주겠다고 말하기

● **손님맞이 예절**

현관문에서 손님을 맞이하기

손님과 함께 있어주기

손님과 물건과 방을 나누어 쓴다

손님이 떠날 때 현관까지 배웅하며 인사하기

손님에게 먹을 것 권하기

손님에게 하고 싶은 것이 무엇인지 물어보기

손님의 말에 공감해 주기

● **항상 지켜야 할 예절**

재채기나 기침을 할 때는 입을 가리고 하기

욕하지 않기

트림하지 않기

험담하지 않기

여성이나 연장자를 위해 문 잡아주기

●방문 예절

초대해준 친구의 부모님께 인사하기

사용한 물건을 제자리에 갖다놓기

잠을 자고 또 온다면 다음날 방과 이부자리를 정리하기

초대해준 친구의 부모님께 도와드리겠다고 말하기

초대해준 친구와 그 부모님께 감사 인사 전하기

●어른에 대한 예절

어른이 방에 들어오면 자리에서 일어서기

외투 벗고 입는 것을 도와주기

어른이 떠날 때 문을 열고 붙잡아주기

자리가 없다면 자리를 양보하기

어른의 청력이나 시력 등을 고려하기

자동차 문을 잡아주고 필요하다면 올라탈 때 도와주기

언제든지 도와주고 배려하기

어른의 신체적 불편함을 배려하기

●스포츠 예절

규칙을 준수하기

운동 도구 및 장비 함께 사용하기

팀원들 격려하기

자만이나 허풍 떨지 않기

실수에 환호하지 않기

야유하지 않기

심판과 논쟁하지 않기

상대의 승리를 축하해주기

변명이나 불평하지 않기 경기가 끝나면 멈추기

협동하기

● **전화 예절**

먼저 인사한 후 자신의 이름 말하기 통화하고 싶은 사람을 정중하게 요청하기

분명하고 즐거운 목소리로 대답하기 전화 건 상대에게 누구인지 묻기

만약 상대를 안다면 이름을 말하고 인사하기

통화 상대가 받을 때까지 "끊지 말고 기다리세요"라고 말하기

찾는 사람이 부재중일 때 메시지를 받아 적고 전해주기

정중하게 대화 마치기

극장, 콘서트장 등 공공장소에서는 핸드폰을 꺼놓거나 진동으로 해놓기

공공장소에서 핸드폰을 사용해야 할 경우 조용히 양해를 구하며 다른 사람을 방해하지 않기

2 무례한 행동을 보이는 자녀와의 대화에 빨간불이 들어오게 하는 말하기 습관

아이가 예의없고 버릇없이 행동할 때 부모 자신도 모르게 대화에 빨간불이 들어오게 하지 않았는지 반성해보자. 다음의 항목을 통해 부모 자신의 평소 말하기 습관을 점검해보자.

□ 너 지금 도대체 뭐라고 한 거야, 다시 한 번 말해봐. −경고와 위협의 말

□ 예의바르게 행동하라고 분명히 말했다! −명령과 강요의 말

□ 네가 친하게 지내는 친구와 행동도 닮아가는구나. −분석과 진단의 말

□ 도대체 우리 집에서 이렇게 무례한 행동을 또 누가 하니? −비판과 비난의 말

☐ 지금 엄마한테 잘했다고 따지는 거야? —설득과 논쟁의 말

☐ 아주 하는 짓마다 가관이다! —욕설과 조롱의 말

☐ 네가 이렇게 행동하면 사람들이 엄마를 욕해. —훈계와 설교의 말

무의식중에 자녀와의 대화에 빨간불이 켜지게 했다면 '스톱!'하고 대신 어떤 말들을 사용할 것인지 계획해보자.

3 순종하는 자녀로 변화시키는 7가지 전략

전략1. 아이의 무례하고 버릇없는 태도는 즉시 중단시킨다.

아이가 무례하게 행동하면 곧바로 잘못을 지적하고 불손한 태도를 즉각 중단시키자. 무례한 태도를 고치는 가장 좋은 방법은 즉시 그런 행동을 하지 못하게 하는 것이다. 자신의 행동이 받아들여질 경우 아이는 그런 행동이 정당하다고 생각하게 된다. 따라서 어떤 경우라도 더 이상 그런 행동은 용납할 수 없음을 알게 해주어야 한다. 아이의 무례하고 버릇없는 행동을 볼 때마다 이렇게 말해주자. "그런 무례하고 버릇없는 행동이야. 그렇게 말하면 안 돼!" 아이가 무엇을 잘못한 것인지 분명히 깨닫게 해주고 바로 그 상대에게 용서를 구하도록 한다. 아이가 부모에게 버릇없게 굴 경우 대꾸도 해주지 말자. "공손하게 말해야 엄마가 네 이야기를 들을 수가 있어"라고 말한다.

전략2. YES 법칙을 가르치자.

순종이란 나를 보호하는 사람들의 지시에 좋은 태도로 기쁘게 완벽하게 따르는

것이다. 이때 자신의 생각과 다른 지시에는 어떻게 대응해야 하는지를 가르쳐주어야 부모자녀 사이의 갈등을 예방할 수 있다. 따라서 YES 법칙을 실천하도록 지도하는 것이 중요하다. 자신의 생각을 예의바르게 창의적인 제안으로 대체하는 방법을 구체적으로 가르쳐서 습관이 되게 한다.

● YES법칙이란?

순종하기 어려울 때 꼭 기억하게 하자.

Y(YES)—상대의 말에 즉각적으로 '네'라고 대답한다.

E(Earnest)—진지하게 생각해본다.

S(Suggestion)—예의바른 태도로 내 생각을 말한다.

전략3. 모든 예의범절은 확실하게 설명한다.

이미 아이가 잘 실천하고 있는 행동이라도 100% 잘 알고 있다고 생각하지 말자. 모든 예절은 아이에게 정확하게 설명하는 시간이 반드시 필요하다. 예를 들어 전화 예절의 경우 "전화는 공손하게 받아야 하고, 내가 걸었을 때는 먼저 내가 누구인지, 누구를 찾는 것인지, 왜 전화를 했는지 밝히는 게 중요해. 특히 늦은 시간에 통화를 하게 되었을 때에는 꼭 그 시간에 해야 하는 이유가 있어야 하고 상대에게 실례해서 죄송하다는 양해를 구해야 해"와 같이 아이가 이해하기 쉽게 설명해주는 것이 좋다.

전략4. 새로운 예절을 연습할 수 있는 기회를 많이 만들어준다.

아이들이 쉽게 예절을 익히도록 하려면 무엇보다 많이 경험하게 하는 것이 중요하다. 밥을 먹을 때 몸소 식사시간에 지켜야 할 에티켓을 보여주며 설명한다든가, 전화예절을 가르쳐주고 할아버지께 전화를 걸도록 시켜본다든가, 엘리베이터를 타고 내리는 연습을 한다든가 몸으로 직접 하는 체험을 통해 자연스럽게 아이 자신의 것으로 습득하도록 할 수 있다.

전략5. 공손함을 장점으로 알게 한다.

이야기 속의 주인공이나 주변의 예의바른 사람을 예로 들어 예의바르고 공손한 사람들의 이야기를 들려준다. 그리고 아이와 함께 그런 사람을 보면 어떤 기분이 드는지, 어떤 부분이 좋아 보이는지 이야기를 나누어본다. 예의바르고 공손한 태도가 다른 사람들에게 좋은 감정을 불러일으킨다는 것을 이해시키면 아이는 더욱 예의바르게 행동할 것이다. 이 방법으로 아이가 잘 이해하지 못한다면, 반대의 경우, 즉 무례하고 버릇없는 경우의 예를 들어 어떤 기분이 드는지 이야기를 나누어보는 것도 좋다.

"모르는 사람이 전화해서 대뜸 네 언니를 찾으며 자기 이름도 안 밝히고 아무 말도 없이 '선미 있니? 바꿔봐'라고 말하면 넌 기분이 어떨까?"라고 사실적으로 아이가 공감할 수 있도록 예를 들어주는 것이 중요하다.

전략6. 그래도 나쁜 행동이 계속될 때는 벌칙을 적용한다.

무례하고 버릇없는 태도는 어떤 상황에서든 용납할 수 없음을 아이에게 인지시키기 위해서 문제행동이 지속될 경우 벌칙을 주는 것이 좋다. 예를 들어 아이가 마트와 같은 공공장소에서 무례한 행동을 할 때는 아이의 행동이 바뀔 때까지 그 장소나 상황으로부터 아이를 데리고 나오도록 한다. 만약 아이의 버릇없는 행동의 수준이 상당히 심각하게 나쁘다면 아이에게 일정 기간 동안 그 장소에 가거나 상황에 참여하지 못하게 함으로써 벌칙의 수위를 높일 수도 있다.

Training

● **순종의 정의**

나를 보호하고 있는 사람들의 지시에 좋은 태도로 기쁘게 따르는 것.

● **순종하는 태도 연습하기**

- 내가 순종해야 할 사람들이 누구인지 안다.

- 지시를 즉시 빠르게 순종한다.

- 긍정적인 태도로 기쁘게 순종한다.

- 지시받은 대로 완벽하게 수행한다.

- 불평하거나 짜증내지 않는다.

- 순종하기 어려울 때 YES 법칙을 기억한다.

4 자녀에게 순종하는 성품을 길러주는 가정교육법

가정에서 부모에게 순종하는 법을 배우지 못한 아이들이 학교에서 선생님께 순종하지 못하고 학교생활에 힘들어한다. 사회의 법과 질서도 무시하고 자기 고집대로 하려 한다. 직장 상사의 지시를 그대로 수행하려는 마음도 없다. 내 마음에 안 들면 그대로 박차고 나와도 아무런 상관이 없다. 모두가 동등하다는 생각이 위계질서를 무너뜨리고 모든 관계를 파괴한다. 그래서 국가는 더욱 혼란스러워지고 세계관까지 뒤흔들린다.

이렇듯 순종은 모든 인간관계의 기초가 되므로 가정에서 부모의 권위가 회복되어야 하고 그래야 나라의 질서와 법도 세워진다. 그런데 왜 부모의 권위가 무너지고 있을까? 이 모두가 자녀의 잘못일까? 그 근본적인 이유는 부모의 역할이 무엇인지 부모도 모르고 있기 때문이다. 이것은 부모의 역할을 한 번도 제대로 교육한 적이 없는 사회의 문제이기도 하다. 부모의 역할은 자녀를 보호하고 가르치며 책임지는 것이다. 이 시대의 문제는 부모가 자녀를 자꾸 다른 사람에게 위탁하려고 드는 점이다. 양육은 할머니나 베이비시터에게 맡기고, 교육은 어린이집, 학원, 유치원에 맡기고 밖에서 바쁘게 살며 돈을 버는 게 부모의 책임을 다하는 것이라고 믿어버린다. 하지만 그런 부모의 가슴에도 분명 자녀에 대한 미안함이 있다. 그래서 그 미안한 마음을 자녀에게 물질로 보상하게 되고 자녀가 자기고집을 고수하는 작은 폭군으로 자라는데도 별 말 못하고 미안해하며 그저 '오냐오냐' 하고 받아들이는 경향이 있다.

5 권위를 무너뜨리는 부모의 잘못된 행동

• 맞벌이 가정이라는 이유로 올바른 부모자녀관계가 형성되어 있지 못하다.

• 워킹맘의 증가로 자녀와 부모가 함께하는 시간이 짧아지면서 안정적인 신뢰와 애착관계가 형성되지 않는다.

• 일정하지 않은 양육자로 인해 일관성 있는 훈육이 이뤄지지 않는다.

• 자녀에 대한 미안한 마음을 장난감, 돈, 음식 등의 물질보상으로 채우려 한다.

• 부부가 화목하지 못하고 폭언, 폭력, 이혼 등의 증가로 자녀들이 올바른 부모상을 갖지 못한다.

• 부모가 '내가 어른인데……' 혹은 '내가 부모인데……'라는 권위적인 생각으로 자녀들의 감정

과 상태를 이해하지 못하고 무조건적으로 명령 · 지시 · 강요하면서 잘못된 양육태도를 고집한다.

- 성적에 대한 지나친 집착, 일류 학교에 대한 지나친 염원, 경제적인 풍요에만 가치를 두는 성공에 대한 잘못된 인식이 부모자녀간의 관계형성을 망친다.

이러한 부모의 양육태도가 반복되면 아이는 부모의 권위에 도전하고 순종 대신 반항하는 아이로 성장하게 된다.

●불순종하는 아이의 행동양상

- 말대꾸를 하거나 갑작스럽게 화를 내고 짜증을 낸다.

- 부모의 심부름이나 말에 토를 달고 거부한다.

- 눈을 마주치지 않고 시큰둥하게 대답하거나 못 들은 척 무시한다.

- 다른 어른들에게도 무례하고 버릇이 없다.

- 쓰레기를 함부로 버리거나 무단횡단을 하는 등 공공질서를 무시한다.

- 다른 사람을 무시하고 자기 고집대로 행동한다.

- 자기가 해야 할 책임을 다하지 않는다.

- 폭언이나 폭행 등 무례한 행동을 거침없이 아무에게나 자기 기분대로 한다.

6 순종하는 성품을 가진 자녀로 키우기 위한 노하우

자녀와의 특별한 시간을 만들자.

자녀들은 함께하는 시간을 만들어줄 때 부모가 자신을 얼마나 소중히 여기고 사랑하는지 느낄 수 있게 된다. 아이들의 눈높이에서 놀이를 시작한다. 아이는 자신을 즐겁게 해주는 사람을 좋아하고 그 사람의 말을 따르려 한다. 함께 있는 시간이 많을수록 서로에 대한 이해와 감정적인 공감이 이루어진다.

부모 자신이 부모에게 순종하는 모습을 모델로 보여주자.

자녀들이 순종하는 권위 있는 부모가 되고 싶다면 지금 당장 부모 자신의 부모, 즉 아이의 할머니, 할아버지에게 최선을 다해 순종하는 모습을 보여주자. 열 마디 말보다 직접 눈으로 보고 듣는 경험이 최상의 효과를 가져온다.

부부 간의 화목이 우선이다.

부부의 화목은 어느 대목에서도 늘 강조된다. 그리고 아무리 강조해도 지나침이 없다. 서로 싸우고 헐뜯는 가정에서는 순종하는 자녀를 기대할 수 없다. 배우자의 허물을 자녀에게 고자질하지 말자. 부모의 권위가 모두 떨어진다. 무조건 "엄마한테 말해봐!"라고 할 게 아니라 "아빠와 엄마랑 의논해서 알려줄게" "엄마 생각은 이런데 아빠 생각은 어떤지 여쭈어보자"라는 식으로 서로가 존경하는 모습을 보여준다. 이렇게 해서 자녀는 순종의 진정한 의미를 자연스럽게 익히게 된다.

문제행동은 그 자리에서 바로잡아준다.

아이가 무례하고 버릇없는 말이나 행동을 하는 그 순간이 바로 교정할 때이다. 아이에게 무엇을 잘못했는지 설명하고 어떻게 고쳐야 하는지 강하고 분명한 몸짓과 말로 가르쳐준다. "그건 올바른 행동이 아니야, 그러니까 다시 바르게 해보렴."

욕구를 언어로 표현하게 하자.

사랑은 표현한 만큼이라고 한다. 부모가 먼저 자녀에게 사랑을 말로 표현해주자. 그리고 자녀들에게도 자신들의 생각을 말로 표현할 수 있는 기회를 자주 마련해준다. "엄마아빠가 세상에서 제일 소중하게 생각하는 것은 바로 우리 가족이란다. 그런데 네가 말을 하지 않으면 네 마음을 잘 몰라. 네 마음은 어떤지 필요한 것이 무엇인지 정확하게 말로 이야기해주면 엄마아빠는 네가 원하는 걸 더 잘 알 수 있을 거야" "이렇게 떼쓰며 말하는 것은 좋은 태도가 아니야. 네가 무엇을 말하려고 하는지도 잘 모르겠구나. 다시 말해줄래?"라고 요청한다.

순종을 제대로 가르친다.

아이들은 가르치지 않은 것은 배울 수 없다. 좋은 성품은 가르침으로 키워진다. 부모나 선생님의 말, 그리고 자녀를 책임지고 있는 현명한 사람들의 지시가 자녀를 위험으로부터 안전하게 보호해줄 것임을 제대로 가르쳐주어야 한다.

7 순종하는 자녀로 변화시키는 전략일지 쓰기

날짜 : 2010년 XX월 XX일

문제행동 : 부모의 요구에 싫다는 말만 반복하고 듣지 않는다.

장기목표 : 부모의 요구에 기쁘게 순종하며 즉시 실천한다.

단기목표 : 부모가 말하는 것에 '네'라고 대답한다.

오늘의 방법 : 아이의 버릇없는 말대꾸에 곧바로 이성적으로 "그건 나쁜 말이란다. 다른 말로 바꿔 말해볼래?"라고 주의를 주었다.

(이것은 전략일지의 한 예이므로 우리 집에 맞는 일지를 생각해보고 방법도 다른 것으로 응용해

서 사용한다.)

8 순종하는 자녀로 변화시키는 부모의 전략 실천 평가

평가			평가항목	세부내용	비고
상	중	하			
			아이의 무례하고 버릇없는 태도는 즉시 중단시킨다		
			YES법칙을 가르친다		
			이미 알고 있는 예의범절이라도 확실하게 설명한다		
			해야 할 일을 계획하는 법을 가르쳐준다		
			새로운 예절을 연습할 수 있는 기회를 많이 만들어준다		
			공손함의 장점을 알게 한다.		
			공손한 행동을 칭찬한다		
			그래도 나쁜 행동이 계속될 때는 벌칙을 적용한다		

248

아이와 함께 읽어보세요

순종하는 성품을 가진 위인
순종의 숫으로 세계를 쏜 박지성

박지성은 어린 시절부터 축구선수가 꿈이었다. 하지만 왜소한 체격 때문에 아무도 그가 유명한 선수가 될 거라고는 생각지 못했다. 그러나 작고 연약한 체구가 그의 꿈을 막아설 수는 없었다. 초등학교 시절, 다니던 학교의 축구부가 없어졌지만 박지성은 혼자 운동장에서 공을 굴리며 열심히 훈련했다. 이를 안타깝게 지켜본 코치가 그를 축구부가 있는 학교로 전학시켰고 이러한 열정으로 초등학교 6학년이던 박지성은 '차범근 꿈나무'라는 상까지 안게 되었다.

박지성은 자라면서 항상 최선을 다했다. 특히 축구단에서 자신을 책임지고 있는 감독의 지시나 조언은 아무리 가벼운 것이라도 함부로 흘려서 듣지 않고 좋은 태도로 기쁘게 따랐다. 하루는 축구부 감독님이 술에 취한 상태로 어린 선수들에게 자신이 돌아올 때까지 팔굽혀펴기를 하고 있으라고 지시하고는 잊어버리고 가버린 적이 있었는데, 다른 친구들은 얼마간 하다가 상황을 파악하고 집으로 돌아갔으나 박지성은 자정이 넘도록 팔굽혀펴기를 했다고 한다. 비록 술에 취해 한 말일지언정 감독님의 지시를 따라야 한다는 생각 때문이었다. 이토록 성실하고 순종적인 성품 덕분에 박지성은 점점 실력을 갖춘 훌륭한 선수로 성장하게 된다.

하지만 고등학교에 진학한 박지성은 너무 운동을 열심히 한 탓인지 키가 160미터밖에 되지 않았다. 이에 축구부 감독이 1년간 축구부 출입금지라는 엄중한 지시를 내린다. 오로지 축구선수의 꿈을 지켜온 박지성에게는 잔인한 지시였으나 박지성은 감독의 지시를 믿고 따랐다. 박지성의 부모는 성장에 좋은 보양식으로 아들을 보살폈고 모든 사람의 마음이 하늘을 감동시켰는지, 박지성은 1년 사이에 무려 10센티미터 이상 성장하게 되었다. 이제 그를 막을 것은 아무것도 없었다.

'부지런둥이' '바른생활 사나이'와 같은 별명이 말해주듯이 박지성은 학창시절 성실하게 묵묵히 노력하는 선수였다. 그럼에도 국내 대학팀 중에 그를 원하는 곳이 한 곳도 없어 선수생활을 중단해야 하는 위기를 또 맞이했다. 그러나 박지성을 지혜롭게 이끌어주던 감독의 강력한

추천으로 다행히 대학에 입학한 뒤 더욱 열심히 훈련하여 올림픽대표로 발탁된다. 그러나 다시 그에게 위기가 찾아온다. 발이 아파 병원을 찾은 결과 '평발'이라는 진단을 받는다. 이것은 운동선수로서는 청천벽력 같은 소식이었다.

작은 키도, 그의 진가를 몰라본 대학 팀의 무관심도, 축구를 향한 박지성의 열정을 꺾어놓을 수 없었던 것처럼, 이 위기 또한 이겨낸 박지성은 2002년 월드컵 4강 신화의 중심에 섰고 한국 선수 최초로 영국 프리미어리거가 되는 영광도 함께 얻었다.

박지성은 이처럼 주목받는 훌륭한 선수가 되었지만 지금도 여전히 감독의 말에 순종하는 멋진 성품의 축구선수로서 계속 성장하고 있다. 그가 신체적 열세를 극복하고 세계 최고의 스타플레이어들과 함께 그라운드를 누비는 주전선수로 자리잡기까지의 이 모든 과정은 순종하는 성품을 바탕으로 기회를 기다리며 끊임없이 훈련하면서 준비한 덕분이라고 하겠다.

떼쓰고 반항하는 아이

Q 우리집 막내아이의 고집과 떼쓰기 때문에 매일 집이 전쟁터입니다. 막내라서 그런지 온 식구가 자기 고집대로 말을 들어줘야 떼쓰는 것을 그치지, 안 그러면 하루 종일 징징대는 걸 멈추지 않습니다. 그러다보니 아이 아빠도 감정적으로 매를 자주 들게 되고 아이가 맞으면서도 잘못했다고 하지 않아 더 많은 매를 때리게 되어서 결국에는 엄마인 제가 나서서 말리든가, 아니면 매를 맞다가 정신을 잃을 때까지도 잘못했다는 말을 안 합니다. 우리 집 전쟁을 막을 방법은 진짜 없을까요?

A 아이가 부모나 교사의 말에 순종하지 못하는 원인은 크게 두 가지로 나누어볼 수 있다. 가족환경적인 문제와 내적인 문제가 그것이다.

먼저 가족환경적인 문제란 아이가 속한 가정 내에서 발생하는 문제들이 아이의 불순종을 부추기는 요인이 되는 경우를 말한다. 이런 아이들은 주로 너무 엄격한 훈육을 받거나 훈육의 일관성이 결여된 경우, 또는 부적절한 행동이 적절히 통제되지 않는 경우, 부모가 자신들의 화를 표현하는 방법에서 좋은 본보기를 보여주지 못하는 경우, 또 부모가 윗사람들에게 반항적인 태도를 취하는 경우, 부부간의 불화로 인해 부모 역할을 제대로 수행하지 못하는 경우 등의 가정에서 흔히 찾아볼 수 있다.

또 다른 원인은 아이 개인의 내적인 문제로서 가족 상호간의 문제로 상처를 입었거나 어떤 인상적인 사건으로 인해 내적 충동에 대한 통제력이 결여된 경우이다. 이런 경우 아이들은 자기조절능력이 부족하기 때문에 작은 좌절에도 쉽게 감정적인 반응을 일으키게 된다. 특히 사회적응력이나 친화력이 부족하고 자기중심적인 태도로 다른 사람의 감정을 고려하지 못하는 특성을 보인다.

문제는 이러한 아이들의 불순종이 부모나 교사와의 관계에서 갈등을 빚어내고 그런 상태가 반복되면서 반항성장애(Oppositional Defiant Disorder, ODD)를 의심할 수 있는 행동을 보이게 된다는 것이다. 물론 어느 정도의 불순종이나 반항행동은 특히 7~10세 아이들에게는 정상적인 것이므로 비정기적으로 가끔 일어난다면 병리적이라거나 비정상적이라고 생각할 수 없다. 하지만 반항적, 공격적, 파괴적, 반사회적인 행동들은 경험을 통해 장애로 발현되기 때문에 좋은 성품으로 나쁜 태도를 변화시켜야 한다.

1 우리 아이가 장애일까, 아닐까?

적대적 반항성장애의 진단 규정은 이렇다. 적어도 아이가 6개월 동안 다음 항목들 중에서 네 가지(혹은 그 이상)의 부정적, 적대적, 반항적 행동양상들을 지속적으로 보일 경우, 혹은 부모가 아이 증세가 이상하다는 의심이 들 경우 바로 신경정신과 전문의를 찾아 상담하고 치료해야 한다.

□ 자주 화를 터뜨린다.

□ 자주 분노발작을 일으킨다.

□ 자주 어른들의 요구나 규칙에 따르기를 반항하거나 거부한다.

□ 자주 고의적으로 사람들을 괴롭힌다.

□ 자주 자신의 실수나 잘못을 다른 사람들에게 전가한다.

□ 자주 과민해지거나 다른 사람들에 의해서 쉽게 기분이 상한다.

□ 자주 성내고 분노한다.

□ 자주 원한이나 앙심을 품는다.

주의 : 이러한 행동이 동일한 연령이나 동일한 발달수준의 개인에게서 전형적으로 관찰되는 것보다 더욱 빈번하게 발생할 때만 규준에 맞는다고 간주한다(1994년 미국정신의학회지 93~94쪽 인용).

2 떼쓰는 아이와의 대화에 빨간불이 들어오게 하는 말하기 습관

아이가 떼쓰고 고집부릴 때 부모 자신도 모르게 대화에 빨간불이 들어오게 하지 않았는지 반성해보자. 아래 항목들을 통해 평소 부모 자신의 말하기 습관을 점검해보자.

□ 자꾸 말대꾸하면 가만 안 둔다. ―경고와 위협의 말

□ 입 다물지 못해! ―명령과 강요의 말

□ 그런 만화만 보더니 아주 똑같아지는구나. ―분석과 진단의 말

□ 도대체 학교에서 뭘 배우면 그렇게 되니? ―비판과 비난의 말

□ 지금 그게 말대꾸가 아니라는 거니? ―설득과 논쟁의 말

□ 어디서 누구한테 말대꾸질이야! ―욕설과 조롱의 말

□ 따박따박 대들지 말라고 했잖아! ―훈계와 설교의 말

무의식중에 대화에 빨간불이 들어오게 했다면 '스톱!' 하고 대신 어떤 말들을 사용할 것인지 계획해보자.

3 떼쓰는 자녀를 순종하는 성품으로 키우는 7가지 전략

전략1. 일관성 있는 규칙을 정해준다.

아이의 반항은 부모의 일관되지 못한 태도에서 나온다. 한 번 두 번 봐주면 아이는 부모가 정한 규칙을 지킬 필요가 없는 것으로 느낀다. 그러다가 부모가 갑자기 규칙을 엄격하게 고수하려 하면 아이는 반항하게 된다. 따라서 부모부터 책임감을 느끼고 규칙을 지키려고 노력해야 한다. 하지만 아이가 권위주의적인 대상에 반감을 가지게 될 수도 있으므로 그러한 감정을 완화시킬 필요가 있다. 이때는 아이와 함께 규칙을 만드는 것이 도움이 된다. 아이가 스스로 참여하여 만든 규칙은 지키려는 의지가 더 강하게 생기기 때문이다.

전략2. 기대하는 것을 정확히 말한다.

자녀들은 부모가 요구하는 대로 행동하려는 내적인 욕구가 있다. 자녀에게 부모가 원하는 기대를 정확하게 말해주는 것이 자녀에게 좋은 행동을 하는 동기를 유발시켜준다.

전략3. 지시는 정중하게 요청한다.

지시를 할 때는 단호하지만 정중하게 해야 한다. 지나치게 친밀한 언어로 요청하면 자녀에게 혼란을 줄 수 있다. 아이가 지시라는 것을 인지하는 데 어려움을 겪는 것이다. 하지만 소리를 지르거나 비난을 해서는 안 되며 일방적인 명령이 되어서도 안 된다. 지시는 간단명료하게 10초 안으로 끝내야 한다. 아이가 부모의 지시를 이해했는지 자신의 입으로 반복해보게 하는 것이 좋다. 예를 들면 "TV 끌 시간인데 5

분 후에 *끄겠니, 10분 후에 끄겠니?*"라고 하여 자녀가 선택하도록 한다. 물론 "10분 후에 끌래요"라고 말할 확률이 상당히 높지만 이때 자녀는 스스로 자신이 선택한 일이므로 스트레스를 최소로 줄일 수 있고, 그래서 부모자녀관계를 깨뜨리지 않으면서 서로 존중받는 느낌을 준다.

전략4. 자녀의 말에 항상 경청한다.

부모가 지시를 내렸을 때 자녀가 그에 따를 수 없는 분명한 이유가 있을 수 있다. 이때 부모가 자녀의 욕구를 읽지 못하고 무시하거나 말대꾸를 한다며 야단을 치면 부모자녀관계는 망가지기 쉽다. 따라서 지시 후에는 아이의 반응을 살피도록 한다. "어때, 할 수 있겠니?" "혹시 하지 못할 이유가 있지는 않니?" 하는 등의 말로 아이의 욕구를 읽어주고 공감해주는 시간이 필요하다.

전략5. 하지만 아이의 단순한 말대꾸에는 대꾸하지 않는다.

아동심리연구에 따르면 아이들은 상대의 주의를 끄는 데 효과가 없다는 생각이 들면 더 이상 말대꾸를 하지 않는다고 한다. 지시에 대한 아이의 대답이 자신의 감정표현이나 하지 못하는 정당한 이유의 설명이 아니라 부모의 화를 부추기기 위한 것이라면, 부모는 평정을 유지하고 무반응하는 것으로 일관된 모습을 보이자. 도저히 참을 수가 없으면 자리를 피하고 아이가 제대로 이야기할 준비가 되었을 때 찾아와서 이야기하도록 지시한다.

전략6. 아이가 순종하는 태도를 보여주면 칭찬만 한다.

부모들의 가장 큰 실수는 대개 아이들의 잘못된 행동에만 초점을 맞춰 관심을 보이고 피드백을 한다는 것이다. 그러한 부모의 태도가 오히려 부모의 관심을 끌기 위한 수단으로서 아이로 하여금 불순종하게 만들기도 한다. 그러므로 아이의 문제행동에 대해 반응하는 시간을 줄이고 아이가 순종하는 태도를 보여줄 때 더 큰 관심을 보여주며 충분한 칭찬을 해주는 것이 좋다.

전략7. 문제행동이 계속되면 아이의 행동에 책임을 지도록 한다.

부모가 자신의 뜻을 분명히 밝히고 일방적인 명령을 한 것이 아닌데도 아이의 떼쓰기와 대들기가 계속된다면 그에 상응하는 대가를 치르게 한다. 아이가 문제행동을 보인 즉시 아이의 욕구(하고 싶은 것)를 일정 시간 동안 금지시키는 것도 한 방법이다.

그 밖에도 자녀에게 맞는 다른 다양한 방법들을 고안하여 사용하면서 잘못된 행동에 책임을 지게 한다.

4 떼쓰는 아이를 순종하는 성품으로 변화시키는 전략일지 쓰기

날짜 : 2010년 XX월 XX일

문제행동 : 자신의 잘못을 인정하지 않고 끊임없이 말대꾸한다.

장기목표 : 잘못을 지적하면 인정하고 바로 교정하는, 순종하는 성품을 갖게 한다.

단기목표 : 말대꾸하지 않고 잘못된 행동을 하게 된 이유를 설명하고 교정한다.

오늘의 방법 : 아이의 말대꾸를 무시하고 생각할 시간을 갖고 다시 이야기하자고 했다.

5 떼쓰는 아이를 변화시키는 부모의 전략 실천 평가

평가			평가항목	세부내용	비고
상	중	하			
			일관성 있는 규칙을 정해준다		
			기대하는 것을 정확히 말해준다		
			지시는 정중하게 요청한다		
			아이의 말은 항상 경청한다		
			하지만 아이의 말대꾸에는 대꾸하지 않는다		
			아이가 순종하는 태도를 보여줄 때는 칭찬만 한다		
			문제행동이 계속되면 아이의 행동에 책임을 지도록 한다		

아이와 함께 읽어보세요

순종하는 성품을 가진 위인
어머니의 말에 순종하여 대학자가 된 율곡 이이

학자 율곡 이이(李珥)는 어릴 때부터 총명하기로 소문난 아이였다. 어린 나이에도 불구하고 과거시험에 수석으로 합격했을 뿐 아니라 평생 한 번도 어렵다는 장원급제를 아홉 번이나 차지하는 기록을 세웠기 때문이다.

율곡 이이가 이렇게 자라날 수 있었던 것은 자신을 보호하고 있는 어머니 신사임당의 지시에 좋은 태도로 기쁘게 순종했기에 가능한 일이었다.

신사임당은 율곡이 어릴 때부터 현명한 지시를 가슴에 새겨주곤 했는데 부모 섬기는 바른 길, 형제간의 사이좋게 지내는 길, 친척 간에 화목하는 바른 길, 일을 부지런히 하는 바른 길, 남에게 해를 끼치지 않는 바른 길, 친구 사귀는 바른 길, 손님을 대접하는 바른 길, 재물을 아껴 쓰는 바른 길 등이 그것이었다.

효성이 지극한 율곡은 어머니가 돌아가시자 신사임당의 무덤 옆에 움막을 짓고 3년 동안 그 곁을 지키며 슬퍼했는데 그때, 율곡은 친구인 최립에게 이런 편지를 쓰게 된다.

"어머니가 돌아가셔서 책을 쥐지도 못하고 가까이 하지 않은 지 3년이 지났습니다. 하루아침에 분발해서 가슴속을 돌이켜보니 텅 비어서 아무것도 없는 느낌이었습니다. 사람이 재주가 있고 없는 것은 배우고 배우지 않은 데 달려 있지만, 사람이 어질고 어질지 못한 것은 내가 행동하느냐 하지 않느냐에 달려 있습니다. 참으로 스승의 가르침이 없으면 스스로 알고 스스로 깨우치기는 어렵습니다."

이렇듯 율곡 이이는 어머니가 돌아가신 후 자신을 훌륭하게 보호해주셨던 어머니의 부재를 슬퍼하며 신사임당의 현명한 가르침을 늘 기억하고 순종했다. 그리하여 율곡은 바른 성품과

폭넓은 학식으로 많은 사람들의 존경을 받는 학자이자 나라에 충성하는 큰 인물이 될 수 있었다.

현대에서는 율곡 이이의 이러한 점을 높이 평가하여 오천 원짜리 지폐에 초상화를 넣어 율곡의 순종의 성품과 훌륭한 업적을 본받고자 하고 있다.

chapter 11
좋은 성품으로
문제행동 고치기
분별력편

분별력은 선과 악을 분별하는 능력을 기름으로써 옳고 그름의 세계를 알고 올바른 길로 자신을 이끌어갈 수 있는 능력을 기르게 하는 정서적 덕목이다. 이는 아이 자신의 판단이 옳은지 그른지를 가려줄 도덕적 척도가 되어주고 올바른 성장의 이정표로 자리잡을 것이다. 절제, 인내, 정직, 책임감, 창의성, 지혜 등이 이에 해당한다.

책임감의 성품

준비물을 챙기지 않는 아이

Q 저희 아이는 초등학교 2학년에 올라갔는데 준비물이 있다는 사실을 문구점이 다 닫을 시간에 기억해내서 급하게 대형마트로 달려간 일이 많아요. 그나마 그렇게라도 기억해주면 고맙겠는데 아예 준비물이 무엇인지 적어놓지도 않고 몰라서 친구들에게 전화해서 물어봐야 할 때가 많아요. 게다가 준비해놓은 것도 잊고 등교하는 일도 많아서 선생님께서 여분의 준비물을 내어주시든가, 아니면 친구들에게 빌리는 일이 다반사입니다. 왜 그러냐고 그러면 자기도 모른다며 그냥 잊어버렸다는 대답만 돌아오니 방법이 없는 걸까요?

A "엄마, 왜 준비물을 안 넣어줬어? 빨리 와!"

어느 초등학교 앞에서 큰소리로 엄마한테 전화를 걸며 짜증내는 아이를 보았다. 그 아이의 이후 행동이 궁금해서 길 저편에 서서 아이를 지켜보았다. 아이는 발을 동동거리며 서 있었고 곧 아이의 엄마가 화장도 못한 얼굴로 땀이 범벅되어 뛰어와 아이의 짜증과 화를 조용히 다 받아내고 미안하다는 말로 아이를 달래며 교내로 들여보냈다.

요즘은 집집마다 자녀가 하나둘밖에 없으니 모든 집안 분위기가 아이를 중심으로 돌아간다. 부모들은 귀한 자식의 요구를 다 들어주고 싶어 한다. 하지만 한편으로는 손 씻는 일에서부터 책가방과 준비물 챙기기, 숙제에 이르기까지 부모가 일일이 간섭하고 함께 해줘야지 그렇지 않으면 좀처럼 스스로 할 생각을 하지 않는 아이들을 보고 있노라면 앞으로 저 아이들이 자라나서 어떻게 부모의 도움 없이 사회생활을 해나갈지 의문이 들지 않을 수 없다.

가정마다 자녀수가 줄어들다보니 부모는 무한대의 애정으로 자녀를 보살피려고 한다. 그래서 많은 부모들이 아이가 해결할 문제들을 아이 스스로 시도해보기도 전에, 혹은 아이가 해결방법을 생각하느라 잠깐 머뭇거릴라치면 곧바로 부모가 나서서 해결해주곤 한다. 이렇게 부모의 과잉보호를 받고 자라난 아이는 스스로 무언가를 해야 한다는 생각을 못하게 된다.

문제는 이런 아이들이 집을 벗어나면 도와줄 부모가 없기 때문에 또래 아이들과 잘 어울리지 못하고 대등한 관계를 맺기가 어렵다는 점이다. 그리고 항상 모든 것을 부모가 해주었기 때문에 어떤 실수를 하더라도 자신의 잘못임을 인정하지 않는다. 결국 그 잘못은 고스란히 제대로 도와주지 않은 부모의 몫이 된다. 또한 자립해야 할 나이가 되어서도 부모가 도와주지 않으면 부모를 원망하거나 심지어 적대감정을 품기도 한다.

이러한 태도는 결국 아이의 현재와 미래, 삶의 모든 영역에 걸쳐 심각한 영향을 끼친다. 따라서 문제행동은 지금 당장 반드시 고쳐야 하고 책임감 있는 성품을 키우는 것이 해결책이다.

책임감이란 '내가 해야 할 일이 무엇인지 알고 끝까지 맡아서 잘 수행하는 태도'이다. 책임감 있는 자녀가 되기 위해서는 무엇보다도 내가 해야 할 일이 무엇인지 알 수 있는 분별력을 키워야 한다. 분별력이란 자녀의 마음속에 일찍부터 옳고 그름을 인식하게 하여 스스로 양심의 기능을 발달시키게 하는 능력이다.

1 책임감 없는 아이와의 대화에 빨간불이 들어오게 하는 말하기 습관

아이가 무책임한 말을 하거나 태도를 보일 때 무심결에 대화에 빨간불이 들어오게 하지 않았는지 반성해보자. 다음의 항목을 통해 평소 부모 자신의 말하기 습관을 점검해보자.

□ 지금 당장 챙기지 않으면 가만두지 않을 거야. —경고와 위협의 말

□ 미리미리 챙기라고 했어, 안 했어! —명령과 강요의 말

□ 미리 준비해놨으면 이런 피곤한 일은 없었잖니. —분석과 진단의 말

□ 학교 갈 생각이 있는 애가 지금 그러고 있는 거니? —비판과 비난의 말

□ 내일 아침에 챙긴다는 게 말이 된다고 생각해? —설득과 논쟁의 말

□ 네가 학생 맞니? 생각이 있니, 없니? —욕설과 조롱의 말

□ 이게 한두 번이야, 미리 준비해놓으라고 했잖아! —훈계와 설교의 말

무의식중에 자녀와의 대화에 빨간불이 들어오게 했다면 '스톱!' 하고 대신 어떤 말들을 사용할 것인지 계획해보자.

2 자녀를 책임감 있는 성품으로 키우는 7가지 전략

전략1. 책임감의 성품 정의와 그것을 연습하는 방법을 가르치고 훈련한다.

책임감 있는 성품을 구체적으로 연습하도록 시킨다. 성품의 정의를 외우게 하는 것은 생각을 바꾸게 하는 중요한 열쇠이다.

전략2. 아이에게 작은 책임감부터 기대한다.

아이의 무책임한 태도를 변화시키려면 아주 작은 책임감부터 키워나가야 한다. 가장 쉬운 방법은 아이가 도울 수 있는 집안일들을 나누어주는 것이다. 물론 아이에게만 책임을 요구한다면 당연히 반항하고 거부할 수 있다. 따라서 모든 가족들과 집안일을 나누는 회의를 거쳐 한 주 동안 생활한 후 평가를 하는 방법이 좋다. 예를 들면 잠자리 정리하기, 먼지털기, 화분에 물 주기, 쓰레기 분리수거 하기 등의 집안일과 외출했다가 돌아오면 손 씻기, 어질러진 장난감 치우기, 준비물 미리 준비하기 등 학업에 관련된 일들을 요구할 수 있다.

전략3. 자율성을 키운다.

책임감 있는 아이로 키우려면 아이의 자율성을 길러야 한다. 자율성이란 좋은 결정을 내리고 그에 책임을 지는 것이다. 따라서 아이가 스스로 선택하고 결정할 수 있는 기회를 자주 주는 것이 도움이 된다. 하지만 처음부터 너무 많은 선택권을 주면 아이에게 혼란만 줄 수 있으므로 부모가 가이드라인을 설정해주는 것이 좋다. 문구용품을 살 때 부모가 몇 가지를 고른 뒤 최종선택을 아이에게 맡기는 것도 좋고 처음에는 두 가지 중에 한 가지, 익숙해지면 다섯 가지 중에 한 가지를 고르는 식으로 점점 선택의 폭을 넓혀주면 부모의 가치기준도 배우게 되고 아이의 자존감과 자율성이 높아지게 된다.

전략4. 변명은 받아들이지 않는다.

책임감 없는 아이들은 자신의 잘못을 인정하지 못하고 변명이나 거짓말로 그 상황을 모면하려고 하는 경향이 있다. 또한 다른 사람 탓으로 돌려 책임을 벗어나려 한다. 아이가 하루 종일 놀고 난 후 "너무 바빠서 준비할 시간이 없었어요"라고 변명을 한다고 해보자. 물론 놀고 싶은 아이의 마음을 이해하지 못하는 것은 아니지만 그렇다고 해서 그냥 넘어간다면 아이는 그것을 암묵적인 용인으로 이해하고 그런 행동을 반복한다. 그러므로 아이의 변명을 해결할 수 있는 방법을 아이와 함께 모색해야 한다. 앞의 경우에는 "학교 갈 준비는 반드시 집에 도착하자마자 바로 할 것!"이라든가 "놀기 전에 학교 갈 준비를 끝낸다!"라는 규칙을 만들어 눈에 띄는 곳에 붙여두는 것도 좋은 방법이다.

전략5. 무책임의 결과를 경험하게 한다.

아이가 준비물을 챙기지 않았다면 부모가 허둥지둥 챙겨준 것이 아니라 그냥 학교에 보내야 한다. 부모가 개입하지 않았을 때 나타나는 자연적인 결과를 아이가 체험하도록 하는 것이다. 담임선생님이 늘 챙겨주셨다면 이때는 담임선생님께 협조를 요청하는 것도 좋다. 준비물을 준비해가지 않으면 수업에 참여할 수 없다는 마땅한 결과를 경험하도록 한다. 또 부모가 지시한 것을 따르지 않을 때는 합당한 대가를 치르게 한다. 예를 들어 텔레비전을 보느라 해야 할 일을 하지 못했다면 일정 시간 동안 텔레비전 시청을 금지시켜서 무책임한 행동에 따른 대가를 치르게 한다. 그리고 아이와 함께 중요한 책임을 맡은 사람들, 예를 들면 경찰관이나 소방관, 환경미화원 등이 맡은 바 책임을 다하지 않으면 어떻게 될지 이야기를 나누어보는 것도 좋다.

전략6. 해야 할 일의 순서를 정하는 법을 가르친다.

아이들은 종종 이런 말을 합니다. "놀 시간이 없어요." "그걸 다 어떻게 해요?" 해야 할 일이 많으면 아이들은 자신이 하고 싶은 일을 할 시간이 없어진다고 생각한다. 하지만 일의 순서가 정해지고 그 일의 중요도를 알면 아이들도 효율적으로 시간을 활용할 수 있다. 하지만 가장 중요한 것은 부모가 아이에게 너무 과도한 것을 요구하면 안 된다는 점이다. 따라서 부모가 전체적인 것을 보면서 지금 당장 해야 할 일과 기간을 두고 나누어서 할 수 있는 일, 어느 정도 시간이 남아 있는 일들을 아이와 함께 분류하고, 그 일들 사이에 휴식할 수 있는 충분한 시간을 제공하면서 아이가 해낼 수 있는 것만 쥐어주도록 한다.

전략7. 책임감 있는 행동을 강화한다.

변화는 하루 만에 이루어지지 않는다. 그러므로 부모는 조급한 마음을 버리고 기다리며 인내해야 한다. 아이의 작은 변화에도 민감하게 반응하여 "놀기 전에 학교 갈 준비를 다했더구나! 놀고 싶은 마음을 참고 해야 할 일을 먼저 하다니 대단하다!"와 같은 대화로 아이의 노력을 인정해주고, 칭찬해주며, 기뻐한다. 또한 잘못을 인정하고 책임지면 "친구한테 잘못한 것을 인정하고 사과하기는 엄마라도 어려웠을 거야. 훌륭하다. 책임감 있게 자라준 네가 고맙구나!"라고 말해준다.

자녀가 좋은 성품으로 자라기 위해서는 무엇보다도 일관성 있고 책임감 있는 부모의 양육관이 필수이다. 부모가 아이의 문제행동에 대해 그때의 기분이나 환경에 따라 각기 다른 반응을 보인다면 아이는 부모를 신뢰하지 못하게 되고 눈치 보는 아이로 자라날 가능성이 매우 크다. 그런 자녀는 자율적이기보다는 의존적으로 되거나 제멋대로 행동하게 된다. 부모의 책임감으로 교육의 방향을 정한 후 일관성 있는 성품교육을 해나가는 것이 필요하다.

Training

● **책임감의 정의**

내가 해야 할 일들이 무엇인지 알고 끝까지 맡아서 잘 수행하는 태도.

● **책임감 있는 태도 연습하기**

• 내가 해야 할 일이 무엇인지 알고 최선을 다한다.

• 내가 시작한 일은 끝까지 완수한다.

• 내가 하겠다고 약속한 것을 꼭 지킨다.

• 내가 잘못한 것은 변명하지 않는다.

• 내가 가지고 있는 장점을 마음껏 개발한다.

• 나는 무엇이 옳은지 그른지 잘 분별할 수 있다.

책임감 있는 태도를 매일매일 반복해서 연습하게 한다. 책임감 있는 태도에 관한 포스터를 온 식구가 잘 볼 수 있는 곳에 붙이고 책임감의 정의와 책임감 있는 태도를 반복해서 큰 소리로 읽고 연습한다.

3 자녀에게 분별력을 키워주기 위한 부모의 교육법

좋은 모델을 보여주는 부모가 된다.

'어린 자녀가 인지하는 것은 매일의 일상에서 보는 짧은 단서들이다'라고 하버드 대학의 로버트 콜스(Robert Coles) 교수는 말한다. 즉 매일 자녀에게 옳고 그름을 가르칠 수 있는 사람은 부모이며 자녀는 부모의 행동을 유심히 보고 또 주변에서 일어나는 일들을 통해 옳고 그름을 배운다.

친밀한 관계를 유지한다.

아이들은 애착을 느끼고 존경하는 사람에게서 가장 강력한 영향을 받는다. 따라서 부모가 가장 친밀한 대상이 될 때 아이에게 가장 영향력 있는 성품 교사가 될 수 있다.

부모의 가치관에 대해 자주 이야기한다.

자녀에게 부모의 가치와 신념을 자주 말해주는 것 자체가 직접적인 성품교육이다. 텔레비전, 뉴스, 학교와 집에서 일어나는 사건들 속에서 적합한 문제를 찾아 부모의 생각과 아이의 생각을 알아보는 시간을 가져본다.

좋은 행동을 기대하고 요구한다.

자녀는 부모가 요구하는 대로 행동할 가능성이 높다. 마빈 버코위츠(Marvin Berkowitz) 박사는 "도덕적 기대치가 높은 부모 밑에서 자라는 아이가 모든 도덕적 가치를 따르는 것은 무리가 있지만 그 핵심적인 뜻은 아이에게 전달된다"고 말한다.

질문을 이용한다.

올바른 질문은 아이들이 다른 사람의 생각을 받아들이는 데 도움을 주며 자신의 행동을 논리적으로 생각해보고 결과를 추론하는 능력을 개발하는 데 효과적이다.

"이것이 네가 할 수 있는 가장 옳은 행동이었니?" "이렇게 행동하면 어떤 일이 일어날까?" "네가 약속을 지키지 않으면 너에 대한 나의 믿음이 어떻게 변하겠니?" "다른 사람이 네게 그렇게 대하면 너는 무슨 생각을 하게 될까?"

가정의 규칙과 방침을 설명한다.

부모가 구체적인 이유를 들어 가정의 규칙들을 설명해주면 자녀는 부모의 생각을 이해하고 그 기준을 따르기가 쉬워진다.

4 자녀에게 책임감 있는 성품을 길러주기 위한 부모의 행동요령

가족이 살아나가는 데 필요한 것들을 얻기 위해 성실하게 일하는 모습을 보여주자.

부모가 자신의 직업을 귀하게 여기며 즐겁게 일하는 모습, 또 일을 통해서 가족이 살아나가는 데 필요한 것들을 제공하는 모습에서 자녀는 책임감을 배우게 된다.

내가 선택한 결혼을 귀하게 여기고 배우자에게 책임을 다하는 모습을 보여주자.

부부로서 책임을 다하는 부모를 보면서 자녀들은 사랑과 안정감을 느끼며 진정한 책임감을 배우게 된다. 책임감은 부모 가운데 어느 한쪽만이 아니라 양쪽 부모가 모두 다 갖추어야 할 성품이다.

자녀가 잘못했을 때 적절한 격려와 훈계를 해주자.

자녀는 잘못한 것을 인정하고 반성하여 자신의 행동에 책임감을 갖고 지속적으로 책임감 있는 모습을 갖추게 된다.

공평하고 효율적으로 가사를 분담해서 실행하자.

자녀에게 일의 순서를 정하여 하라고 지시하면서 부모는 허둥지둥대는 모습을 보이면 아이는 혼란을 겪고 부모의 말에 불순종하게 된다. 그리고 가사도 자녀에게 연령별, 단계별로 나누어 분담시켜 가족 구성원으로 마땅히 맡아야 할 책임을 자연스럽게 가르치자.

가족 구성원들의 능력이 개발되도록 성장시켜주자.

진정한 사랑은 서로를 격려하고 성장시켜준다. 가족 구성원들의 능력이 최대한으로 개발되도록 여러 방법으로 노력하여 책임을 다하자.

5 책임감 없는 자녀를 변화시키는 전략일지 쓰기

날짜 : 2010년 XX월 XX일

문제행동 : 매일 준비물을 안 챙기고 아침 등교시간에 짜증을 낸다.

장기목표 : 준비물을 스스로 미리미리 챙겨 기쁘게 등교한다.

단기목표 : 과제와 준비물을 꼭 적어 집에 가져와서 엄마한테 먼저 보여준다.

오늘의 방법 : 장볼 것을 적어서 아이와 함께 마트에 가서 사가지고 왔다.

6 책임감 없는 자녀를 변화시키는 부모의 전략 실천 평가

평가			평가항목	세부내용	비고
상	중	하			
			아이에게 작은 책임감부터 기대한다		
			자율성을 키워준다		
			변명을 받아들이지 않는다		
			무책임의 결과를 경험하게 한다		
			해야 할 일의 순서 정하는 법을 가르친다		
			책임감 있는 행동을 강화한다		
			무엇보다 일관성 있고 책임감 있는 부모의 훈육이 필요하다		

책임감 있는 성품을 가진 위인
생의 마지막까지 전쟁터를 떠나지 않은 책임감의 수장 충무공 이순신

《손자병법》에 보면 '지피지기(知彼知己)면 백전불태(百戰不殆)'라는 말이 있다. 적을 알고 나를 알면 백번 싸워도 위태롭지 않다는 뜻이다. 정말 전쟁에서 적의 상황과 자신의 상황을 객관적으로 정확하게 아는 것은 너무나 중요하다. 피아(彼我)에 대한 정확한 정보를 통해 적군의 허실을 파악하고 아군의 불리함을 보완하여 대비한다면 어떠한 전쟁에서도 위태롭지 않을 것이며 나아가 승리의 영광을 거머쥘 것이다.

그 좋은 사례를 이순신 장군이 보여준다. 백번은 아니어도 세계 역사상 23전 23승의 기록은 이순신 장군이 세운 것이 유일무이하다. 생의 마지막까지 전쟁터를 떠나지 못하고 부하들에게 자신의 죽음을 알리지 말라며 자신의 죽음보다 군사들의 사기 진작을 중요하게 여겼던 용장이자 덕장으로서 이순신 장군이 보여준 것은 내가 해야 할 일이 무엇인지 알고 끝까지 잘 수행하는 태도, 즉 책임감의 정신이었다.

이순신은 부임하자마자 전쟁을 대비하여 휘하에 있는 각 진의 실태를 파악하고, 군대를 재정비하고, 군량미를 확보하고, 거북선을 건조하는 등 군대를 강화했다. 임진왜란 발발 직전인 1592년 수군을 육지로 올려보내 수비를 강화하라는 조정의 명에, 이순신은 "수륙의 전투와 수비 중 어느 하나도 없애서는 안 됩니다"라고 주장했다. 그 결과 임진왜란이 일어나기 직전 이순신이 있는 전라좌수영은 40척의 전선(戰船)을 보유할 수 있었다. 이순신은 여러 각도의 정보수집을 통해 수시로 변하는 적의 상황을 정확히 분석해 장단점을 파악하고 그에 효과적으로 맞설 수 있는 무기를 준비하여 전승 신화를 이룩할 수 있었다.

이순신은 주변으로부터 아무리 핍박과 오해를 받고 자신의 직위까지 빼앗기고도 포기하지 않고 때를 기다리며 준비를 게을리하지 않았다. 정확한 상황판단과 철저한 준비는 기본이고, 여기에 정확한 때가 찾아오면 놓치지 않고 확실히 잡아 '이기는 싸움'만을 한 것이 이순신의 전승비결이었다. 이순신은 수장으로서 무엇을 해야 할지 분명히 알고 끝까지 맡아서 잘 수행하는 책임감의 성품을 보여준 위인이었다.

숙제를 안 하는 아이

Q 숙제를 안 하고 놀기만 하는 아들아이 때문에 걱정입니다. 학교에서 돌아온 순간부터 숙제는 까맣게 잊어버려서 숙제하라고 달래도 보고, 화도 내보고, 애원을 해봐도 꿈쩍하지 않아요. 잠자리에 들 시간이 되어서야 짜증을 부리며 저보고 도와달라고 하지요. 이게 아들의 숙제인지, 제 숙제인지……. 심지어 어떤 날은 숙제가 없다며 거짓말도 하고, 양이 작아서 학교 가서 하면 된다고 도망가기도 합니다. 이런 아이를 그냥 내버려둬도 큰 문제없나요?

A 숙제의 중요성을 잘 아는 부모들은 아이의 숙제에 지나치게 많은 도움을 주게 된다. 하지만 아이에게 주어지는 숙제는 스스로 해결할 때만 아이의 학업에 도움이 된다. 숙제를 끝마치는 것이 중요한 것이 아니라 그 숙제를 어떤 방법으로 해결했는지 그 과정이 더 중요하다. 따라서 부모가 아이에게 도움을 주고 싶다면 불필요한 시간을 줄여 현재 공부하고 있는 내용을 충분히 학습할 수 있는 시간을 주자. 아이와 의논하여 좀더 풍부하고 다양한 자료를 함께 찾으며 아이가 더 쉽게 이해할 수 있도록 해주는 것은 무방하다.

숙제를 하지 않는 문제행동은 책임감 있는 성품의 결여에 기인하기도 한다. 사실 행동으로 드러나는 모든 문제점들은 내면적인 성품의 결여에서 출발한다. 그래서 부모들은 아이를 눈에 보이는 현상만으로 다룰 것이 아니라 근본적인 성품 교육을 시켜나가야 한다. 사회심리학에서는 아동기를 성실감을 배워나가야 하는 시기라고 본다.

6년이라는 짧지 않은 초등교육 기간은 같은 학교, 같은 동네 친구들, 익숙하게 만나는 선생님들을 통해 배워나가는 데 적응해야 하는 특수한 시간이다. 이 시기의 경험과 배움을 잘 성취해나가면 책임감 있는 성품을 갖춘 사람이 되겠지만 그렇지 못하면 열등감을 갖게 되기도 한다. 이때 학교생활에서 필수적인 숙제는 자녀에게 책임감 있는 좋은 성품을 훈련하는 기회가 될 수 있다.

학생으로서 해야 할 일이 무엇인지 알고 끝까지 잘 수행하는 책임감 있는 성품은 숙제를 통해 잘 연마되고 훈련될 수 있다. 자녀에게 숙제하라고 강요하고 지시하지 말고 왜 숙제를 꼭 해야 하는지를 설명해주자. 항상 느끼는 것이지만 부모의 열정만으로는 성품 좋은 자녀로 키워낼 수 없다. 자녀가 이해할 수 있도록 설명해주고, 왜 숙제를 하고 공부를 해야 하는지 자녀 스스로 동기가 유발될 수 있도록 잘 유도하는 부모의 노력이 필요하다.

1 숙제를 안 하는 아이와의 대화에 빨간불이 들어오게 하는 말하기 습관

아이가 숙제를 하지 않았을 때 부모 자신도 모르게 아이와 나누는 대화에 빨간불이 들어오게 하지 않았는지 반성해보자. 다음의 항목을 통해 평소 부모 자신의 말하기 습관을 점검해보자.

□ 숙제 다 하지 않으면 텔레비전을 못 볼 줄 알아! -경고와 위협의 말

□ 들어가 숙제하라고 했잖아! -명령과 강요의 말

□ 아까 만화를 너무 오래 봐서 숙제할 시간이 없잖니. -분석과 진단의 말

□ 이렇게 숙제를 안 하니 성적이 그 모양이지. -비판과 비난의 말

□ 지금 이게 숙제를 했다고 한 거니? -설득과 논쟁의 말

□ 숙제 안 해가서 선생님한테 한 번 혼나봐야 정신차리지! -욕설과 조롱의 말

□ 숙제는 집에 오자마자 바로 하는 거라고 말했잖아! –훈계와 설교의 말

무의식중에 아이와의 대화에 빨간불이 들어오게 했다면 '스톱!'하고 대신 어떤 말들을 사용할 것인지 계획해보자.

2 학습동기를 유발하여 책임감 있는 성품을 가진 자녀로 변화시키는 7가지 전략

전략1. 아이의 현재 상황을 살펴본다.

아이가 숙제를 안 하는 이유가 아이에게 주어진 다른 일들 때문은 아닌지 살펴볼 필요가 있다. 학교 진도를 잘 따라가지 못하고 있는 것은 아닌지, 한숨 돌릴 틈도 없이 일정이 빡빡한 것은 아닌지, 심리적인 스트레스를 유발하는 요인이 있는 것은 아닌지 확인해보자. 아이가 숙제를 하지 않는 것이 단순히 무책임해서가 아니라 다른 이유가 있을 수 있기 때문이다.

전략2. 책임감 있는 성품의 정의를 가르치고 훈련시킨다.

책임감이란 무엇인지 아이들이 이해할 수 있도록 가르치고 그러한 성품의 정의에 따라 연습하게 한다. 책임감 있는 성품을 구체적인 방법으로 훈련시키는 것이 중요하다.

전략3. 처음부터 숙제하는 시간을 정한다.

방과 후 집에 돌아오자마자 혹은 저녁식사 후 등으로 아이에게 가장 좋은 시간을 정하여 지키게 한다. 시간표를 짜서 눈에 띄는 곳에 붙여놓고 시간이 되었음을

276

알려주는 것도 도움이 된다. 아이가 정해진 시간표대로 잘 지키면 칭찬으로 행동을 강화시키고 숙제가 없는 날은 자유시간을 주는 등으로 적절한 보상을 하는 것도 좋은 방법이다.

전략4. 숙제는 선택이 아니라 반드시 해야 하는 일이라는 점을 인지시킨다.

숙제는 반드시 해야 하는 일이지 선택적으로 내가 하고 싶으면 하고 안 하고 싶으면 안 해도 되는 일이 아님을 철저하게 훈육한다. 아이가 막무가내로 행동할 여지를 남겨두지 말자. 숙제는 선택이 아니라는 점을 확실하게 가르쳐야 한다.

전략5. 해야 할 일을 계획하는 법을 가르쳐준다.

매일 정해진 시간에 내일 해야 할 일에 대한 목록을 미리 만들도록 한다. 내일 할 일과 함께 학교에 가져갈 준비물 등도 미리 정리하게 한다. 이렇게 하면 다음날이 보다 여유로워진다는 것도 깨달을 수 있도록 해준다. 또 해야 할 일의 순서를 정하는 법을 가르친다. 중요한 일의 순서대로 번호를 매길 수 있도록 하고 불필요한 일은 목록에서 빼도록 한다. 한 가지 일을 끝낼 때마다 목록에서 지우도록 하여 일이 진행되는 정도를 눈으로 확인할 수 있도록 한다. 부모가 아이와 함께 목록을 만들어보는 것도 아주 좋은 방법이다.

전략6. 아이가 지루해할 때는 숙제의 종류를 바꿔준다.

아이가 좋아하는 과목의 숙제와 그렇지 않은 과목의 숙제를 적절히 분배하여, 아이가 흥미를 느끼지 못할 때는 다른 과목의 숙제로 순서를 바꿔준다. 아이가 수학을 어려워한다면 수학 숙제를 여러 덩어리로 나누어 다른 숙제 사이에 진행하거나 시간적인 여유를 두고 진행하면 아이의 부담감을 덜어줄 수 있다.

전략7. 아이가 도와달라고 부탁할 때만 도와준다.

부모가 옆에 앉아 지나치게 많은 도움을 주다보면 아이도 의존하려는 마음이 생기고 괜한 참견이 되어 아이는 손 놓고 부모가 하는 대로 쳐다보고 있게 되곤 한다. 나중에는 아이의 숙제가 온전히 부모의 숙제로 남겨지는 사태가 벌어지기도 한다. 아이가 숙제의 의도를 이해하게 하고, 문제를 풀어주는 것이 아니라 문제를 풀 수 있는 방법을 이해하게끔 하는 정도로만 도움을 주는 것이 최선이다. 그리고 숙제가 끝나면 반드시 확인하여 아이가 제대로 이해하고 끝맺음했는지 점검해주는 것이 필요하다.

Training

● **책임감 있는 태도 연습하기**

• 책임감의 정의를 온 가족이 보이는 데 써붙이고 소리내어 읽고 훈련에 동참하기

• 책임감 있는 성품을 가진 위인과 동물, 식물을 찾아보고 관련된 서적을 읽어보거나 영상을 관람하기

• 책임감 있는 성품을 보고, 듣고, 느낀 것을 일기로 표현해보기

• 책임감을 가지고 온 가족이 함께 식물을 기르면서 관찰일기 써보기

이 외에도 책임감 있는 태도를 연습할 수 있는 다양한 방법들을 자녀와 함께 찾아보자.

● **책임감이 주는 선물**

• 책임감의 성품을 가진 사람은 더 큰 리더가 된다. 지금 내가 매일 해나가는 작은 일들은 미래의 더 큰 책임을 맡을 때를 준비하는 것이다. 현재 작은 일을 정직하게 끝까지 해나가는 습관

이 미래에 책임감 있는 성품을 가진 리더가 되게 해준다.

- 사람들은 책임감 있는 사람을 신뢰하고 따르게 된다. 책임감 있는 사람은 자신이 속한 공동체에 기쁨과 행복을 준다. 분별력이 있어서 자신을 위험한 일과 나쁜 유혹들로부터 지키기 위해서 어떻게 행동해야 하는지를 안다.

3 책임감 없는 자녀를 변화시키는 전략일지 쓰기

날짜 : 2010년 XX월 XX일

문제행동 : 숙제를 안 하고 노는 데만 온 신경이 쏠려 있다.

장기목표 : 부모에게 의존하지 않고 혼자 알아서 미리 숙제를 한다.

단기목표 : 놀기에 앞서 먼저 숙제를 하는 습관을 갖는다.

오늘의 방법 : 생활시간표를 아이와 의논하여 만들어 붙였다.

4 책임감 있는 자녀로 변화시키는 부모의 전략 실천 평가

평가			평가항목	세부내용	비고
상	중	하			
			아이의 현재 상황을 살펴본다		
			처음부터 숙제하는 시간을 정한다		
			숙제는 선택이 아니라 반드시 해야 하는 일이라는 것을 인지시킨다		
			해야 할 일을 계획하는 법을 가르쳐준다		
			갑자기 생긴 일이라도 당장 행동으로 옮기게 한다		
			아이가 지루해할 때는 숙제의 종류를 바꿔준다		
			아이가 도와달라고 부탁할 때만 도와준다		

아이와 함께 읽어 보세요

책임감 있는 성품을 가진 위인
자신의 성공보다 기업인의 책임을 더 생각한 유일한 박사

유일한은 자수성가한 아버지 아래 넉넉한 환경 속에서 자란다. 그의 아버지는 신세대적인 사고를 가져서 자식들이 식견을 넓혀서 민족을 위해 일하기를 바랐기 때문에 자녀 모두를 미국, 러시아, 일본, 중국에 유학을 보내 공부하게 했다.

아홉 살에 불과한 나이에 유일한은 먼 미국 유학길에 올랐다. 하지만 아버지가 마련해준 유학비용을 모두 배 안에서 잃어버리고 말았다. 배는 이미 출발했고 다시 배를 돌릴 수도 없으니, 미국까지 가는 긴 시간 동안 돈도 없고 아무것도 없는 유일한은 울고만 있었다. 다행히 인솔자이자 독립운동가인 박용만의 도움으로 미국에 무사히 도착해서 아침에 일찍 일어나 밭에서 일하며 영어를 배우면서 미국 사회에 적응했다.

유일한은 어린 나이지만 자신이 해야할 일들이 무엇인지 알고, 끝까지 맡아서 잘 수행하기 위해 고국으로 돌아오지 않았다. 초등학교에 입학한 일한은 인종차별로 서러움을 겪기도 하지만 당당하게 자신의 생각을 말하는 굳건한 성격으로 극복했다. 낮에는 농장에서 일하고 밤에는 공부했으며, 방학 때는 신문배달을 하면서 자신의 힘으로 살아나갔다. 나중에 어른이 되었을 때는 재미교포들의 항일집회에 참여하여 연설을 하기도 했는데, 항일경력 때문에 고향에 사업차 잠시 입국했을 때 일본경찰에게 연행당하는 수모를 겪기도 한다.

그는 고등학교 졸업 후 직장생활을 하면서 자신의 힘으로 대학교를 졸업했다. 그러다가 자신은 미국에서 성공하고 행복하게 살고 있지만 조국의 많은 국민들이 굶주림으로 죽어가고 있다는 것을 알고 책임감의 정신을 되새겨 한국으로 돌아와 제약회사를 설립한다.

유일한은 한민족의 건강유지에 필요한 약만 만들어 팔았다. 처음에는 미국에서 약을 수입해서 판매만 했으나 끝없는 연구 끝에 한국인에게 맞는 약을 개발하는 수준으로 올라섰다. 부

인 호미리 여사도 중일전쟁으로 조선의 의약품 부족이 극에 달하자 소아과 병원을 개업하여 남들보다 훨씬 적은 치료비를 받고 어려운 환자들을 치료했다.

유일한은 유한양행을 경영할 때 항상 윤리경영을 실천했다. 그 이유는 거래하던 녹두회사 사장이 탈세를 통해 사리사욕을 채우는 모습에 실망해서였다. 그래서 그는 탈세하지 않았고 모르핀을 팔면 돈을 벌 수 있다는 간부사원의 유혹을 "당장 회사에서 나가시오"라는 꾸짖음으로 물리치며 정직한 기업정신을 굽히지 않았다. 또한 1929년 유한양행은 한국 최초로 종업원 지주제를 실시했다.

유일한은 사랑하는 손녀들에게 학자금으로 쓰일 1만 달러는 주는 것 외에 전 재산을 교육사업에 기부한다는 유서를 남겼다. 그리하여 그가 살던 집도 대학교의 연구사무실로 쓰이고 있으며, 그의 기부금으로 지어진 고등학교도 지금까지 유지 발전되어 책임감의 정신을 이어가고 있다.

절제의 성품

Q 우리 아들 같은 아이는 처음 봐요. 성격이 급하고 무엇이든지 자기 마음대로 안 되면 견뎌내지 못합니다. 먹고 싶은 건 꼭 지금 먹어야 하고 가고 싶으면 꼭 가야 하고 갖고 싶은 건 꼭 가져야 합니다. 지금 바로 다 대령하지 않으면 울고불고 큰일이 나요. 특히 먹는 것에 집착이 강하고 움직이는 걸 싫어하고 비만이라서 건강 걱정도 커요. 먹는 것은 아무리 말리고 숨겨놔도 어찌 그리 잘 찾아내는지. 비만 중에서도 고도비만이라 의사선생님도 식이조절은 필수라 했는데 어찌해야 좋을지 정말 모르겠어요.

A 참을성의 사전적 의미는 '참고 견디는 성질'이다. 참을성이 없는 아이란 참고 견디는 것을 못하는 아이라고 할 수 있는데, 이런 아이들의 특징은 기다리는 것을 싫어하고 모든 일이 지금 당장 이루어져야 한다.

또한 이런 아이들은 자기 마음대로 되지 않는 상황이 되면 초조해지고 조급증이 발동되기도 한다. 뭐가 빨리 안 되는 상황이 되면 짜증을 내고 짜증은 분노가 되어 터져나오는 감정의 변화를 겪는다.

참을성 없는 아이들이 자꾸 늘어나는 이유는 가정과 사회에서 보이는 부모의 양육태도에서 대부분 찾을 수 있다. 부모들은 외동인 자녀들이 원하는 모든 욕구를 할 수 있는 한 가장 좋은 것들로 채워주려고 애쓴다. 만족을 얻기 위해 기다리는 기회도 없이 즉각적으로 욕구가 충족되는 것이 습관처럼 되어버린다. 아이가 텔레비전을 보다가 장난감 광고를 보고 저걸 사달라고 하면 부모는 생각도 안 해보고 고가의 제품이 아닌 이상 "그래, 기분이다. 사줄게"라며 아이를 데리고 장난감 매장으로 향한다. 부모들 자신이 참을성 없이 즉흥적인 기분에 따라 일관되지 못한 훈육을 하고 있는 것이다.

이는 우리가 살아가는 사회가 원인일 수도 있다. 오로지 자녀의 성공만을 목표로 삼고 가르치다보니 남보다 더 좋은 것을 더 빨리 더 많이 갖고 더 앞서는 것을 성공으로 여기기 때문이다. 자녀들은 참고 견디어내는 과정의 소중함을 알지 못하고 부모의 도움으로 순간의 욕구를 충족시키는 경험들이 쌓이면서 참을성 없는 아이들로 자라난다.

1960년 스탠퍼드대학 월터 미셸(Walter Mischell) 박사의 머시멜로 실험은 우리에게 절제하는 성품이 성공적인 삶을 살아가는 데 얼마나 중요한 덕목인지를 잘 보여주는 유명한 연구 중 하나이다. 4세의 아이들 600명을 모아놓고 머시멜로를 하나씩 나누어주었다. 그들에게 머시멜로를 지금 먹어도 좋지만 실험자가 돌아올 때까지 기다리면 2개를 먹을 수 있다고 말해주었다. 당연히 머시멜로를 좋아하는 아이들은 기다리는 것이 이익인데 2/3의 아이들은 유혹에 빠져 기다리지 못했다. 당장 한 개를 먹어치워 하나 더 먹을 수 있는 보상을 포기한 것이다.

먹고 싶은 유혹을 참고 기다린 1/3 아이들은 나중의 더 큰 보상을 위해서 현재의 욕구를 참고 기다렸다. 더 나은 미래를 위해 만족을 지연시킨 것이다. 미셸 박사팀은 여기서 연구를 끝내지 않고 그 아이들을 14년 동안 지켜보며 어떤 차이를 보이는지 조사했다. 욕구를 참아낸 아이들은 그렇지 못한 아이들보다 SAT 점수가 250점 더 높았다. 그들은 성적이 우수한 학생이었을 뿐만 아니라 스스로에게 자신감이 있었고 부모들에게 자랑스러움과 기쁨을 주는 사람들로 성장했다.

"내가 하고 싶은 대로 하지 않고 꼭 해야 할 일을 하는 것"이다. 절제할 수 있는 사람이 자신의 꿈을 이루어 성공한다.

1 참을성 없는 아이와의 대화에 빨간불이 들어오게 하는 말하기 습관

아이가 참을성 없이 행동할 때 부모 자신도 모르게 아이와의 대화에 빨간불이 들어오게 하지는 않았는지 반성해보자. 다음의 항목을 통해 평소 부모 자신의 말하기 습관을 점검해보자.

□ 못 참으면 너 혼내! –경고와 위협의 말

□ 당장 그만두지 못해? –명령과 강요의 말

□ 너 정신적으로 문제 있는 것 아니니? –분석과 진단의 말

□ 그렇게 참을성이 없어서야 뭘 할 수 있겠니? –비판과 비난의 말

□ 기어코 그걸 하겠다는 거야? –설득과 논쟁의 말

□ 네 동생보다 더 참을성이 없으니……쯧! –욕설과 조롱의 말

□ 그렇게 참지 못하면 넌 아무것도 되지 못해! –훈계와 설교의 말

　무의식중에 자녀와의 대화에 빨간불이 들어오게 했다면 '스톱!'하고 대신 어떤 말들을 사용할 것인지 계획해보자.

2 자녀를 절제하는 성품으로 키우는 7가지 전략

전략1. 1-3-10 공식을 온 가족이 실천한다.

　부모가 먼저 아이를 기다리고 참아주어야만 아이도 절제를 배우게 된다. 무엇이든 그것이 성숙되기 위해서는 적당한 시간이 필요하다. 서두르고 안달하는 엄마 밑에서 자라는 아이는 그 모습을 그대로 모방하게 된다. 부모부터 참아내기 어려운 순간에 잠깐 멈추고서 1-3-10 공식을 실천해보자. 그리고 자녀들에게도 함께 해보자고 권유하며 가르친다.

● **절제의 1-3-10 공식**

1 : 하던 일을 멈추고 스스로에게 '절제'라고 한 번 외친다.

3 : 숨을 크고 깊게 3번 내쉰다. 후∼∼후∼∼후∼∼

10 : 마음속으로 천천히 1에서 10까지 센다. 하나∼∼두울∼∼세엣∼∼

전략2. 아이가 원할 때만 챙겨준다.

　부모가 가장 저지르기 쉬운 실수 중에 하나가 자녀를 위해 모든 것을 알아서 다 해주는 것이다. 그것이 부모로서 세상에서 가장 어리석은 모습이다. 장난감, 간식, 학습 면에서 참을성이 부족한 아이들을 보면 자녀가 찾기도 전에 모든 것을 부모가 알아서 챙겨주는 경우가 많다. 이렇게 아이가 원하지도 않는데 미리미리 부모가 챙겨줘 버릇하면 아이는 무엇인가를 스스로 하고 싶은 욕구도 열정도 사라지게 마련이다. 그러므로 처음부터 아이가 원해서 부모에게 말할 때 간식을 주고 장난감을 사주고 또 학습에 도움을 주는 것으로 양육해야 한다.

전략3. 자신의 욕구를 분별할 수 있도록 가르친다.

음식이나 물건에 대해 참을성이 부족한 아이에게 원하는 것을 즉시 제공해주기보다는 기다리는 시간을 준다. 기다리는 시간 동안 아이는 그 음식이나 물건이 정말 필요한 것인지 아니면 그저 욕심에 불과했던 것인지를 분별하게 된다. 참을성 없는 아이들이 혼동하는 것이 바로 '필요'와 '욕심'이기 때문이다. 아이가 음식에 과도한 욕심을 부릴 경우 먹고 싶은 것을 리스트로 작성하게 한 후 하루에 몇 가지만 골라서 먹을 수 있도록 유도하는 것도 도움이 된다. 물건의 경우에는 목록을 작성하여 일주일에 한 번 혹은 한 달에 한 번, 그 중에서도 가장 필요한 물건을 구입하러 가는 날을 정하는 것도 좋다.

전략4. 아이 스스로 문제해결의 시간을 갖도록 기다려준다.

아이가 스스로 문제를 해결할 수 있는 시간을 준다. 숙제를 하는 아이가 느리다는 이유로, 혹은 제대로 못한다는 이유로 부모가 대신 나서서 해주거나 답을 알려주면 안 된다. 그렇게 한두 번 반복하면 아이는 자기가 못해도 부모가 도와줄 것이라 여겨서 아예 안 하고 부모의 도움을 기다리는 습관을 갖게 된다.

전략5. 결과보다는 과정에 주목한다.

이제 막 기어다니는 아이가 갑자기 뛸 수 없고 악보도 읽지 못하는 아이가 갑자기 월광소나타를 연주할 수는 없다. 뛰기 위해서는 기고 일어서서 걷는 단계가 반드시 필요하듯 부모도 아이를 믿고 하나하나 단계별로 발전하는 모습을 지켜봐주는 태도가 필요하다.

전략6. 부모의 지나친 욕심과 기대를 버리자.

사실 자녀들이 참을성 없는 성품으로 자라는 이유는 부모가 자녀에 대해 조급해하고 기다려주지 못하는 데 기인할 수 있다. 부모가 너무 앞서서 지나친 과욕을 부리기보다는 아이가 원하는 일을 할 수 있도록 곁에서 격려하고 지켜보는 것부터 시작해야 한다.

전략7. 절제의 성품을 강화한다.

절제의 성품이 하루아침에 갑자기 몸과 마음에 새겨지지는 않는다. 절제의 가치를 알려주고 그것이 왜 중요한지에 대해 이야기를 나누며 아이가 절제하려고 노력한 것을 인정해주는 것이 필요하다. "~하고 싶었을텐데 ~해주어서 참 고맙구나" "~하기 어려웠겠지만 잘 참아준 네가 자랑스럽다"라고 칭찬해주자. 절제의 성품은 칭찬과 격려로 키워진다.

Training

● **절제의 정의**

내가 하고 싶은 대로 하지 않고 꼭 해야 할 일을 하는 것.

● **절제하는 태도 연습하기**

- 내 마음대로 하지 않고 어떻게 해야 할지 생각해본다.

- 화가 나는 순간에는 '1-3-10공식'을 사용한다.

- 먹고 싶은 대로 먹지 않고 내 몸에 좋은 것만 선택하여 먹는다.

- 폭식하거나 편식하지 않는다.

- 나쁜 말을 사용하지 않고 좋은 말을 생각하여 선택해서 말한다.

- 나쁜 습관들은 좋은 습관으로 바꾸는 연습을 한다.

- 사고 싶은 물건이 있을 때 꼭 필요한 것인지 생각해본다.

- 모든 것을 아껴서 사용한다(장난감, 용돈, 학용품, 물, 전기 등 그 밖의 자원).

- 브레이크 법칙을 기억한다.

● **브레이크 법칙**

부정적인 마음을 참을 수 없을 때 우리 마음을 정지시킬 수 있도록 내 마음에 소리친다. "～하고 싶을 때, 끼익! 내 마음의 브레이크를 밟아요!"

절제하는 태도를 매일매일 반복해서 연습하게 한다. 절제에 관한 포스터를 온 식구가 잘 볼 수 있는 곳에 붙이고 절제의 정의와 절제하는 태도를 반복해서 큰 소리로 읽고 연습한다. 문제행동을 고치려면 대체행동이 필요하다. 절제하는 좋은 태도를 가르치고 훈련해야 한다.

3 절제하지 못하는 자녀를 변화시키는 전략일지 쓰기

날짜 : 2010년 XX월 XX일

문제행동 : TV에 나오는 모든 과자와 간식을 다 사달라고 졸라댄다.

장기목표 : 먹고 싶은 것, 갖고 싶은 것을 '필요'와 '욕구'로 구분해 필요한 것을 요구한다.

단기목표 : 몸에 좋은 음식을 정량만큼 먹고 운동한다.

오늘의 방법 : 먹고 싶은 간식 중에 가장 먹고 싶은 것을 선택해 함께 만들어보았다.

4 절제하는 자녀로 변화시키는 부모의 전략 실천 평가

평가			평가항목	세부내용	비고
상	중	하			
			1–3–10 공식을 실천한다		
			아이가 원할 때만 도움을 준다		
			자신의 욕구를 분별할 수 있는 힘을 키워준다		
			아이 스스로 문제해결의 시간을 갖도록 해준다		
			결과보다는 과정에 주목한다		
			지나친 욕심과 기대는 버린다		
			참을성을 강화한다		

5 자녀가 절제하는 성품을 갖도록 하기 위한 부모의 실천 방향

하버드대학의 로버트 콜스 교수는 "아이들은 부모들을 도덕적 나침반으로 삼는다"라고 말한다. 일상에서 충동을 억제하는 태도를 보여주는 부모가 자녀에게 절제의 성품을 키워주는 가장 중요한 역할모델이다.

자녀에게 절제의 성품이 무엇인지 정확한 정의와 가치를 먼저 가르쳐주자.

절제란 내가 하고 싶은 대로 하지 않고 꼭 해야 할 일을 하는 것이라고 매일 말하며 가르치자. 숙제하기 전에 친구 집에 놀러가고 싶은 마음, 화나게 만드는 동생을 때리고 싶은 마음, 자신을 속상하게 만든 사람에게 복수하고 싶은 마음이 들 때가 바로 절제의 성품이 필요한 때임을 아이들이 이해할 수 있도록 이야기해주자. 그리고 자녀가 절제하는 행동을 했을 때 그 기회를 놓치지 말고 자녀를 칭찬해준다. "바로 그거야, 네가 옳은 선택을 했구나. 참 용기 있는 행동이야. 그게 바로 절제지. 절제하는 모습을 보여주는 네가 참 자랑스럽구나. 사랑한다."

좋은 격언들을 모아서 자녀의 마음에 새겨주자.

절제와 관련된 좋은 인용구들을 모아서 자녀에게 좌우명으로 삼게 해주자. 위인들이 말한 짧지만 통찰력 있는 명언들은 자녀들의 가슴에 쉽게 영감을 불러일으켜준다. 좋은 구절들은 색인카드에 적어두고 냉장고나 책상 등 자녀의 눈에 잘 띄는 곳에 붙여둔다.

감정이 격한 상태에서는 아무도 말하지 않는다는 규칙을 만든다.

가정에서 모든 식구들이 감정이 격한 상태에서는 서로가 '타임아웃'을 외치게 하고 잠시 자리를 뜬 후 침착해진 다음에 말하는 것을 규칙으로 삼자. 그렇게 해서 다른 사람과 말할 때는 침착하게 말한다는 원칙을 지키는 것이 습관이 되게 도와준다.

290

절제하는 성품을 가진 위인
절제로 공직자의 모범을 보여주는 황희 정승

황희가 벼슬을 한 지 불과 2년이 지나지 않아 이성계가 조선을 세우게 되었는데, 이때 황희는 고려의 신하로 죽음을 각오하고 두문동으로 들어가 고려왕조에 대해 충절을 지켰다. 그런데 그곳에 같이 들어간 고려의 신하들 중 나이 많은 신하가 새로운 나라를 걱정하면서 이렇게 말했다.

"떳떳하게 산다는 건 책 읽는 사람에게 더없이 소중한 일이지만 백성들에게는 좋은 일이라고 볼 수만은 없소. 우리 중 몇 사람을 보내어 백성들을 보살피는 것이 어떻겠소?"

그러면서 새로운 나라 조선을 위해 일할 사람으로 황희를 추천했다. 황희는 실제로 나라가 바뀌기는 했지만 "이 백성을 저버리는 건 죄인"이라는 말을 가슴에 새기면서 백성을 위해 봉사할 것을 다짐하며 마음을 바꾸어 조정으로 나아갔다.

처음에는 고려의 신하라는 이유로 다른 신하들로부터 '왕따'도 많이 당하고 귀양살이까지 했다. 하지만 청렴한 성품에 탁월한 능력을 인정받아 세종대왕 때는 우의정과 영의정이 되어 18년간 청백한 재상으로 백성들을 돌보며 평생을 바쳤다.

어느 날 세종은 신하들에게 "황희 정승은 개에게 먹일 것이 있다면 가난한 사람을 구해야 한다는 생각이 있기 때문에 개 한 마리 키우지 않는다"는 말을 듣고 직접 확인해보고자 황희 정승의 집을 방문했다. 세종이 황희의 안내를 받아 안방으로 들어가자 방 안에는 멍석이 깔려 있었다. 황희는 집에 자리 하나가 없어 어찌할 바를 몰라 "황공하옵니다, 황공하옵니다"라는 말만 연발했다. "비도 새겠군!" 하고 세종이 말하자 "비오는 날엔 천장으로 낙숫물이 떨어지는 소리를 들으며 가난한 백성들을 생각합니다. 누추한 것이 나쁜 것은 아닙니다." "오오, 과연 황 정승답구려." 궁으로 돌아온 세종은 황희 정승의 녹봉을 올려주도록 분부했다.

오랫동안 높은 벼슬을 한 황희는 관복이 한 벌뿐이었고 채소밭을 직접 가꾸면서 검소함과 청렴함을 몸소 보여주었다. 게다가 '행도천법'이란 새로운 인재 선출 방식을 도입하여 신분을 초월하여 능력 중심으로 인재를 뽑을 수 있게 했는데, 그 인재 중의 한 명이 바로 발명가 장영실이다. 황희에 대해 역사는 이렇게 평가했다. "황희는 성품이 너그럽고 후하고 신중하며 재상으로서 세상을 보는 눈과 깊은 생각이 있었다. 그의 생김생김은 풍만하고 빼어났고 뛰어나게 총명했다. 집을 다스리는 데도 검소했고 기쁨과 노여움을 겉으로 나타내지 않았으며 일을 의논할 때는 공명정대하여 원칙을 살리기에 힘썼다."

황희 정승은 90세로 숨을 거두었는데, 그의 죽음이 알려지자 조정이나 백성이나 모두 놀라고 탄식하여 울지 않은 사람이 없었다고 한다. 황희 정승은 우리나라 역사상 최고의 재상 중 한 사람으로서 평가받으며 지금까지도 절제의 성품으로 공직자의 모범이 되어 존경받고 있다.

화를 잘 내거나 폭력적인 아이

Q 유치원에 다니는 제 아이는 여자아이인데 남자아이들보다 더 폭력적인 모습을 보여서 걱정입니다. 친구들하고 재미있게 놀다가도 장난감을 집어던지고 화를 폭발시키며 소리를 질러대는데 가끔은 제가 부모이지만 어린 아이가 무섭다는 생각이 들 지경입니다. 자기 마음에 안 들면 때리고 물려고 하는 모습까지 보이네요. 제가 혼내기라도 하면 자기 머리를 벽에다 쿵쿵 찧으면서 세상이 떠나가라 울어댑니다. 이런 일들이 계속 반복되니까 우리 아이가 정신적으로 문제가 있는 건 아닌가 싶고 너무 불안하여 잠도 못 잡니다.

A 분노와 난폭성은 주로 폭력이 빈번한 환경에서 자라난 아이들에게 더 쉽게 나타난다. 부모가 감정을 절제하지 못하는 모습, 가족 간에 불화로 언어폭력이나 신체폭력이 종종 오가는 가정, 부모가 아이에게 언어폭력이나 신체폭력을 가하는 가정, 폭력적인 또래집단, 폭력적인 영상매체와 게임 등이 이런 환경에 속한다.

이런 연령의 자녀들은 자신의 감정을 표현하는 방법이 미숙하거나 부모의 관심을 받고 싶을 때, 혹은 극심한 스트레스를 받았을 때 화를 참지 못하거나 폭력적인 행동을 보일 수 있다.

아이가 이런 태도를 보일 때 부모들은 단순히 아이들이 아직 어려서 쉽게 화를 내고 폭력적인 행동을 하는 것이라고 그대로 넘어가면 안 된다. 화는 시간이 지날수록 점점 더 강렬해지고 난폭해지기 때문에 아이 자신뿐만 아니라 주변에까지 해를 끼치는 위험요인이기도 하고 그대로 방치해두면 품행장애(Conduct Disorder, CD)로 이어질 수도 있기 때문이다. 따라서 이러한 아이의 분노를 적절히 다뤄주는 것은 아주 중요하다.

1 폭력적인 아이와의 대화에 빨간불이 들어오게 하는 말하기 습관

아이가 화를 내고 폭력적인 행동을 할 때 부모 자신이 자녀와의 대화에 빨간불이 들어오게 하지는 않았는지 반성해본다. 다음의 항목을 통해 평소 부모 자신의 말하기 습관을 점검해보자.

□ 화내지 말라고 했지! −경고와 위협의 말

□ 그만 하지 못해? −명령과 강요의 말

□ 네가 하는 게임이 널 이렇게 만든 거야! −분석과 진단의 말

□ 도대체 커서 뭐가 되려고 그러니? −비판과 비난의 말

□ 네 친구가 이렇게 하라고 시키던? −설득과 논쟁의 말

□ 아주 다 때려부숴라! −욕설과 조롱의 말

□ 이렇게 굴다가는 넌 범죄자밖에 안 돼! −훈계와 설교의 말

무의식중에 자녀와의 대화에 빨간불이 들어오게 했다면 '스톱!'하고 대신 어떤 말들을 사용할 것인지 계획해보자.

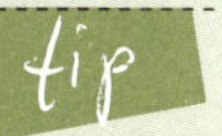

품행장애란?

품행장애의 정의

• 정신과 진단의 범주로 개인의 정신건강 차원에서 적절한 치료 계획 수립이 목표가 된다. 가장 주된 핵심 증상은 "사회적으로 용납되지 않는 행동을 지속하는 것"이다. 가정이나 가족에만 국한될 수도 있고 학교나 사회까지 확대되기도 한다. 비행을 보일 수도 있고 폭력이나 공격성을 동반할 수도 있다. 또한 다양한 대인관계에서 나타날 수도 있고 발생 연령에 따른 차이도 있다.

• 사회적 용어로는 일탈행동, 법률적 정의로는 청소년 비행에 해당한다. 국내에서는 14세 이상 20세 미만에서 형법 법령에 저촉되는 행위를 했을 때 범죄행위, 12세 이상 14세 미만은 촉범행위, 범죄는 아니지만 범죄를 저지를 우려가 있다고 인정되는 행위를 우범행위로 규정하여 청소년 비행을 다루고 있다.

품행장애의 빈도

미국의 경우 전체의 약 10% 정도로 알려져 있으나 국내에서는 정확히 알려진 것이 없다(청소년범죄율이 총 50만 건이며 이 또한 연평균 14%로 가파른 증가세를 보이고 있다, 2009년 청소년백서). 남녀비율을 보면 남아가 대략 4~12배 높다. 그 외에 부모가 반사회적 인격장애, 알코올의존성이 있을 때, 가족의 사회경제적 수준이 낮을 때 그 빈도가 높다.

품행장애의 특징

다른 사람들과의 공감대가 전혀 없고 다른 사람들의 감정, 소망, 안정에 전혀 관심이 없다. 이 장애가 있는 공격적인 사람들은 특히 애매모호한 상황에서 다른 사람의 의도를 실제보다 적대적이고 위협적인 것으로 오해하며, 이에 따라 공격적으로 반응하며, 그리고 자신이 정당하고 합리적이라고 느낀다.

이들은 냉담하고 죄책감이나 자책감이 결여되어 있다. 게다가 죄책감을 표현함으로써 처벌을 줄이거나 모면할 수 있음을 알기 때문에, 그들이 보이는 죄의식이 진정한 것인지 아닌지를 평가하기란 어렵다. 이들은 계속적으로 친구를 괴롭히고 자신의 잘못을 다른 사람 탓으로 돌리려고 한다.

이들은 남에게 '강인한 인상'을 주고자 하지만 흔히 자신감이 부족한 상태에 있다. 낮은 좌절 인내력, 자극받기 쉬운 과민한 상태, 폭발적인 기질, 무모함이 흔히 동반된다. 사고율은 품행장애가 없는 개인보다 품행장애가 있는 개인에게서 높게 나타난다.

품행장애의 위험행동

흔히 어린 나이에 성행위, 음주 ,흡연, 불법 약물 사용, 무모하고 위험을 초래하는 행동이 동반된다. 불법 약물 사용으로 인해 품행장애가 지속될 위험성이 증가한다. 품행장애 행동은 학교 휴학 또는 퇴학, 직업 적응 문제, 법적 문제, 성병, 예기치 않은 임신, 사고나 싸움으로 인한 신체적 손상을 가져올 가능성이 높다.

이런 문제들은 정상적인 학교 출석을 못하게 하고 가정이나 입양 가정에서 살아가는 것을 불가능하게 만든다. 그래서 자살을 생각하거나 시도하고 자살에 성공하는 경우가 높은 비율로 발생한다. 품행장애는 평균 이하의 지능이 동반되기도 한다. 학업수행능력, 특히 독서나 다른 언어적 기술이 흔히 나이와 지적 능력에 비해 기대수준보다 낮다. 따라서 추가로 학습장애 또는 의사소통장애로 진단될 수 있다.

품행장애가 있는 아이에게서 주의력결핍 및 과잉행동장애가 흔하다. 품행장애는 또한 학습장애, 불안

장애, 기분장애, 물질 관련 장애 가운데 한 가지 이상의 장애를 동반하기도 한다. 부모의 거부와 무관심, 가혹하고 일관성 없는 양육방식, 신체적 학대나 성적 학대, 지도의 결여, 어린 시절 수용시설에서의 생활, 보호자의 잦은 교체, 대가족, 비행 친구와의 접촉, 가족의 정신병리가 품행장애를 일으키는 요인에 속한다.

품행장애가 있는 아이는 후에 기분장애, 불안장애, 신체형장애, 물질 관련 장애를 갖게 될 위험성이 있다.

품행장애로 진단되는 행동들

《정신질환 진단 및 통계 편람》(*Diagnostic and Statistical Manual of Mental Disorders, DSM*)은 각종 정신질환의 종류를 구분짓고 증상을 진단하기 위해 미국정신의학회(APA)에서 만든 편람이다. 이 편람은 정신건강 분야의 전문가들을 위해 만들어졌으므로 정확한 진단은 전문가에 의해서만 내릴 수 있음을 명시하고 있다.

다른 사람의 기본적 권리를 침해하고 나이에 맞는 사회적 규범 및 규칙을 위반하는, 지속적이고 반복적인 행동 양상으로서 다음 가운데 3개(또는 그 이상) 항목이 지난 12개월 동안 지속되었고 적어도 1개 항목이 지난 6개월 동안 지속된 경우 품행장애로 진단된다.

A. 사람과 동물에 대한 공격성
(1)흔히 다른 사람을 괴롭히거나 위협하거나 협박한다.
(2)흔히 육체적인 싸움을 도발한다.
(3)다른 사람에게 심각한 신체적 손상을 일으킬 수 있는 무기를 사용한다(예를 들어 곤봉, 벽돌, 깨진 병, 칼 또는 총 등).
(4)사람에게 신체적으로 잔혹하게 대한다.
(5)동물에게 신체적으로 잔혹하게 대한다.
(6)피해자와 대면한 상태에서 도둑질을 한다(예를 들어 노상강도, 날치기, 강탈, 무장강도).
(7)다른 사람에게 성적 행위를 강요한다.
(8)심각한 손상을 입히려는 의도로 일부러 불을 지른다.
(9)다른 사람의 재산을 일부러 파괴한다(방화는 제외).
(10)다른 사람들의 집, 건물, 자동차를 파괴한다.
(11)물건이나 호감을 얻기 위해 또는 의무를 회피하기 위해 거짓말을 흔히 한다(예를 들어, 다른 사람을 속인다).
(12)피해자와 대면하지 않은 상황에서 귀중품을 훔친다(예를 들어, 파괴와 침입이 없는 도둑질, 문서 위조, 심각한 규칙위반 등).
(13)13세 이전에 부모의 금지에도 불구하고 밤늦게까지 집에 들어오지 않는다.
(14)친부모 또는 양부모와 같이 사는 동안 적어도 2번 가출했다(또는 오랫동안 돌아오지 않는 1번의 가출).

B. 행동장애가 사회적, 학업적, 또는 직업적 기능에 임상적으로 심각한 장애를 일으킨다.

C. 18세 이상일 경우, 반사회성 인격장애의 진단 기준을 충족시키면 안 된다. 발병연령에 따라 유형이 세분된다.
- 소아기 발병형: 10세 이전에 품행장애 특유의 진단 기준 가운데 적어도 한 가지가 발생한 경우
- 청소년기 발병형: 10세 이전에는 품행장애의 어떠한 진단기준도 충족시키지 않는다.

심각한 정도의 세부 진단

- **가벼운 정도**: 진단을 내리기 위해 요구되는 정도를 초과하여 나타나는 문제가 매우 적고 다른 사람들에게 가벼운 해를 끼칠 뿐이다.
- **중간 정도**: 품행문제의 수와 다른 사람에게 끼치는 영향의 정도가 '가벼운 정도'와 '심한 정도'의 중간이다.
- **심한 정도**: 진단을 내리기 위해 요구되는 정도를 초과하여 나타나는 품행문제가 많거나 또는 다른 사람에게 심각한 해를 끼친다.

치료방법

- **약물치료**

여러 가지 정신과 약물이 사용된다. 일부에서 우울 품행장애(Depressive Conduct Disorder)라고 불리는 것의 경우 항우울제를 사용하면 우울증세는 물론 품행장애의 증상도 호전을 보이기도 한다. 충동적 공격행동이 심한 경우, 특히 기분이 불안정하고 짜증이 동반된 경우에는 리튬을 투여하기도 한다. 이때 뇌파 이상을 동반하는 경우에는 리튬보다 항경련제를 사용하기도 한다. 또한 기질적 원인이 의심되면서 심한 분노발작과 충동적 공격성을 보이는 경우에는 베타차단제인 프로프라놀이 효과를 보인다.

과잉행동증이 동반될 때는 각성제를 사용하고 그 외에 공격행동, 적개심, 부정적 행동, 폭발행동을 감소시키기 위해 항정신병약을 투여할 수도 있다.

- **정신치료 및 기타**

전통적인 정신분석적 정신치료는 별 효과가 없는 것으로 되어 있지만, 최근의 인지행동적 문제해결형 정신치료는 제한적이지만 효과를 보인다. 사회기술훈련과 같은 행동치료적 접근도 유용하다. 가족의 역기능적 관계를 호전시키는 데 가족치료가 필요하기도 하다. 또한 문제행동을 수정하고 효과적인 한계설정과 긍정적 강화에 부모 상담 혹은 부모 교육이 도움이 되기도 한다.

집단치료, 특히 기숙 혹은 입원 치료와 같이 집단을 대상으로 할 때는 이 방법이 이용된다. 이때 집단 형성을 통해 긍정적인 변화와 사회화 기술의 증진을 도모한다. 또한 학교와도 긴밀히 협력하여 행동관리, 개인 상담이나 교육적 배려 등을 함으로써 변화를 유도하기도 한다. 이때 의사는 자문 역할을 담당하면서 학제적 접근에서 주도적 역할을 해야 한다.

2 자녀를 너그럽고 온화한 성품으로 변화시키는 7가지 전략

전략1. 화의 예비신호를 알아채도록 가르친다.

사람이 분노의 감정을 느끼게 되면 뇌는 온몸으로 그 신호를 전달한다. 목소리가 커지고, 심장박동이 빨라지며, 얼굴이 붉어지고, 때로 식은땀이 흐르기도 한다. 또 입이 마르거나, 숨이 가빠지고, 손발이 차가워지는 등의 반응이 나타나기도 한다. 따라서 아이에게 화의 예비신호가 있음을 알려주고 아이에게 화가 나타날 때 그것을 지적하여 알려주자. "목소리가 커지는 걸 보니 화가 나려는 모양이구나." 이러한 인식과정을 통하여 스스로 감정을 조절할 수 있는 능력을 키우게 된다.

전략2. 1-3-10 공식을 가르쳐주자.

부모부터 참아내기 어려운 순간에는 잠깐 멈추고서 1-3-10 공식을 실행하고 자녀들에게도 이를 가르쳐주자.(p 285 참조)

전략3. 화를 유발시키는 원인을 파악한다.

분노의 감정에는 반드시 원인이 존재한다. 그리고 이러한 원인을 해결해주지 못하면 폭력으로 나타나기도 한다. 아이의 말을 무시하지는 않았는지, 부부의 불화가 자녀에게 화를 일으키는 원인은 아닌지 살펴본다.

전략4. 감정을 적절히 표현하는 법을 가르친다.

자신의 감정을 잘 표현하는 연습을 하는 것이 좋은 성품을 키우는 데 도움이 된다. 자신의 감정에 갇히지 않도록 하는 연습을 해야 한다.

이런 연습을 통해 자신의 감정상태를 말로 잘 표현하는 습관을 갖게 되면 다른 사람과 좋은 관계를 맺는 바탕이 된다. 감정을 억누르고 표현하지 않는 것만이 능사가 아니다. 부정적인 감정을 표현하는 법을 알지 못하면 소리를 지르거나 때리고 무는 등의 난폭한 태도로 감정이 표현되거나 참다가 갑자기 한꺼번에 폭발하게 되어 주변을 놀라게 한다.

전략5. 폭력적인 대중매체를 피하게 한다.

아이들은 부모나 교사, 또래집단의 영향을 많이 받지만 책과 TV, 인터넷 등을 통해서도 보고 듣고 배운다. 그래서 우리 아이가 무엇을 경험하고 있는가가 매우 중요하다. 미국 소아과학회에서는 '대중매체 폭력 장면이 아이들의 공격적인 태도를 증가시킬 수 있다'는 연구결과를 발표했다. 폭력적이고 외설적인 대중매체를 피하고 좋은 프로그램을 선별하여 보게 하는 노력이 필요하다.

전략6. 분노 대신에 선택할 대체행동을 가르친다.

화가 나면 밖으로 나가 산책하고 오거나, 절제되지 않은 상태에서는 말하는 것을 금지하고 차분한 클래식곡을 듣거나, 누구든지 먼저 화난 사람이 타임아웃을 외치고 방으로 들어가 15분 후에 나오거나, 영화를 보거나, 농구나 축구로 스트레스 풀거나 하는 등, 화가 나서 분노를 폭발시키고 싶은 그 순간을 참고 분노를 대체할 수 있는 행동을 미리 정해두어 그것을 부모가 먼저 지키는 모습을 보여준다.

전략7. 자녀가 좋은 성품을 보여주면 칭찬한다.

"어른들도 그렇게 하기 쉽지 않은데 정말 대단하다!" "형에게 소리지르지 않고도 왜 화가 났는지 잘 알려줬구나. 정말 대견하다!"라고 크게 칭찬한다. 아주 사소한 것이라도 놓치지 않는다. 좋은 성품은 칭찬과 격려로 키워진다.

전략8. 지속적으로 감정을 조절하지 못할 때는 타임아웃을 사용한다.

모든 전략에도 불구하고 여전히 감정을 잘 조절하지 못하는 아이에게는 타임아웃을 사용한다. 진지하고 엄격한 태도로 부적절한 행동을 제지시키고 적절히 타임아웃을 활용하여 화나 폭력적인 행동을 하지 않을 때만 허락할 것임을 분명히 밝힌다. 그래도 효과가 없을 때는 좀더 강력한 벌칙을 사용하는 것이 좋다. 다만 부모의 통제에도 제지가 되지 않을 경우에는 전문가의 상담을 받아보는 것이 도움이 된다.

Training

● **절제하는 태도 연습하기**

- 절제하는 태도에 관한 포스터를 붙이고 절제의 정의를 온 가족이 큰 소리로 읽고 새기기
- 절제하는 성품을 가진 위인과 동물, 식물을 찾아보고 관련된 서적을 읽어보거나 영상을 관람하기
- 절제하는 성품을 보고, 듣고, 느낀 것을 일기로 표현해보기
- 가족과 함께 필요한 물건의 목록을 적어보고 꼭 필요한 것을 골라 함께 시장보기

그 외에도 우리 집에 맞는 절제하는 태도를 연습할 수 있도록 다양한 방법을 자녀와 함께 찾아보자.

3 폭력적인 자녀를 변화시키는 전략일지 쓰기

날짜 : 2010년 XX월 XX일

문제행동 : 친구와 잘 놀다가 때리고 장난감을 던진다.

장기목표 : 친구와 사이좋게 장난감을 나눠 놀게 하며 리더로 키운다.

단기목표 : 폭력이 아닌 말로 마음을 표현하는 법을 배운다.

오늘의 방법 : "엄마는 네가 친구를 때려서 슬프다. 우리 예쁜 아이가 왜 그랬을까? 엄마에게 말

해줄 수 있니?"라고 먼저 마음을 말해주었다.

4 폭력적인 자녀를 변화시키는 부모의 전략 실천 평가

평가			평가항목	세부내용	비고
상	중	하			
			화의 예비신호를 알아채도록 가르친다		
			1–3–10 공식을 실천한다		
			화를 유발시키는 원인을 파악한다		
			감정을 적절히 표현하는 법을 가르친다		
			폭력적인 대중매체를 피하게 한다		
			화를 다스리는 건전한 활동을 가르친다		
			좋은 성품을 보여주었을 때 칭찬한다		

5 자녀에게 온화한 상품을 가르치는 부모의 실천 방법

자신의 감정을 말로 좀더 적극적으로 표현할 수 있는 분위기를 만들어주는 것이 중요하다.

막무가내로 화내기보다는 아이가 그 일로 느낀 감정과 받은 영향력을 말하게 하고 다른 사람이 어떻게 해주었으면 좋겠는지 말로 전달하는 법을 가르쳐주자. "나는 네가 친구를 때려서 마음이 슬프단다. 왜 그랬는지 말해줄 수 있겠니?" 부모가 먼저 감정을 말해주면 아이도 이런 마음표현법에 익숙해지게 된다. "나는 엄마가 TV를 꺼버려서 너무 슬펐어요. 다음엔 먼저 이야기를 해주셨으면 좋겠어요"처럼 "나는~하다"는 식으로 표현하게 되면 분노의 원인과 욕구를 스스로 인지하고 자신의 감정을 조절할 수 있게 된다.

좋은 프로그램을 보게 하기 위해 부모가 먼저 정보의 바다에 빠져보자.

이것은 안 돼! 저것도 나빠! 눈을 가리고 막아서기만 하면 아이는 반항하고 그 프로그램에 더 호기심을 갖게 된다. 그게 안 좋은 이유를 설명해주고 다른 프로그램을 추천해준다. 먼저 프로그램 별로 전체 이용가에서부터 19세 이상 시청가 프로그램까지 시청 가능 나이를 제한하고 있으므로 이를 1차 선정 기준으로 삼고 2차적으로 웹서핑을 통해 다른 엄마들이 좋은 프로그램이라고 추천하는 것이나 전문가들의 추천작도 살펴본다. 또 YMCA영상문화연구회에서는 어린이들을 위한 좋은 비디오를 추천하기도 한다. 요즘 아이들은 아예 TV나 영상매체를 못 보게 할 경우 또래집단에서 따돌림을 당할 수도 있으므로 좋은 방법이 아니다. 못 보게 할 것이 아니라면 좋은 작품을 함께 볼 수 있도록 유도하는 것이 부모와의 관계유지에도 좋은 최선의 방법이다.

아이 앞에서 싸웠다면 화해하는 모습도 보여주자.

어느 부부나 의견다툼이 평생 없을 수는 없다. 그러나 자녀 앞에서 싸울 경우 이 때문에 우리 아이가 평생 상처를 받게 되면 어쩌나 걱정이 되는 것도 사실이다. 물론 자녀 앞에서 부모가 큰 소리를 지르고 언어폭력을 주고받거나, 혹은 신체폭력까지 보인다면 아이에게 상처를 남길 수 있다. 또 아이가 폭력적인 모습을 답습하게 될 수도 있다. 그러나 단순히 의견차이로 말다툼을 했다면 너무 걱정하지 말자. 화해하는 모습으로 아이에게 안정감을 되찾아줄 수 있기 때문이다. 화해는 아이뿐 아니라 부부생활에 약이 될 수도 있다. 아이 앞에서 싸웠다면 부부 두 사람끼리만 대충 화해하지 말고 엄마아빠도 의견차이가 있을 수 있고 싸울 수 있음을 충분히 이해시킨 후 갈등을 풀어가는 과정까지 보여줘야 한다. 아이들에게 화해하는 모습만 잘 보여줘도 염려했던 부작용을 방지할 수 있다.

부모가 게임에 대해 부정적이고 심하게 통제할수록 자녀는 게임에 더욱 몰두하게 된다.

무엇이든 못하게 하면 더 하고 싶은 게 사람의 마음인지라 자녀도 마찬가지이다. 부모가 무조건 막고 나쁘다고 하면 자녀는 자존감과 통제력을 잃어 더욱 몰두하게 된다. 자녀가 하는 게임의 특성을 파악한 뒤 그 게임을 주제로 자녀들과 대화를 시작하자. 연령에 맞는 게임을 하도록 이끌고 게임의 질서와 규칙을 잘 지키는지 관심을 가지면서 지나치게 게임에 빠지지 않도록 시간관리를 해준다. 자녀가 하는 게임의 특성은 그 게임의 사이트, 또는 게임물등급위원회 홈페이지(www.grb.or.kr)에서 확인할 수 있다.

동생을 때리는 아이, 더 많이 칭찬하고 안아주자.

"맴매, 맴매" 하며 동생을 훈계하는 척하고 가끔 회초리로 때리려는 등의 행동을 한다면 이는 동생에게 자신의 힘과 우위를 확인시킴과 동시에 미운 감정을 드러내는 것이다. 이때는 동생을 훈계하는 것은 엄마만이 할 수 있다고 얘기해준다. 특히 때리는 것은 절대 안 된다고 일러준다. 또, 평소 부모가 아이를 야단치고 훈계하기보다는 보다 많이 안아주고 자주 칭찬을 해주는 것이 좋다. 아이는 자신을 야단치는 엄마를 그대로 흉내내어 동생을 야단치는 것이기 때문이다.

아이와 함께 읽어보세요

절제의 성품 위인
절제하는 온화한 성품으로 말썽꾸러기를 강철왕으로 만든 앤드류 카네기의 새어머니

미국의 강철왕 카네기는 어렸을 때는 소문난 말썽꾸러기였다. 그가 아홉 살 되던 해에 아버지는 새어머니를 맞이했다. 버지니아 주에 살았던 카네기의 집은 가난했는데, 새어머니가 들어오면서 집안 분위기가 밝아졌다.

아버지는 새어머니에게 카네기를 소개하며 "앞으로 이 골칫거리를 조심해야 할 거요. 내 속을 보통 썩이는 게 아니거든. 어쩌면 내일 해뜨기 전에 당신한테 돌을 던질지도 몰라요. 아니면 다른 못된 짓으로 당신을 골탕 먹일지도 모르지. 아무튼 당해내기 힘든 녀석이오"라고 말했다. 그때 새어머니는 미소를 지으며 카네기에게 다가와 그의 얼굴을 들어올려 마주보았다. 그러고는 아버지를 향하여 이렇게 말했다. "당신이 틀렸어요. 이 아이는 마을에서 제일가는 골칫거리가 아니에요. 사실은 가장 똑똑한 아이예요."

새어머니의 이 말 한마디가 어린 카네기의 마음을 따뜻하게 해주었다. 카네기는 처음으로 자신을 격려해주는 말에 감격해서 눈가에 눈물이 맺혔다. 이 말 한마디가 새어머니와 어린 카네기 사이에 우정이 싹트게 했다고 한다.

새어머니가 들어오기 전에는 아무도 그의 영리함을 알아주지 않았고 주변사람들은 그에게 골칫덩어리, 말썽꾸러기라는 꼬리표를 붙이고는 야단만 쳤다. 하지만 이날 새어머니가 한 말한 마디는 오랫동안 어린 카네기에게 붙어다니던 꼬리표를 떼어내기에 충분했다. 이후 그는 삶에 대한 새어머니의 열정을 보면서 자신의 상상력과 창의력을 넓혀가게 되었고 미국의 강철왕으로 부자가 되었다. 28가지 성공의 황금법칙을 만든 그는 20세기의 가장 영향력 있는 인물 중 하나가 되어 성공의 노하우를 묻는 많은 사람들에게 지혜를 주는 사람이 되었다.
바로 내가 말하고 싶은대로 하지 않고 온화한 태도로 절제의 성품을 보여준 카네기의 새어머니 덕분이었다.

인내의 성품

쉽게 포기하는 아이

Q 우리 아이는 무슨 일이나 끝까지 못 합니다. 하다가는 흐지부지 쉽게 포기하고 맙니다. 내년이면 초등학교에 들어가야 하는데, 정말 걱정입니다. 어떻게 가르쳐야 할까요?

A 인내는 '좋은 일이 이루어질 때까지 불평 없이 참고 기다리는 것'이다. 요즘 아이들에게 가장 문제 중 하나가 인내가 부족하다는 점이다. 부모들이 자녀의 요구들을 별 고민 없이 즉각적으로 무엇이든 모두 들어주어서 자녀가 참고 기다리는 법을 배우지 못하기 때문이다. 그러므로 자녀에게 문제가 있을 때 자녀 탓부터 하지 말고 부모 자신의 양육태도를 먼저 되돌아봐야 한다. 그런데 인내하는 성품은 자녀를 행복하게 성공하도록 키우기 위한 필수요소이므로 반드시 반복된 훈련을 통해 습득하게 해주어야 한다.

부모는 어떻게 마음을 다잡고 자녀를 양육해야 하는가? 그것은 농부의 마음에서 배워볼 수 있다. 토양에 씨앗을 뿌려 매일 물을 주고 정성껏 가꿔야 싹이 잘 자라는 것처럼 농부의 마음으로 자연의 법칙에 순응하며 아이를 양육해야 하는 것이다.

아이들은 무궁무진한 가능성을 지닌 새싹들이다. 이런 훌륭한 새싹을 잘 길러내기 위해서는 우선 좋은 토양을 제공해야 한다. 아이들에게 좋은 토양이란 아이를 양육하는 부모의 자질과 자세라고 볼 수 있다. 부모가 온화하고 자상하며 사랑이 넘치는 성품으로 아이의 심리적인 요구를 민감하게 잘 파악해서 일관성 있게 반응을 해주는 것이 필요하다.

또 부모가 화합하는 가정 분위기도 아이의 양육에 좋은 토양으로 작용한다. 부모가 아이를 바라보는 관점이나 양육에 대한 관점이 일치해야 아이가 안정된 분위기에서 자랄 수 있다.

이러한 토양과 영양분은 매일매일 좋은 상태로 제공돼야 한다. 우리가 농사를 지을 때 귀찮다고 토양관리를 소홀히하거나 한 달에 한 번씩만 물을 주어서는 안 된다. 흥미가 있을 때는 며칠 몰아서 관심을 두다가 흥미가 떨어지면 며칠 쉬는 식으로 해서는 안 되는 것처럼 아이를 대하는 부모의 자세나 아이에게 쏟는 애정과 관심의 표현은 매일매일 일정하게 전달해줘야 한다.

또 하나 기억해야 할 것은 농사를 지을 때 농부가 주고 싶은 만큼이 아니라 새싹이 필요로 하는 만큼의 영양분이 제공돼야 한다는 점이다. 양육을 하다보면 때로는

'이 정도면 충분히 해줄 만큼 해준 게 아닌가' '주말에 그만큼 많이 놀아줬으니 오늘 또 놀아달라고 하는 것은 잠깐 무시해도 된다'는 생각이 들 때도 있겠지만 부모가 생각하는 필요량과 아이의 관점에서 필요로 하는 양은 상대적으로 다를 수 있음을 기억해야 한다.

농사일이 쉽고 편안하기만 할 수는 없다. 농사는 인내가 필요하다. 힘들고 어려운 때도 오고 때로는 너무 귀찮거나 포기하고 싶을 때도 있지만 그래도 열심히 해야 하는 것처럼, 우리가 사랑하는 아이들을 잘 키우려면 힘들고 어려운 고비를 이기고 매일매일 성실하게 농사의 법칙을 적용해야 한다. 그러다보면 어느 새 훌륭하게 잘 성장한 아이의 모습에 뿌듯함을 경험할 시간이 올 것이다.

월터 미셸의 머시멜로 실험은 인내하고 자제하는 성품이 그 사람을 얼마나 유능한 사람으로 만들어주는지를 잘 보여주는 유명한 실험이다. 이 재미있고도 놀라운 이야기를 항시 기억하자. 부모와 교사들은 인내하는 사람은 무엇이든 해낼 수 있다는 것과 더 많은 것을 성취할 수 있다는 것을 아이들에게 체계적으로 가르쳐야 한다. 끝까지 포기하지 않고 자신의 과업을 이루는 아이들은 행복한 삶의 열매를 맺을 것이며 그 아이들로 인해 이 세상은 더 밝고 아름다워질 것이기 때문이다. 우리 자녀들에게 인내란 무조건 참는 게 아니라 더 멋진 결과와 네가 원하는 더 좋은 것을 갖기 위해 지금 잠깐 참고 기다리는 것임을 꼭 알려주어야 한다.

1 쉽게 포기하는 아이와의 대화에 빨간불이 들어오게 하는 말하기 습관

아이가 인내하지 못하고 힘들어할 때 자녀와의 대화에 빨간불이 들어오게 하지 않았는지 반성해보자. 다음의 항목을 통해 평소 부모 자신의 말하기 습관을 점검해보자.

□ 너 지금 이거 안 하고 나가면 혼나! —경고와 위협의 말

□ 더 기다리고 참으라고 했잖아! —명령과 강요의 말

□ 네가 이렇게 서두르는 건 성품이 나빠서야. —분석과 진단의 말

□ 넌 도대체 참는 게 뭔지는 알고 있니? —비판과 비난의 말

□ 지금 넌 참고 있는데 내가 그걸 모른다는 거니? —설득과 논쟁의 말

□ 이 정도도 못 참으면 어떻게 살려고 그래? —욕설과 조롱의 말

□ 꼼짝 말고 기다려야 훌륭한 사람이 되지. —훈계와 설교의 말

무의식중에 자녀와의 대화에 빨간불이 들어오게 했다면 '스톱!'하고 대신 어떤 말들을 사용해 아이와 대화를 나눌 것인지 계획해보자.

2 인내하는 자녀로 변화시키는 7가지 전략

전략1. 인내가 무엇인지 분명하게 정의를 가르친다.

아이에게 인내란 무조건 그냥 참는 게 아니라 '좋은 일이 이루어질 때까지 불평 없이 참고 기다리는 것'이라는 것을 정확하게 가르쳐줘서 그 뜻을 확실하게 마음에 새겨 인지할 수 있도록 도와주자. 아이들은 새로운 지식을 통하여 행동을 변화시키기가 수월하다.

전략2. 부모가 먼저 인내하는 모습을 보여주자.

아이들은 어른들을 모델링하면서 배워나간다. 특히 부모가 가장 가깝고 영향력이 큰 모델이다. "이 일은 힘들고 하기 싫지만 인내하면서 끝까지 해낼 거야" 하고 자녀가 들을 수 있게 큰소리로 말하고 실천하는 모습을 보여주자. 아이들은 부모도 다 하기 좋고 쉬워서 하는 게 아니라 참고 견딘다는 사실을 깨닫게 될 것이다. 그리고 자녀도 그런 모습을 자연스럽게 배우고 따라하게 될 것이다.

전략3. 인내에 관한 포스터를 아이 눈에 잘 띄게 붙여둔다.

인내의 정의와 그에 관한 격언, 인내하는 성품을 지닌 위인들을 찾아 온 가족이 잘 보이는 곳에 붙여두고 가족들이 함께 돌려가며 읽는 분위기를 만들자. 아이 혼자 하게 하면 금방 싫증을 느끼게 되고 몸과 마음으로 받아들이기가 쉽지 않다. 이런 분위기가 이루어지면 자녀뿐 아니라 부모도 더 좋은 성품을 갖출 수 있다.

전략4. 인내를 우리 가정의 좌우명으로 삼는다.

'우리 가족은 한 번 시작한 일은 절대로 포기하지 않는다' '우리는 어려워도 좋은 일이라면 끝까지 한다'와 같은 선언문을 만들어 온 가족이 선포하자.

전략5. 인내하는 모습을 찾아서 칭찬하고 격려해준다.

자녀의 좋은 행동을 습관으로 형성하기 위해서는 어른들의 칭찬과 격려가 필요하다. 버스를 기다리기 위해 줄을 서고, 숙제를 끝까지 다 마치고 놀고, 싫어하는 친구를 내색하지 않고 배려하는 모습을 보면 아무리 사소한 것이라도 놓치지 말고 "네가 그러는 모습을 보니 정말 기쁘다. 바로 이게 인내하는 좋은 성품이야" "난 믿었어! 더 나아가자. 정말 훌륭하다" "넌 반드시 해낼 거야. 끝까지 해낼 줄 알았어" 와 같이 힘을 실어주는 격려를 아낌없이 해주자.

전략6. 특별한 인내상을 만들어주자.

매일 저녁 온 가족이 모여 포기하지 않고 끝까지 해낸 일을 발표하고 그래프로 표시하여 한 달 후 누가 가장 인내심을 많이 보였는지 확인해서 서로 합의한 멋진 상을 주자. 시상식도 하고 사진도 찍어 정말로 노력하여 상을 받았으며 부모가 얼마나 기뻐하는지를 확실히 보여주자. 이는 자녀들에게 인내에 대한 좋은 기억이 될 것이다. 기억이 성품이 된다는 것을 알아야 한다.

전략7. 인내하는 좋은 성품을 연습시킨다.

접시를 떨어뜨리지 않고 끝까지 옮기기, 한 발로 서서 30초 서 있기, 빙글빙글 돌며 선을 따라 한 줄로 걷기 등 몸이 좀 힘들고 인내해야 하는 것들을 훈련시키고 장을 볼 때도 아이의 물건을 먼저 사는 게 아니라 부모가 무엇을 살 것인지 알려주고 기다리는 법을 배우게 한다. 산책이나 등산을 하면서 가족들이 계획한 곳이 어딘지 알려주고 함께 힘을 모아 올라가야 내려갈 수 있다고 알려준다. 그런데 이때는 아이의 연령과 체력, 능력 등을 부모가 제대로 알고 너무 무리하지 않은 한도에서 반 발자국 앞선 계획을 잡는다고 생각하자. 아이가 조금 힘들게 해내서 기뻐하고 해냈다는 성취감을 느낄 수 있는 정도가 가장 좋다. 너무 쉬우면 인내를 가르칠 수 없고 너무 어려워도 아이를 지쳐 포기하게 만들어 인내란 너무 어렵고 할 수 없는 것이라는 생각을 갖게 한다.

Training

● **인내의 정의**

좋은 일이 이루어질 때까지 불평없이 참고 기다리는 것.

● **인내하는 태도 연습하기**

• 내 마음대로 되지 않는다고 불평하지 않기

• 내 차례를 기다릴 줄 알기

• 내가 해야하는 일은 이루어질 때까지 노력하기

• 하고 싶은 일보다 해야하는 일을 먼저 하기

• 어려운 상황을 바꿀 수 없다면 그대로 받아들이고 평안한 마음을 유지하기

• 포기하지 않고 끝까지 기다리기

3 인내하는 성품을 키우기 위해 부모와 자녀가 함께하는 서약

나 OOO는 다음의 사항에 서약합니다.

• 갖고 싶은 물건이 있으면 10번 생각하고 1번 말한다.

• 먹을 수 없는 음식이 아니라면 부모가 주면 먹도록 노력한다.

• 숙제가 어려우면 포기하지 말고 해낼 수 있도록 도움을 구한다.

• TV 시청은 부모와 약속한 프로그램만 보고 반드시 끈다.

• 게임도 시간 약속을 꼭 지키고 주말에만 한다.

위의 사항을 지켰을 경우 부모 OOO는 자녀에게 다음의 사항을 서약한다.

- 갖고 싶은 물건을 의논해서 한 달에 한 번 사줄 수 있도록 한다.

- 친구와의 놀이시간을 더 많이 받을 수 있다.

- 게임을 더 다운받거나 팩을 더 사는 등의 선물을 받을 수 있다.

위의 사항을 월 3회 이상 지키지 않을 경우 000와 부모 000는 다음 내용에 대해 동의한다.

- TV 시청과 게임 시간을 제한하고 줄인다.

- 게임과 친구와의 통화 시간을 30분 줄인다.

- 학교 숙제 외에 부모가 내준 추가적인 숙제를 더 수행해야 한다.

4 인내하지 못하는 자녀를 변화시키는 전략일지 쓰기

날짜 : 2010년 XX월 XX일

문제행동 : 싫어하는 음식을 뱉거나 버려버린다.

장기목표 : 편식 안 하고 골고루 먹어 건강한 식습관을 갖는다.

단기목표 : 시판 햄버거와 탄산음료를 안 먹고 집에서 해준 음식만 먹는다.

오늘의 방법 : 아이와 집에서 햄버거를 직접 만들어 야채를 가득 넣어 먹었다.

5 인내하는 자녀로 변화시키는 부모의 전략 실천 평가

평가			평가항목	세부내용	비고
상	중	하			
			인내의 정의를 가르친다		
			부모가 먼저 인내하는 모습을 보여주자		
			인내의 내용이 담긴 포스터를 아이 눈에 잘 띄게 붙여둔다.		
			인내를 우리 가정의 좌우명으로 삼는다		
			인내하는 모습을 찾아서 칭찬하고 격려해준다		
			특별한 인내상을 만들어주자		
			인내하는 좋은 성품을 연습시킨다		

6 인내하는 성품을 키우기 위한 부모의 실천 방향

스스로 걷고 뛰게 한다.

걸을 수 있는 거리는 걷게 하고 뛰어야 할 때는 땀 흘려 뛰게 하는 것도 인내심을 키우는 한 방법이다. 충분히 걸을 수 있는 연령이 되었음에도 아이가 힘들까봐 유모차를 태우고 줄서서 기다리는 게 힘들어서 승용차를 태우거나 부모가 계속 안아주고 업어주게 되면 자녀의 부모 의존도가 높아진다. 그래서 자신이 문제를 해결할 생각은 않고 조금만 힘들어도 주저앉아버리거나 편한 방법만 생각하게 된다.

대화로 의논하고 해결할 방법을 가르치자.

　인내심의 성품이 부족한 아이들은 자신이 원하는 것을 갖지 못하거나 자신의 뜻과 다르게 움직여야 할 때 급한 성격에 울어버리거나, 폭력적으로 물건을 던지거나, 친구를 때리거나, 화를 내다가 쓰러지는 경향을 보인다. 처음에는 아이도 이래도 되나 혹은 잘못된 게 아닌가 하고 죄책감을 느끼기도 하지만 이것이 부모와 어른들에게 통하면 옳은 방법이라고 잘못 인식해서 습관으로 굳어지게 된다. 절대 우는 소리나 폭력적인 성향에 놀라서 들어주지 말자. 그 자리를 피하거나 아이를 무관심하게 대하고 그 상황이 종료되었을 때 아이에게 착하게 말해야 부모가 함께 이야기를 나누고 그것을 해결할 방법을 찾아준다는 점을 확실히 알려주자.

아이의 자율성을 인정해주자.

　진정한 행복은 어려움을 견디어내며 도전과제들을 해결해가는 과정에서 찾을 수 있다. 어려움을 겪으면서도 과제를 해결하는 즐거움을 맛본 아이들의 행복감은 더욱 커진다. 행복감이 커지면 아이들은 더 어려운 과제에 도전하게 된다.

　"저는 스케이팅을 사랑하지만 연습할 때는 힘들고 눈물 나는 시간이 더 많아요. 하지만 연습 중에 가장 아름다운 자세가 나왔다고 스스로 믿는 순간에는 발끝에서부터 쾌감이 와요. 연기가 끝나고 '그래, 잘했어'라는 생각이 들 때는 정말 날아갈 것 같지요." 연습벌레로 불리는 김연아 선수의 이야기도 같은 맥락이다.

인내하는 성품을 가진 위인
결코 포기하지 않은 영국 수상 윈스턴 처칠

명문 옥스퍼드대학교의 졸업식 축사를 맡게 된 처칠은 청중 앞에 나가 "포기하지 말자!"(Don't Give up)라고 말했다. 청중이 다음 말을 기다리는 가운데 그는 또다시 "절대로 포기하지 말자!"(Never Give up)라고 외쳤다. 그리고 마지막으로 한 말은 "절대로, 절대로 포기하지 말자!"(Don't you ever and ever give up)였다. 이것이 축사의 전부였지만 짧지만 강한 감동을 주는 이 연설에 청중은 모두 감동해 기립박수가 이어졌다고 한다.

처칠은 1940~45년과 1951~55년에 총리를 역임했으며 제2차 세계대전 중에 위대한 국가지도자로 활약했다. 《제2차 세계대전》이라는 대역사서로 노벨문학상을 수상하기도 했다. 그의 이력만 언뜻 보면 너무나 화려한 성취를 한 일생이었다. 그러나 처칠의 화려한 경력은 "결코, 결코, 결코 포기하지 말자"는 졸업 연설이 나올 만한 실패와 패배 속에서 좋은 일이 이루어질 때까지 불평없이 참고 기다리며 극복했기에 가능한 일이었다.

처칠은 어렸을 때부터 온갖 역경을 극복해야 했다. 그는 말더듬이 학습장애자로 학교에서는 꼴찌를 했다. 게다가 체격이 크고 쾌활한 성격이라 건방지고 교만하다는 오해를 받았다. 그는 사관학교에도 두 차례나 낙방했다가 들어갔다. 정치인으로 입문하는 첫 선거에서도 낙선하고 기자생활을 하다가 다시 도전하여 당선된 것이다. 노동당에서 21년 동안 의정활동을 하면서 사회개혁을 주도했던 그는 성취보다는 실패와 패배가 더 많아 마침내 당적을 보수당으로 바꾸어 1922년 출마했으나 첫 선거에서는 낙선하고 말았다. 그는 40대에 진보파인 노동당에서 보수파인 보수당으로 당적을 옮기면서 "20대 젊은 나이에 진보적이지 못하면 마음(heart)이 없는 것이고 40대 중년에 보수적이지 않으면 정신(mind)이 없는 것이다!"라는 명언을 남기기도 했다.

그러나 처칠의 인생에서 가장 큰 위기는 제2차 세계대전의 영웅이 된 것과 노벨문학상을 받

은 것과 관련되었다. 1939년 9월 나치 독일이 폴란드를 점령함으로써 제2차 세계대전이 시작되고 영국과 프랑스는 독일을 향해 선전포고를 했다. 처칠은 제1차 세계대전 때 전쟁 장관으로서 경험이 있었기 때문에 다시 전쟁 장관으로 임명되었다. 그 후 전쟁이 진행되는 8개월 동안 유럽 국가들은 점차 독일군에 점령되었고 프랑스가 점령되기 한 달 전인 1940년 5월 처칠이 수상이 되었다. 바야흐로 전세는 날로 악화되어가고 있었다.

처칠의 노력에도 불구하고 동맹국 프랑스는 6월 22일 점령되었고 러시아는 1년 뒤 독일의 공격을 받자 참전하고 미국은 그 후 다시 반년이 지난 1941년 12월에 일본이 하와이 진주만을 공격하자 참전했기 때문에, 영국으로서는 당시가 가장 절박한 상황이었다. 그러나 처칠은 결코 포기하지 않고 전세를 역전시켜 결국은 대전을 승리로 이끄는 데 일조하여 영웅이 되었다.

처칠은 제2차 세계대전이 끝날 때까지 미국의 루스벨트 대통령, 러시아의 스탈린과 더불어 세계 지도자로서 역량을 유감없이 발휘했지만 대전 직후 국내 의회 선거에서 보수당이 참패함으로써 수상직을 잃었다. 패배 원인은 영국이 보수당 집권 하에서 제2차 세계대전에 대한 대비를 소홀히 했다는 것이었다. 그러나 그때도 처칠은 인내의 성품으로 포기하지 않았다. 그로부터 6년 후인 1951년 다시 보수당이 의회 다수석을 차지하여 수상이 될 때까지 그는 의정 활동을 계속하면서 《제2차 세계대전》을 집필했다. 그로 인해 처칠은 1953년 수상직에 있으면서 노벨문학상을 수상했다. 처칠 생애에서 최대의 영예였을 뿐만 아니라 좋은 일이 이루어질 때까지 불평없이 참고 기다리며 결코 포기하지 않은 결과였다. 영국 수상으로 있으면서 노벨문학상을 수상할 때 그의 나이 79세였다. 처칠의 일생은 우리에게 인내가 무엇인지를 분명하게 가르쳐 주는 메시지이다.

"처음에는 도저히 불가능해 보여서 이혼을 했어요. 그렇게 4년이 흘렀지요. 그런데 아이들이 점점 변하는 거예요. 아이들 말에서 '경청, 배려, 감사'라는 단어가 나오고……이혼한 후에 애들 아빠가 두 아이를 돌보고 있었는데 참 이상하다는 생각을 했어요. 아빠가 그런 것을 가르칠 리가 없는데……. 나중에 알고 보니 성품을 가르치는 어린이집에 다니고 있었던 거예요. 어느 날 애들 아빠가 전화를 했어요. 아이들이 다니는 성품학교에서 아버지 성품학교인 '파파스쿨'을 해마다 진행하는데 이번에는 아내와 함께 가는 프로그램이라 애들 엄마 자격으로 함께 가지 않겠냐고요. 그렇지 않아도 아이들이 놀라울 만큼 좋은 성품으로 변하고 있어서 어떤 학교인지 궁금했는데 잘됐다는 생각이 들어서 가보겠다고 했어요.

함께 참여하면서 참 좋았어요. 신기한 것은 그동안 성품학교에 다니면서 아이들만 바뀐 게 아니더라고요. 애들 아빠도 예전하고는 전혀 다른 모습으로 변화되어 있었어요. 그 후 우리 부부는 재결합에 성공했어요. 새로운 가정 울타리에서 남편과 아이들이 함께 살고 있는 지금, 너무나 행복합니다. 덕분에 서로 감사하며 살고 있어요."

이 이야기는 지난 8월 EBS의 〈부모 60분〉 금요스페셜에 필자가 출연할 때 나온 좋은나무성품학교 제주 영락어린이집 서연이 엄마의 고백이다. 방송국의 요청으로 내가 성품을 가르치고 있는 세미나 장면을 녹화할 때 새로운 가정을 이룬 서연이네 가족이 함께 와서 뜻깊은 만남을 갖게 되었던 것이다.

엄마아빠의 손을 나란히 잡고 온 아이들의 모습은 감동 그 자체였다. 그것은 성품양육을 통해 맺은 행복한 열매였다. 이를 통해 성품양육이 아이들만이 아니라 부모와 가정을 위한 또 다른 해법임을 다시 한 번 확인할 수 있었다.

어느새 '성품'이라는 단어로 교육을 시작한 지 5년이 흘렀다. 처음에 '좋은나무성품학교'라는 이름으로 성품을 가르치기 시작할 때는 성품이란 게 뭔지 물으며 세상에 성품을 가르치는 학교가 있느냐고 모두가 의아해했다. 그러나 지금은 성품으로 변화된 세상을 서로 이야기하면서 감탄하기에 여념이 없다.

이 책은 그동안 성품을 가르치며 고심했던 모든 주제들을 정리한 것이다. 어떤 부모가 좋은 부모인지, 어떻게 자녀를 키워야 하는지에 대한 기본적인 고민을 시작으로 기질과 성품, 감정과 감성이 무엇인지, 성품이 유전인지 혹은 환경의 영향인지 등을 살피고 특정한 문제행동을 어떻게 좋은 성품으로 고쳐나갈 수 있을 것인지에 대한 고민들을 구체적인 해법으로 제시해두었다. 그래서 마치 바이블처럼 많은 사람들이 성품양육에 관한 명쾌한 해답을 구하고 행복을 찾도록 하고 싶은 마음에 감히 '성품양육 바이블'이라고 불러본다.

아직도 미숙한 점이 많다. 그러나 세상을 지으신 크신 분이 피조물의 세계에 바이블을 선물로 보내주신 것처럼, '성품양육 바이블' 또한 그분의 귀한 선물임을 인정하는 고백과 더불어 이 책을 세상에 내놓는다. 사실 여기까지 오게 된 것은 많은 사람들의 사랑과 정성이 있었기에 가능했다.

좋은나무성품학교 본부의 우리 스탭진들. 그리고 국내와 국외에서 성품교육을 그대로 실천하기 위해 각고의 노력을 다하고 있는 250여 개 좋은나무성품학교 동역자들. 날마다 성품이 무엇인지 뼈저리게 알게 해주는 나의 가정, 나의 식구들. 존경하는 남편 김기열 님과 세 아들 희종, 하종, 유종에게 감사를 전하고 싶다.

그리고 이 책이 나올 수 있도록 격려와 사랑으로 수고해주신 분들께 특별한 감사를 드리고 싶다. 사실 이 책의 원고는 몇 해 전부터 끊임없는 고심 속에 내 컴퓨터

한구석에만 자리를 잡고 있었다. 그것을 과감히 꺼낼 수 있었던 것은 물푸레 출판사 우문식 대표님과 모든 출판사 식구들이 용기를 불어넣어준 덕분이다. 세상을 좋은 책으로 가득 채우고 싶어 하는 그분들의 열정이 있었기에 부족한 책이 빛을 발하게 되었다. 감사드린다.

성품을 가르치고 실천해오면서 깨달은 것은, 성품교육은 어린이들에게만 필요한 게 아니라는 점이다. 요람에서 삶의 마지막까지 인생 전반에 걸쳐 우리는 성품으로 고민하기도 하고 또 행복해하기도 한다. 그래서 성품양육은 더 좋은 세상으로 나아가게 하는 '평생교육과정'인 셈이다. 오늘 성품양육을 시작하기로 한 그 결단이 행복한 세상을 만들어가는 첫출발이 될 것이다.

함께 출발선에 선 여러분 모두를 진심으로 사랑하고 축복한다.

2010년 10월

이영숙

성품양육 바이블

지은이 이영숙
펴낸이 우문식
펴낸곳 도서출판 물푸레

1판 1쇄 발행 2010년 10월 25일
　　3쇄 발행 2015년 11월 27일

등록번호 제1072-25호
등록일자 1994년 11월 11일
주소 경기도 안양시 동안구 호계 1동 950-51
전화 (031)453-3211
전송 (031)458-0097
홈페이지 www.mulpure.com
값 15,800원

ISBN　978-89-8110-290-6　13590

*책에 관한 문의는 mpr@mulpure.com으로 해주시기 바랍니다.